LE VIGNERON ANGEVIN

physiologie de la plante à vin, *mon ambition s'est bornée à faire une sorte de Manuel consacré simplement à l'étude des soins qu'elle réclame, et plus spécialement dans notre région d'Anjou.*

Faire connaître les moyens les plus propres à maintenir la vigueur, à assurer la vitalité des cépages, à leur faire porter des raisins en quantité suffisante tout en les amenant à parfaite maturité, de façon à obtenir une récolte rémunératrice, avec le souci constant de maintenir la qualité, tel est le programme que je me suis imposé.

En même temps, je me suis appliqué à ce que mes conseils, sans négliger l'appui des pratiques séculaires, soient constamment établis sur des notions scientifiques rationnelles et sûres.

Aujourd'hui que les causes des maladies de la vigne et du vin sont pour la plupart bien connues, les soins que l'une et l'autre réclament ne doivent plus être abandonnés à un empirisme inconscient. Chaque viticulteur doit savoir reconnaître par lui-même, discerner, l'apparition et l'intensité des maladies, les prévenir par des mesures d'hygiène opportune et les combattre en pleine connaissance de cause.

C'est pour cela qu'un Chapitre a été consacré à l'étude des quelques instruments fort simples et d'un maniement facile : mustimètre, acidimètre, ébulliomètre, etc., qui permettront au vigneron de se rendre compte de la composition de son vin, lui indiqueront ses défauts par manque ou par excès, et les moyens d'y remédier.

*Si, donc, le premier volume de l'*ANJOU, SES VIGNES ET SES VINS, *s'adressait surtout aux curieux, aux dilettantes amateurs du joli vin d'Anjou, ce deuxième volume est spécialement fait pour le viticulteur qui, d'un bout de l'année à l'autre, consacre à la vigne et son temps et ses peines.*

Il comprendra donc l'étude de toutes les opérations auxquelles se livre, au cours de l'année, le viticulteur, depuis les premières façons de la vigne, jusqu'à la mise en bouteilles.

J'ai cru devoir y ajouter quelques pages en vue de fixer le Viticulteur sur ses obligations envers la Régie.

Enfin, un Index bibliographique, *qui renseigne le lecteur sur ce qui a été déjà écrit sur la Viticulture et l'Œnologie angevines et abrégera les recherches de ceux qui voudraient entreprendre des travaux dans ce sens, termine utilement, je crois, ce volume.*

Il me reste à ajouter que ce livre se divise naturellement en deux parties :

I. — *VITICULTURE*

II. — *VINIFICATION.*

ADDITIONS ET CORRECTIONS

Aux noms des dévoués collaborateurs à qui j'ai exprimé mes sentiments de reconnaissance, au commencement de mon premier volume de l'*Anjou, ses vignes et ses vins*, je dois en ajouter quelques autres.

C'est d'abord celui de M. Ch. TRANCHANT, le peintre dont les œuvres sont si appréciées à Angers, qui a bien voulu employer son beau talent à illustrer chacun des MOIS du Calendrier du Vigneron, qui occupe les premières pages du second volume. Si on ne lit pas le texte, je suis sûr du moins qu'on regardera les jolies images.

Je me garderai bien d'oublier HENRI MIAULT, cet autre fils de l'Anjou, le délicat ciseleur du fer, qui sait avec une grâce incomparable interpréter le charme d'un épi de blé, la grâce d'une branche de gui, donner le sentiment à un brin de muguet, et qui a bien voulu graver pour cet ouvrage une jolie enseigne au coq gaulois.

Mes remerciements vont aussi à MM. BOUCHAUT, l'excellent photographe saumurois, qui m'a composé tant de bons clichés photographiques ; VALOTAIRE, le distingué Conservateur du Musée de Saumur, qui a mis à ma disposition une pièce intéressante de la collection dont il a la garde; le Commandant MASSIET, qui a aimablement fait poser, et dans une attitude impeccable, un des chevaux de l'Ecole de cavalerie, pour la confection d'un de mes clichés.

Je n'aurai garde d'oublier l'extrême complaisance des bibliothécaires (et je donne à ce mot le sens masculin et féminin), de la riche Bibliothèque municipale de la Ville d'Angers, qui avec une complaisance et une patience inlassables, ont répondu avec tant de bonne grâce à mes demandes réitérées en vue de ma documentation bibliographique.

Si j'en oublie, je m'en excuse très humblement, en assurant tous ceux qui m'ont aidé à un titre quelconque, de ma sincère reconnaissance.

Mais je tiens expressément à adresser aux généreux amis qui m'ont largement ouvert leur bourse, pour me permettre d'éditer ce second volume, le plus cordial, le plus reconnaissant merci. Ils ne me permettent pas de les nommer ; j'obéis, mais tout au moins je veux leur dire qu'ils sont assurés de ma sincère, de ma profonde reconnaissance.

PREMIER VOLUME.

Par erreur, le Chapitre des *Engrais* a été attribué à M. Métayer, le distingué Directeur des Services Agricoles de Maine-et-Loire, tandis que toute la responsabilité de cette partie incombe à moi seul.

Le nom de M. René Soulard aurait dû être ajouté à celui de mes collaborateurs, pour la rédaction du Chapitre des Hybrides. Je répare avec plaisir cette omission.

P. 113. — La gravure de la *Coulée de Serrant* portait la date de 1842, indication malencontreusement supprimée au clichage.

P. 149, fig. 34. — Lire « D'après un croquis de la maison Martin frères, fabricants d'articles de cave et de bouchons, à Angers ».

P. 183. — A l'avant-dernier alinéa, au lieu « d'Ingénieur agronome ». lire « Ingénieur agricole »..

SECOND VOLUME.

Au bas de la page 362, au lieu de « *je les ai fait miennes* », il faut lire « *je les fais miennes* ».

Je ne doute pas que quelques autres erreurs se soient introduites dans la rédaction de ces deux volumes ; aussi serai-je très obligé à tous ceux qui en relèveront quelqu'une, de vouloir bien me le signaler en toute franchise et simplicité ; ils sont assurés par avance de ma reconnaissance pour le service qu'ils me rendront. C'est là une autre forme de collaboration, que je sollicite de leur amitié.

TABLE DES MATIÈRES

II. — **Vinification**

L'ENFANT A LA GRAPPE

Par DAVID D'ANGERS

PREMIÈRE PARTIE

VITICULTURE

LE VIGNERON ANGEVIN

CHAPITRE PREMIER

L'ANNÉE DU VIGNERON ANGEVIN

> *« Posuerunt me custodem in vineis. »*
> Cantique des Cantiques, I, 5.

L premier mois de l'année en Anjou, pour le vigneron, c'est *novembre*, car, avec octobre s'est achevé le cycle viticole annuel. La vigne a fourni son fruit, et celui-ci, pressé ou cuvé, s'est transformé en un liquide généreux, ou blanc ou rouge, désormais emprisonné dans les fûts, où il va achever de devenir le VIN.

Et maintenant la série annuelle des travaux du vignoble va recommencer. Les feuilles sont tombées, les sarments sont à nu, la vigne entre dans son sommeil hivernal : elle va se reposer, mais non pas le vigneron.

NOVEMBRE

A la vigne. — Le vigneron angevin, par un premier tour de charrue donné au voisinage des ceps, *rechausse* la vigne, c'est-à-dire accumule la terre au pied des souches ; par un second tour, il met en sillon dans l'intervalle des rangs le restant de la terre, que l'action des gelées délitera, fera foisonner et mettra en bon état de constitution physique.

Si la vigne est *chlorosée*, on la taillera aussitôt après la chute des feuilles et on passera sur toutes les plaies de taille, à l'aide d'un pinceau ou d'un petit chiffon fixé à un bâtonnet, une solution de sulfate de fer, à 35 parties pour 100 d'eau (solution Rassiguier).

Enlever les mousses, lichens et vieilles écorces des souches de vigne pour les tenir propres et lisses, afin de détruire les repaires où les insectes nuisibles viennent hiverner. Badigeonner ces souches avec un lait de chaux épais, ou mieux avec la solution suivante : acide sulfurique, 1 litre ; eau, 19 litres.

Ce travail se fait très bien au pulvérisateur à récipient verré ou plombé.

Recouper et bécher les marcs et terreaux destinés à faire des composts pour la vigne.

Au cellier. — Suivre de près la fermentation. Pour les vins rouges, aussitôt qu'elle est achevée, ce qui se constate à l'oreille, la cuve étant devenue silencieuse ou à peu près, et ce qu'indique encore mieux le musti-mètre, qui marque 1.000 quand l'opération est terminée, il faut *décuver*.

Pour les vins blancs, suivant qu'on veut avoir des vins secs ou des vins doux, on doit les laisser achever leur fermentation, ou, au contraire, la surveiller de près, pour l'arrêter quand on juge qu'ils ont acquis assez d'alcool et possèdent encore suffisamment de sucre.

Fig. 1. — Pressurage de la vendange.

DÉCEMBRE

A la vigne. — Vérifier l'état des pieux et échalas, remplacer ceux qui sont usés, pourris, consolider ceux qui sont déplacés, ébranlés ; tremper les échalas neufs dans une cuve contenant 3 ou 4 kil. de sulfate de cuivre pour 100 litres d'eau, ou bien badigeonner leur tiers inférieur de carbonyle, ou encore les passer au feu pour les rendre incorruptibles dans le sol.

Rouler par temps sec, et alors que la terre est durcie, les terreaux et composts destinés à être répandus dans la vigne au printemps.

C'est le moment de procéder aux *terrages*, c'est-à-dire de remonter à la hotte, à la brouette ou autrement, suivant les circonstances, les terres des coteaux plus ou moins abrupts, que les pluies, au cours de l'année, ont entraînées au bas de la vigne.

Au cellier. — Faire le *premier soutirage* des vins blancs pour les séparer des grosses lies, avec une demi-mèche soufrée par barrique ; *taniser* en même temps, à la dose de 25 à 30 grammes par barrique.

Après quelques jours de repos, les lies seront soutirées, leur partie la plus claire enfûtée dans des fûts méchés et leur partie la plus boueuse

Fig. 2. — Le travail des terreaux.

filtrée. Les sacs de coton à tissu serré, remplis de lie et mis au pressoir pour être pressés progressivement, sont très recommandables pour cette opération.

JANVIER

A la vigne. — C'est l'époque favorable pour les *défoncements*, qu'ils se fassent avec des défonceuses mues par la vapeur ou l'électricité, ou avec des charrues à traction animale, ou encore avec la bêche maniée par la main de l'homme.

Badigeonner au pinceau les ceps avec un lait de chaux épais contre les *cochenilles* ou autres insectes parasites (chaux, 15 kil.; eau, 20 litres), délayer, puis compléter à 100 litres ; mieux encore : badigeonner les souches avec dilution d'acide sulfurique (acide sulfurique, 1 litre ; eau, 19 litres).

En principe, il est trop tôt pour tailler la vigne, du moins dans notre région de l'Ouest ; ce serait hâter le débourrement et exposer la vigne aux effets des gelées de printemps.

Toutefois, quand le vignoble est étendu et la main-d'œuvre rare, on peut commencer la taille vers la fin du mois. Mais, alors, il est prudent de la faire en deux temps : se contenter d'abord d'enlever tous les bois et

Fig. 3. — Les terrages.

gourmands inutiles, autrement dit, faire le nettoyage des ceps, sans touchei aux bois de taille, qui seront rognés plus tard à la longueur voulue et en peu de temps.

Au cellier. — Procéder au *second soutirage* des vins blancs nouveaux, avec un tiers de mèche par barrique ; ouiller soigneusement les barriques pour empêcher qu'il ne s'y fasse un vide, toujours contraire à la santé du vin. Soutirer pour la première fois les vins rouges, avec deux doigts de mèche par barrique.

Epoque favorable pour la mise en bouteille des vins rouges vieux. Choisir un temps calme avec pression barométrique élevée.

Faire le *coupage* des vins jeunes, soit pour augmenter la couleur ou la vinosité de ceux qui en manquent, soit pour corriger les défauts des uns par les défauts contraires des autres.

Protéger le cellier contre les grands froids par une fermeture hermétique. Aérer si le temps est clair et beau.

Le travail extérieur ne forçant pas, c'est le moment de vérifier l'état des cuves et futailles, réparer les instruments de travail, réviser les soufreuses et sulfateuses, enfin, remettre le tout en état en vue de la campagne suivante.

Fig. 4. — Mise en place des pieux et échalas.

FÉVRIER

A la vigne. — Couper les sarments qui ont été marqués au cours de l'été pour être greffés, les émonder et les stratifier dans le sable.

Faire le tracé des nouvelles plantations.

Commencer les couchages.

On peut procéder à la *taille*.

Au cellier. — Continuer les ouillages, tenir toujours très propres le pourtour des bondes, le râcler et le laver avec de l'eau sodée (carbonate de soude à 2 % d'eau), pour empêcher l'aigrissement du vin.

MARS

A la vigne. — *Déchausser* la vigne à la charrue ou à la tranche ; enlever à la *décavaillonneuse* ou à la raclette à main le cavaillon ou bande de terre en surélévation, que la charrue a laissée d'un cep à l'autre.

Si la vigne a besoin d'être *graissée*, tracer à la charrue, au milieu de l'intervalle des rangs, un sillon profond et y déposer le fumier, qu'un tour de charrue enfouira aussitôt ; ou bien, avant le labour, répandre à la volée

Fig. 5. — La taille de la vigne.

des engrais minéraux, que le travail de la charrue ou de la houe ensevelira.

C'est la meilleure époque pour *tailler* la vigne.

Continuer *couchages* et *provins*.

Préparer autour de la vigne les *brulots* (pailles, feuilles, balles de blé, etc., coaltar), en vue de la production d'épais nuages de fumée qui la préserveront des gelées de printemps.

Au cellier. — *Soutirer* et *coller* les vins blancs qui en ont besoin.

Les soutirer une dernière fois (troisième ou quatrième) en vue de la livraison ou de la mise en bouteilles. Ils doivent être alors d'une limpidité parfaite.

AVRIL

A la vigne. — Terminer promptement la taille; l'exécuter trop tard provoque une abondance de *pleurs* qui fatigue la vigne.

Faire les *plantations* nouvelles de racinés-greffés dans les terrains neufs ; faire les *remplacements* ; poursuivre l'opération des couchages et provignages.

Achever l'installation des pieux et échalas ; raidir les fils de fer destinés au palissage.

Fig. 6. — Labour des vignes.

Procéder dans l'atelier à la *greffe* sur table qu'on aura pu commencer dès le mois précédent.

Vers les derniers jours du mois, accrocher aux ceps çà et là quelques petits pots remplis aux deux tiers d'un peu de vin mélassé pour capturer les premiers papillons de Cochylis ou d'Eudémis, qui apparaissent vers cette époque, ou dans les premiers jours de mai, et qui permettront de conclure à quelle date il conviendra de traiter les grappes florales par les insecticides.

Au cellier. — Continuer les livraisons de vin blanc.

C'est l'époque de la *mise en bouteilles* des vins blancs d'Anjou, si on veut leur garder toute leur finesse, tout leur fruité. N'employer que des bouteilles bien lavées, bien égouttées, des bouchons de bonne qualité et préalablement échaudés. Boucher plein autant que possible.

MAI

A la vigne. — *Passer la houe* dans la vigne pour la tenir propre d'herbes et allégir la surface du sol, souvent battue et tassée par les pluies de printemps.

Fig. 7. — Premier soufrage.

Terminer les greffes à l'atelier et les mettre en pépinière.

Dès que la vigne a trois ou quatre feuilles, faire les *premiers soufrages* contre l'oïdium, surtout dans les vignes qui y sont le plus sujettes.

Commencer l'*ébourgeonnage*, les bourgeons alors très tendres se détachent très facilement.

A la fin du mois, surveiller les méfaits du *Cigarier*. Si cet insecte est en nombre important, une pulvérisation à l'arséniate de plomb sur les feuilles en aura facilement raison.

Au cellier. — *Soutirer les vins rouges* nouveaux ; terminer la mise en bouteilles des vins rouges vieux.

JUIN

A la vigne. — C'est le mois des cryptogames et des insectes nuisibles.

Premier sulfatage contre le mildiou. Le combiner avec celui qu'on choisira contre la cochylis (arséniate de soude, 300 gr.; acétate de plomb, 900 gr.; bouillie bordelaise, 100 litres), ou bien nicotine (135 grammes d'alcaloïde pour 100 litres de bouillie bordelaise) ou encore le savon pyrèthre.

Fig. 8. — Sulfatage.

Deuxième soufrage, au moment de la floraison ; il favorise la fécondation et empêche la coulure.

Continuer l'ébourgeonnage.

Accoler les sarments nouveaux dans les vignes palissées ou conduites sur échalas.

En général, s'abstenir de tout travail de labour ou autre dans le temps de la floraison, période la plus critique du cycle annuel.

Cependant, si la végétation est trop vigoureuse, ce qui peut entraîner la coulure, un léger *pincement* des sommités des rameaux modère l'appel de sève et conjure ce grave accident.

Au cellier. — *Soutirer les vins rouges* vieux et nouveaux, sage précaution à prendre avant le retour de la grande chaleur.

JUILLET

A la vigne. — La floraison étant accomplie, passer la houe pour tenir le sol très propre et le décroûter.

Continuer l'accolage des rameaux.

C'est le moment, avant la poussée de la sève du mois d'août, de réduire

Fig. 9. — La mise en bouteilles des vins rouges.

par un *rognage* les sarments qui dans les terres fertiles prennent trop d'extension.

Pratiquer le *troisième soufrage* et le *dernier sulfatage*.

Au cellier. — Veiller soigneusement à ce que les fûts restent bien pleins jusqu'à la bonde, pour éviter l'*acétification*, très à craindre à cette époque. On n'a plus à la redouter si les fûts bien remplis ont été mis bonde de côté.

Brûler de temps à autre quelques morceaux de soufre en canon dans le cellier, pour en chasser les mouches du vinaigre.

Bien clore le cellier, afin d'y maintenir le plus de fraîcheur possible. S'il survenait des nuits fraîches, en profiter pour l'ouvrir largement, afin d'y abaisser la température.

AOUT

A la vigne. — Si l'exubérance foliaire s'oppose à la pénétration du soleil, faire *enlever les entre-cœurs* ou bourgeons développés à l'aisselle des feuilles. Si le soleil est trop ardent, on recommandera, de peur de provoquer le grillage des grappes, de ne pratiquer l'opération que du côté du rang le moins exposé à ses rayons.

Fig. 10. — Le travail des vignes à la houe.

Au cellier. — Toujours surveiller les fûts pour y maintenir le plein. Si un suintement se produit entre les douelles d'un fût bondé, il y a chance que ce soit l'effet de la maladie de la *pousse*, à laquelle il faut se hâter d'apporter le remède approprié.

Ne pas attendre le dernier moment pour demander l'intervention du tonnelier en vue de la mise en état de la futaille, le rebattage des barriques, etc...

SEPTEMBRE

A la vigne. — Veiller à ce que les raisins ne traînent pas sur le sol ; les dégager à la raclette, si c'est nécessaire.

Si la vigne est trop touffue et que les raisins manquent d'air, faire un *effeuillage modéré*, qui permette au soleil de les atteindre et de les faire mûrir.

Surveiller les progrès de la maturité de la vendange, soit par l'examen direct, soit par le moyen du mustimètre plongé dans le jus retiré de quelques grappes pressées.

C'est le moment d'apprécier l'importance de la future vendange, sur laquelle les vignerons se trompent si souvent, parce qu'ils ne se donnent pas la peine, cependant très mince, de se renseigner exactement.

Fig. 11. — Préparation du matériel vinaire.

Pour cela prendre au hasard dans un même rang quatre ceps de vigne, par exemple, et en compter les grappes ; recommencer l'opération un peu plus loin dans le même rang et, suivant la longueur de celui-ci, y répéter l'opération trois, quatre ou cinq fois.

Renouveler l'opération sur une dizaine de rangs à travers le vignoble.

Si on a noté le nombre de grappes de chaque petit lot, en divisant ce nombre par celui des ceps examinés dans un même rang, on saura ce que chacun de ceux-ci porte en moyenne.

Faisant le même calcul pour l'ensemble des rangs, on obtiendra une moyenne qui sera très près de la vérité pour tout le vignoble. Dès lors, en multipliant le nombre moyen des grappes par le nombre total de ceps du vignoble, on saura combien la vigne porte de grappes. Appréciant ensuite avec la balance le poids moyen d'une grappe, il sera facile d'évaluer le poids total de la récolte. Et comme il faut 300 kilos de raisins pour obtenir environ deux hectolitres de vin, on arrivera très facilement à évaluer le nombre de barriques que donnera le vignoble (1).

Au cellier. — C'est le moment de préparer le matériel de la vendange et de faire la révision des cuves et pressoirs, laver et affranchir tous les récipients qui vont être utilisés, recouvrir ceux qui sont en fer d'un *vernis noir* inattaquable par les acides du vin.

Le coup d'œil du maître est indispensable à ce moment.

La bataille va commencer, il faut fourbir ses armes.

OCTOBRE

A la vigne et au cellier. — En Anjou, c'est le mois de la vendange.

Les *essais mustimétriques* seront fréquemment renouvelés pour suivre pas à pas les progrès de la maturation.

------

(1) Je me suis amusé plusieurs fois à faire, dans un clos de trois hectares et demi, cette évaluation ; je ne me suis pas trompé, dans mes évaluations, de plus d'une demi-barrique. Cette petite enquête ne répond pas seulement à un sentiment de curiosité, mais donne de précieuses indications au sujet de la futaille nécessaire à la récolte.

Suivant l'état de la vendange, on fera des dépourrissages ou bien on attendra la parfaite maturité.

La vendange rouge altérée sera de suite amenée au pressoir et tirée en *rosé*.

La vendange blanche sera laissée sur souche tant que le sucre augmentera, ce qu'il est facile de constater à l'aide du mustimètre, le maximum étant atteint quand l'invasion des grains par le Botrytis y produit la *pourriture noble*.

Pour obtenir le maximum de qualité : dans les vignes rouges destinées à faire des vins cuvés, on ne recueillera que les grappes saines et bien mûres ; ce qui restera sur les souches, grappes altérées ou mal mûres, sera finalement ramassé et sera tiré en rosé.

Dans les vignes blanches, on vendangera en plusieurs fois, en ne récoltant successivement que les grappes parfaitement mûres, de manière à donner aux retardataires le temps d'arriver à leur maturité parfaite, laquelle n'est souvent atteinte que dans les premiers jours de novembre.

Fig. 12. — La vendange.

CHAPITRE II

LA CULTURE DE LA VIGNE EN ANJOU

« Il n'y a de sérieux ici-bas que la culture
de la vigne. »

Lettre de Voltaire à d'Alembert.

I. — AUTREFOIS

LES FAÇONS DE LA VIGNE

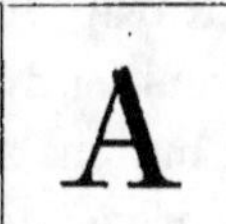UTREFOIS... je parle de ce qui se passait chez nous il y a un siècle et même un peu moins, le travail des vignes se faisait entièrement à bras et avec des instruments bien imaginés, mais très simples.

Un bonhomme plié en deux tire à journée et à force de bras la terre de sa vigne « plantée en foule » ou « à la mêlée », c'est-à-dire dans le plus complet désordre, lequel est encore augmenté par les nombreux *couchages* ou *provignages* annuels exécutés sans méthode, ou les *enfolies*, rameaux feuillus que l'on recourbait et noyait dans le sol, en laissant seulement émerger leur pointe.

On arrivait ainsi à avoir de 5.000 à 6.000 pieds à l'hectare (1), tandis

---

(1) Ces chiffres sont relativement peu élevés par rapport à ceux que l'on a notés dans certaines vignes plantées en Champagne suivant cette méthode, jusqu'à 50.000 pieds à l'hectare et même 76.000.

que dans nos vignes modernes, plantées en lignes, on n'en compte que de
4.000 à 4.500.

Il faut noter, en passant, que plus une plantation de vigne est dense, plus
grande est la qualité de la récolte. D'où il faut conclure que la méthode
suivie par nos aïeux avait du bon ; seulement la quantité est loin d'être en
proportion avec cette densité d'encépagement.

En hiver, le vigneron bêchait sa vigne à plat : c'était la *première façon*;
il complétait le travail en relevant la terre en un sillon à égale distance
des ceps.

Au printemps, quand les fortes gelées ne sont plus à craindre, il la
déchaussait, c'est-à-dire qu'il retirait la terre du pied de chaque cep et en
formait une cuvette circulaire de 0^{m}60 à 0^{m}80 de diamètre, et du milieu
de laquelle se dressait le cep ; c'est ce qu'il appelait « déniaiser la vigne » ;
c'était la *deuxième façon*.

Plus tard avait lieu la *troisième façon*, ou mise en mottes des bords de
la cuvette et des plisses d'herbes coupées entre deux terres et retournées
sens dessus dessous entre les ceps.

La *quatrième façon* ou *rabattage* consistait à démolir les mottes
précédentes pour les remettre et égaliser au pied des ceps.

Assez souvent le vigneron négligeait la première façon et le travail se
réduisait aux trois dernières ; aussi l'herbe croissait-elle follement entre
les ceps et l'on voyait souvent disséminés dans les vignes de petits « mulons »
d'herbe qu'on avait coupée à la faucille et qui constituait une provende
supplémentaire pour la vache ou l'âne du vigneron.

Les instruments de culture

Les plus communément employés étaient le *pic* et la *tranche*.

Le pic était de deux sortes, l'un plat, l'autre pointu. Le *pic plat* (fig. 13),
employé dans les terres faciles, était une fourche à deux dents, longues
de 0^{m}30 et larges de 0^{m}05, à extrémité coupée carrément, avec un espace
de 0^{m}08 entre elles. L'œil, ou emmanchure de ce pic, était incliné sous un
angle très aigu par rapport aux dents. Le manche n'avait pas plus de 0^{m}50

à 0^m60 de longueur, de sorte que pour le **manier l'homme** devait être plié en deux. Il rejetait la terre en **arrière, entre ses jambes,** ce qui nécessitait forcément l'usage des guêtres, généralement de toile, dont le bas s'élargissant beaucoup recouvrait les sabots pour éviter que la terre n'y entrât.

En été, le bêchage se faisait nu-pieds, c'était plus simple et plus économique.

Le *pic pointu* (fig. 14), qui servait dans les terres dures, rocailleuses,

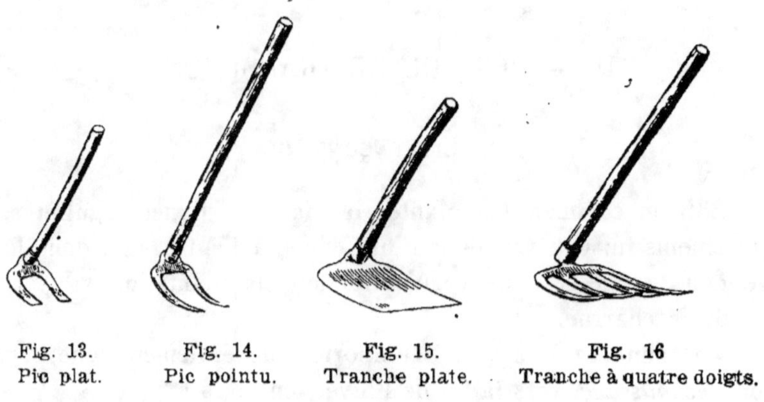

Fig. 13.   Fig. 14.   Fig. 15.   Fig. 16
Pic plat.   Pic pointu.   Tranche plate.   Tranche à quatre doigts.

différait du précédent en ce que les dents, souvent un peu plus **longues,** étaient moins larges ($2\frac{1}{2}$ à 3 centimètres) et se terminaient en pointe.

La *tranche* (fig. 15) avait la forme d'une bêche plate, large de 0^m22 à 0^m25, mais emmanchée comme le pic. A la tranche plate on a substitué avec avantage la tranche à quatre doigts (fig. 16). Tous ces outils étaient fabriqués par les taillandiers du pays.

La fumure de la vigne

Les anciens vignerons ne graissaient guère leurs vignes. Ils avaient la crainte que le fumier poussant trop à la production des feuilles ne nuisît à la qualité, ce en quoi ils n'avaient pas tout à fait tort.

2

Cependant, de temps à autre, ils y transportaient du fumier. C'est ainsi que, dans les coteaux de Saumur, des ânes munis d'un bât, l'amenaient à l'entrée du clos. Là, le vigneron en chargeait un « butet », sorte de hotte d'osier qu'il portait sur son dos, pour en distribuer le contenu au pied des ceps. Au moment de la vendange, ces ânes servaient à transporter de la même façon la vendange au pressoir. (Voir *L'Anjou et ses Vignes*, t. I, p. 204).

II. — PÉRIODE DE TRANSITION

LES FAÇONS

Vers 1835 on commence à planter la vigne en lignes régulières, avec des espacements un peu variables d'une vigne à l'autre, tant dans le rang qu'entre deux rangées. Cette régularité dans la plantation va permettre l'emploi de la charrue.

Les façons données à la vigne comportent généralement une *première façon* ou *déchaussage*, vers la fin de l'hiver, en mars ;

Une *deuxième façon* en avril, pour égaliser et aérer la terre par un tour de herse ;

Une *troisième façon*, vers la Saint-Jean, avant la moisson ; c'était le *rechaussage* de la vigne.

Comme la vigne n'était ni tuteurée, ni palissée, les sarments couvraient le sol d'une façon souvent inextricable et les labours d'hiver ne pouvaient pas y être pratiqués avant la taille, qui se faisait au printemps ; et si l'année était humide, l'herbe y croissait en abondance.

Le travail à bras va commencer à être aidé par le travail à traction animale ; la charrue va entrer en jeu.

En même temps, les instruments à bras se perfectionnent. Le pic à deux doigts est remplacé par la tranche à quatre doigts (fig. 16).

APPARITION DE LA CHARRUE

En 1842, on cite comme une nouveauté, au *Congrès des Viticulteurs*, tenu à Angers, l'emploi chez un nommé Bruneau, de Fontevrault, d'une petite charrue sans avant-train pour labourer les vignes.

Elle était pourtant déjà en usage du temps des Romains pour le labour des vignes (1). L'Anjou était d'ailleurs en retard sur d'autres régions viticoles, car dès la fin du XVIIIe siècle Arthur Yung, voyageant en France,

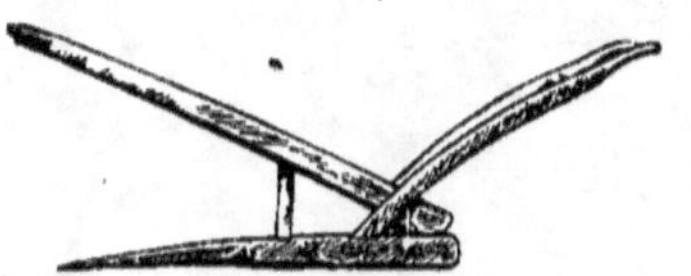

Fig. 17. — L'arreau ou breillot du Saumurois.

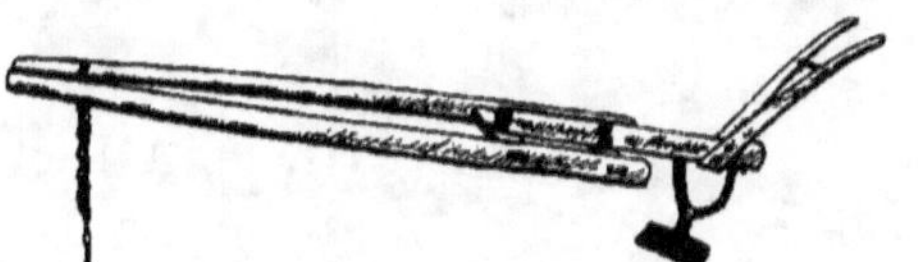

Fig. 18. — L'échardonnoir.

constate avec étonnement que dans le Bordelais on labourait les vignes avec une charrue traînée par des bœufs.

Les premières charrues utilisées furent des charrues Dombasle. Bientôt elles furent remplacées par l'*araire*, appelé dans le Saumurois, *arreau* ou *breillot* (fig. 17). C'était un diviseur de terre très simple, formé d'une pièce de bois dur, à coupe triangulaire, portant un soc en avant, tandis qu'à l'arrière est montée la perche également en bois, et les deux mancherons. Une longue vis unit la perche au soc et sert à régler la profondeur du labour. Pour l'attelage, un brancard en bois s'attache à la perche à l'aide d'un collier mobile et de goupilles.

Pour les labours superficiels, le simple nettoyage des vignes, on employait encore l'*échardonnoir* (fig. 18), formé d'une lame au bord aciéré, longue

---

(1) *Aratro vineas culturi sint.* « Que tes vignes soient cultivées à la charrue ». Columelle.

de 0^m50 à 0^m60, large de 0^m15, et relié à la perche par une forte tige carrée.

Enfin, on employait aussi pour niveler et aérer le sol de petites *herses* soit en bois, soit en fer (fig. 19).

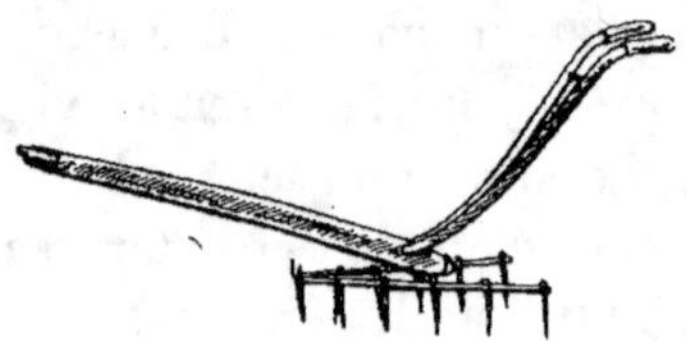

F.g. 19. — Herse pour la vigne.

III. — AUJOURD'HUI

LE DÉFONÇAGE

L'établissement et la culture d'un vignoble sont bien plus compliqués actuellement qu'avant la venue du Phylloxéra en Anjou.

Avant son apparition le travail préparatoire était des plus simples. On se contentait souvent, sur nos coteaux, de pratiquer avec une barre de fer un trou de 20 à 25 centimètres de profondeur, dans lequel on enfonçait une bouture, on foulait, et la plantation était faite.

Dans d'autres localités, notamment le Saumurois, on pratiquait des *aujoux*, sortes de petites fosses, larges et profondes d'un pied et longues tout au plus de deux, espacées entre elles de 4 pieds sur la ligne droite et distantes de 8 pieds entre les rangs.

A la fin de février ou au commencement de mars on y mettait la plante racinée ou *chevelure*, dont on étalait les radicelles, que l'on chargeait de terre.

Aujourd'hui pour créer un vignoble, qu'il s'agisse d'une terre en friche ou d'une terre cultivée, la première chose à faire est de défoncer le sol profondément. Dans notre région, la bonne profondeur moyenne est de 0 50.

Le défonçage se fait à la main ou à la charrue ; celle-ci est mise en mouvement par la force animale ou par la traction mécanique.

Défonçage à la main. — Dans le premier cas on commence par creuser à l'extrémité du champ une fosse large d'un mètre environ et profonde de 0^{m}50. Toute la terre retirée est transportée à l'autre extrémité de la pièce, afin de pouvoir combler la dernière fosse. Puis, on creuse une seconde tranchée, parallèle à la première, laquelle se trouve comblée par la terre qu'on vient de retirer, et ainsi de suite ; de sorte qu'en définitive toute la terre du champ a, sur une profondeur de 0^{m}50, été déplacée d'un mètre.

Ce travail à la main est le meilleur, mais aujourd'hui il serait bien dispendieux. On pouvait l'estimer, il y a une quinzaine d'années, à 600 ou 800 francs l'hectare ; actuellement il faudrait multiplier ces chiffres par 5. En outre, on trouverait une grosse difficulté à obtenir la main-d'œuvre nécessaire.

Sur certains coteaux de l'Anjou, au sol d'une excessive dureté, on est parfois obligé de procéder au défonçage à coups de dynamite. L'opération, cela va de soi, devient alors très onéreuse.

Défonçage mécanique. — Aujourd'hui, du moins pour tous les défonçages de quelque importance, la main de l'homme est remplacée par des *charrues*, que traînent de puissants attelages de chevaux et de bœufs, ou encore par des locomobiles à vapeur, ou mieux, des appareils à force électrique, lesquels ne peuvent que se généraliser, à mesure que se développera l'électrification de nos campagnes.

Parfois un ou deux chevaux suffisent à l'opération, à la condition d'agir sur un *treuil* autour duquel s'enroule un câble attaché à une défonceuse, l'emploi d'un jeu de poulies permettant de faire travailler l'appareil à l'aller comme au retour, d'où résulte une grande économie de temps. A mesure qu'un sillon est creusé, on déplace le treuil de la quantité voulue pour creuser le sillon suivant.

Depuis quelques années, on se sert de *tracteurs* puissants qui tirent directement la défonceuse.

Dans la charrue construite par la maison Beauvais et Robin, l'âge porte en arrière un siège, qui supprime toute fatigue à l'ouvrier et rend son travail bien plus facile (fig. 20).

Suivant la puissance de l'appareil employé et la dureté du sol, le sillon est creusé en une ou plusieurs fois.

Quant à l'*époque* à laquelle il convient de faire le défonçage, elle dépend surtout de la nature du terrain. En général, c'est l'entrée de l'hiver qui est la saison la plus favorable, les gels et dégels qui se produisent ensuite ayant pour effet d'ameublir la terre qui a été remuée.

Fig. 20. — Charrue défonceuse, forme Brabant

Bien entendu, on évitera de faire le défoncement dans les sols compacts par les temps de pluie. De même, il est très mauvais de l'entreprendre quand la neige couvre la terre ; enfouie dans le sol, elle le refroidit et la végétation de la première année peut beaucoup en souffrir.

Remarque importante. — Si le sol présente dans toute la partie labourée une composition identique, on peut, sans inconvénient, mêler la terre du fond au sol superficiel.

Si la terre du fond est caillouteuse, il convient de faire le défonçage en deux temps : d'abord un labour superficiel, puis un second, celui-là profond ou sous-solage, qui ne fait que remuer la couche profonde et ne la remonte pas.

A plus forte raison, si le sous-sol est plus calcaire que la surface importe-t-il de le laisser en place, les vignes greffées sur plant américain le craignant beaucoup.

La fumure

Il est recommandé de répandre au fond de chaque sillon, à mesure qu'il est creusé, une bonne couche de fumier de ferme, ou mieux, de le mêler à la terre même qui se trouvera au niveau des racines du jeune plant, afin que celui-ci trouve tout de suite une abondante nourriture.

Il faut renoncer à la pratique ancienne qui consistait à garnir le fond de la fosse de sarments ou de ramilles, car ils pourraient provoquer le développement d'une maladie parasitaire très grave, le *pourridié*, dont il sera parlé dans un autre chapitre.

Outillage moderne

Les instruments primitifs du vigneron, bêche, tranche ou araire, ont cédé la place à des *charrues-vigneronnes* perfectionnées, solides et légères, à versoir en acier et montées de façon à passer très près des ceps et à les déchausser sans les endommager, grâce au simple déplacement de l'âge.

Il convient tout d'abord de signaler la charrue inventée par M. Massignon, ancien président de l'*Union des Viticulteurs de Maine-et-Loire*, construite de façon à rejeter, à l'aller comme au retour, la terre du même côté, et cela dans le but d'éviter la formation, entre les deux rangs de ceps, de sillons qui gênent la marche des appareils à traction, et même celle des ouvriers chargés de faire les traitements contre les maladies de la vigne. Elle est formée de deux corps de charrue adossés l'un à l'autre, et pouvant pivoter horizontalement autour d'un axe vertical placé à leur jonction ; quand l'un travaille, l'autre se relève légèrement.

Le modèle ci-joint fourni par la maison Beauvais et Robin d'Angers, est des mieux compris (fig. 21). L'âge est muni d'un support à roulette ; les mancherons sont pivotants et peuvent, suivant les besoins, se déplacer à droite ou à gauche.

Pour les labours superficiels et l'entretien de la propreté des vignes, on se sert de *houes* de différents modèles dont la largeur est modifiable à volonté, et dont les pièces travaillantes sont ou des dents légèrement recourbées, s'il s'agit d'obtenir un léger ameublissement du sol, ou des lames coupantes, triangulaires, pour désherber.

Pour enlever le cavaillon, autrement dit la bande de terre laissée entre

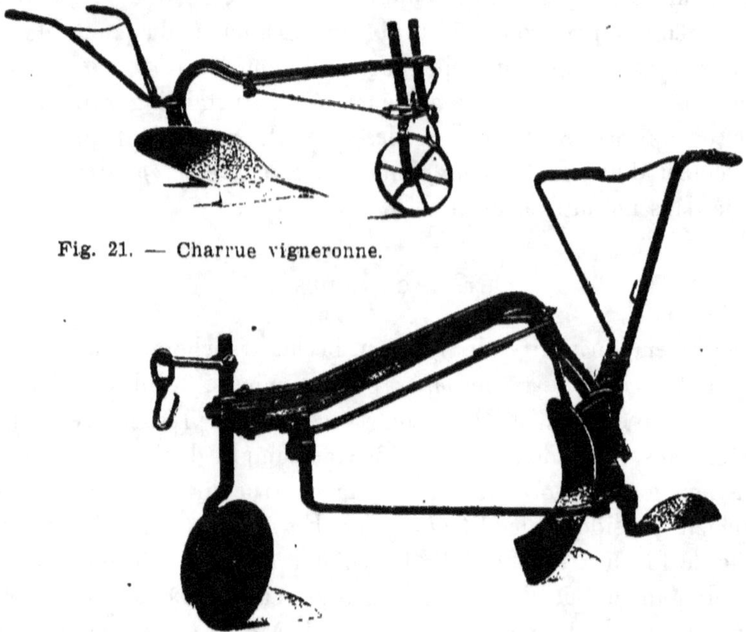

Fig. 21. — Charrue vigneronne.

Fig. 22. — Charrue décavaillonneuse.

les ceps après le passage de la charrue, on utilise des charrues *décavaillonneuses*. Elles sont de différents modèles, mais toutes tendent à faire pénétrer le soc dans l'intervalle de deux ceps qui se suivent, tout en évitant, grâce à un ingénieux pare-ceps, de les blesser au passage.

Je me contenterai de signaler, comme appartenant plus spécialement à l'Anjou, la décavaillonneuse construite par la maison Beauvais et Robin d'Angers, dans laquelle, par un mécanisme ingénieux, c'est le versoir seul et non pas tout l'ensemble de la charrue, qui grâce à un pare-cep, s'écarte au moment où il va l'atteindre, disposition qui rend plus facile la conduite de l'instrument. Une fois l'obstacle, c'est-à-dire le cep, franchi, un ressort ramène automatiquement le versoir en place (fig. 22).

Il ne sera pas question, pour le moment, des appareils variés qu'on a inventés pour les traitements des maladies de la vigne, tels que soufreuses et sulfateuses ; ils seront indiqués à l'occasion de l'étude des maladies qu'ils servent à combattre.

Façons culturales annuelles

Utilité des labours. — Le labour de la vigne a des effets utiles qui peuvent se résumer ainsi :

Faciliter la pénétration des eaux pluviales ;

Aérer la terre pour aider à la respiration des racines ;

Enfouir les engrais et favoriser entre les différents éléments du sol les réactions favorables à la vie de la plante.

Le labour de rechaussage, fait à l'arrière-saison, aide en outre par l'action alternative du gel et du dégel à l'ameublissement du sol ;

A la protection des souches contre les froids de l'hiver ;

A la destruction des chrysalides de la Cochylis et de l'Eudémis ou autres insectes qui s'y sont cachés, en favorisant le développement et l'envahissement des moisissures.

Ce travail se fait avec des charrues légères, dites *vigneronnes*, construites de manière à approcher très près des ceps.

En principe on pratique en Anjou les façons culturales suivantes :

A l'automne, après la récolte, *rechaussage* des ceps ;

A la fin de l'hiver, *déchaussage* ;

En été, *binages* répétés.

Circonstances qui doivent régler le travail du laboureur. — Mais les terrains de l'Anjou sont de constitution variée ; une culture rationnelle doit tenir compte de ces conditions spéciales et y adapter les façons.

En voici les principales sortes :

Terrains siliceux (secs et brûlants) ;
Terrains argileux (mouillés l'hiver, secs l'été) ;
Terrains silico-argilo-calcaires (frais et chauds) ;
Terrains calcaires (perméables et froids).

En outre, pour donner à la vigne des façons rationnelles, certains principes doivent être connus des vignerons, et ceux-ci ne doivent pas les perdre de vue, s'ils veulent éviter les fausses manœuvres. Voici l'énumération de ces principes :

a) Un sol labouré retient mieux l'eau des pluies qu'une terre non travaillée ;

b) Un sol non travaillé, durci, évapore bien plus facilement l'eau que celui qui a été remué et dont la capillarité a été par ce fait détruite ;

c) Par conséquent, après une pluie battante qui a tassé la surface, il faut, par un binage, ameublir la croûte ;

d) Un sol poreux, avec sous-sol imperméable, accumule de l'eau dans sa profondeur ; sa partie superficielle est alors trop sèche, et sa partie profonde trop mouillée ;

e) Les terres argileuses travaillées par les temps de pluie forment un véritable mastic impraticable ;

f) Les terres calcaires, blanches, sont froides, car elles réfléchissent les rayons solaires, au lieu de les absorber ;

g) Par contre, un sol noirâtre, comme celui qui recouvre les coteaux du Layon, absorbe beaucoup mieux les rayons solaires et en fait bénéficier la vigne ;

h) Un sol siliceux ne retient pas l'eau et des labours l'assèchent encore davantage ;

i) Une terre formée d'un juste mélange d'argile, de calcaire et de silice se laisse pénétrer par l'eau et la retient dans les proportions les plus convenables ;

j) L'herbe qu'on laisse pousser dans les vignes évapore beaucoup d'eau et assèche le sol. Se rappeler, par exemple, qu'une graminée, l'avoine, pour former 1 gramme de matière sèche, évapore 455 grammes d'eau (expérience d'Haberland) ;

k) L'herbe empêche en outre le réchauffement du sol et expose les jeunes pousses de la vigne aux effets de la gelée de printemps ;

l) Les herbes y maintiennent une atmosphère d'humidité qui favorise la coulure au moment de la floraison, pendant l'été les maladies crypto-gamiques, à l'automne la pourriture du raisin. Aussi la culture intercalaire, salades, haricots, etc., n'est-elle guère recommandable ;

m) Labourer la vigne au printemps, quand la gelée est à craindre, c'est l'exposer à en souffrir ;

n) Labourer la vigne au moment de la floraison, c'est produire un refroidissement brusque du sol, au moment où elle a le plus besoin de chaleur, et l'exposer à couler.

En s'appuyant, en outre, sur les considérations qui précèdent, on arrivera à ces conclusions pratiques :

1° Un terrain sec et chaud sera labouré : *a*) au début de l'hiver, pour permettre aux pluies d'y pénétrer (*rechaussage* de la vigne); *b*) il le sera de nouveau à la fin de l'hiver dans le même but (*déchaussage*); ce travail sera complété par le *décavaillonnage* ou enlèvement du sillon de terre que la charrue a laissé entre les ceps ; *c*) au cours du printemps et de l'été, nombreux binages à plat pour maintenir la porosité du sol superficiel et le tenir net d'herbes, en se rappelant le vieux dicton si vrai : *deux binages valent un arrosage* :

2° Un terrain dont la partie superficielle est poreuse et la partie profonde imperméable (terres froides) sera au printemps labouré peu profondément, pour ménager la réserve d'eau sous-jacente, et cette opération se répétera dès que la surface se durcira, afin de détruire la capillarité, laquelle favorise l'évaporation au détriment des racines ;

3° Les sols très argileux (terres froides) doivent être laissés en repos pendant l'hiver, afin d'éviter l'accumulation de l'eau dans leur profondeur où baigneraient les racines, qui pourraient y prendre le pourridié. Mais, au printemps, comme les précédentes, il faudra les labourer profondément pour les réchauffer. Souvent, dans ces sols argileux, la vigne, qui conserve sa fraîcheur en été, pousse avec une vigueur excessive et produit de nombreuses racines superficielles. On modère cette exubérance et on détruit ces racines en labourant assez profondément le milieu des interlignes ;

4° Les terres calcaires ne demandent, en général, qu'un travail superficiel, car le plus souvent la proportion de calcaire étant plus forte dans la profondeur qu'à leur surface, le labour rend ce calcaire plus friable et, par suite, plus absorbable par les racines, d'où danger de *chlorose*. En outre, il y a intérêt à respecter les racines superficielles développées dans un milieu moins calcaire et, par suite, moins chlorosant. A plus forte raison, si le sous-sol est plus calcaire que la surface, importe-t-il de le laisser en place, les vignes greffées sur plant américain le redoutant beaucoup ;

5° C'est dans les sols siliceux que la culture superficielle est le plus indiquée. Les façons consistent alors simplement à les tenir propres d'herbes par des *grattages* superficiels. Toutes les saisons et tous les temps sont bons pour les travailler ;

6° Les terres formées d'une heureuse proportion des trois éléments fondamentaux : l'argile, la silice, le calcaire, suffisamment pénétrables aux pluies et à la chaleur, sont idéales pour la culture de la vigne. Des labours légers leur conviennent. Mais, comme elles sont très fertiles, elles se salissent facilement ; c'est pourquoi des binages répétés y sont nécessaires.

LA CULTURE SUPERFICIELLE

Il importe de signaler que dans certaines régions viticoles de France, particulièrement dans le Midi, on a substitué à toutes les façons culturales habituelles, à tout travail à la charrue, de simples *grattages* du sol ou *binages*; afin de tenir la vigne toujours nette d'herbes et sa surface perméable aux eaux pluviales. La vigne ne paraît pas en souffrir et ses fruits et sarments en seraient même plus abondants. (Expériences de M. Ravaz à l'Ecole de Montpellier.) Même en année très sèche (1904), le sol, simplement gratté à la surface, a gardé dans sa profondeur une réserve d'eau plus grande que celui qui a été profondément labouré.

Dans ces conditions, il s'établit tout un feutrage de racines superficielles, lesquelles seront fort endommagées, il est vrai, quand on voudra enfouir des engrais ; mais il se produit, à la suite de cette opération, un rajeunissement des racines, qui a bientôt réparé le dommage qu'elles ont subi.

Il y a certainement lieu de poursuivre les expériences dans cet ordre d'idées.

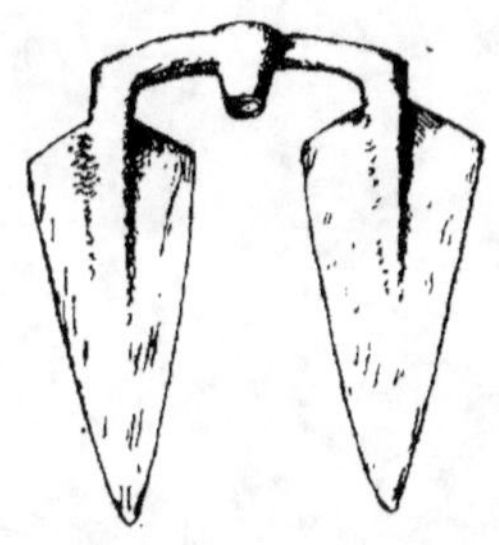

Bident gallo-romain, d'après
R. BILLIARD, *La Vigne*
dans l'Antiquité.

CHAPITRE III

PLANTATION D'UN VIGNOBLE

« Apprends aussi combien tu dois creuser la terre
Qui de tes jeunes plants sera dépositaire. »

Traduit de VIRGILE.

1° LE TERRAIN

LES *facteurs d'une bonne réussite.* — Quatre conditions doivent concourir au succès de l'installation d'un vignoble. Si l'une ou l'autre d'entre elles est en défaut, la nouvelle plantation trompera les espérances de son créateur.

Ces quatre facteurs du succès les voici : 1° la *nature du sol* ; 2° les *conditions atmosphériques* ; 3° le *cépage* ; 4° le *vigneron*.

Si parfaits que soient les trois premiers facteurs, la science du vigneron vient-elle à faire défaut, le vignoble ne donnera pas ce qu'on en pouvait attendre. D'autre part, le sol peut être des plus convenable, si l'exposition est fâcheuse il y aura échec partiel. Et, enfin, tout cépage ne s'adaptant pas à tout terrain, il importe de choisir judicieusement celui que l'on plantera.

Orientation. — L'exposition qui est donnée au vignoble a une grande importance, la quantité et surtout la qualité du vin dépendant pour une grosse part de la chaleur que reçoivent les ceps au cours de l'année. Les règles à suivre sont différentes, on le comprend, selon qu'il s'agit du Midi ou du Nord.

L'Anjou, qui est situé à la limite septentrionale de la culture de la vigne, recherchera autant que possible les expositions les plus chaudes. Or, ce sont celles qui se trouvent à mi-coteau, les rayons solaires y étant reçus presque perpendiculairement, tandis que dans la plaine ils arrivent bien plus obliques et que, d'autre part, le sommet du coteau, balayé par le vent, est forcément moins chaud. En outre, la vigne, plante grimpante, qui a besoin d'être soutenue par des échalas ou des fils de fer, résiste mal à des coups de vents violents. Plus l'inclinaison du terrain sera prononcée, plus la chaleur reçue sera donc accentuée. En outre, l'écoulement des eaux de pluie s'y fera plus facilement. Enfin, les gelées printanières seront moins à craindre sur les coteaux que dans les bas-fonds, où, de plus, l'humidité, si le terrain est argileux, expose les vignes à la redoutable maladie du pourridié.

Si l'on veut cultiver des cépages fins et des cépages communs, on réservera aux premiers l'emplacement à mi-coteau, autrement dit la place de choix.

En Anjou, l'exposition Sud est la meilleure ; mais si le coteau, comme celui de la Coulée de Serrant, forme une masse isolée qui regarde le Sud et l'Ouest, les rayons solaires réchauffent tout au long de la journée successivement toute l'étendue de ce vignoble et c'est l'idéal.

Vient ensuite l'Ouest, malheureusement trop humide, et enfin l'orientation de l'Est, plus froide, et qui surtout expose la vigne à l'effet parfois désastreux des gelées de printemps.

Dans les parcelles où on aura lieu de redouter les gelées de printemps, il conviendra de planter des variétés à débourrement tardif et celles qui, très fructifères, remplacent leurs grappes gelées par de nouveaux rameaux fertiles.

La couleur du sol. — Elle a son importance. On sait que le noir absorbe mieux les rayons calorifiques, tandis que la couleur blanche des terres crayeuses les réfléchit et est par conséquent moins chaude.

Ces dernières seraient sans doute préférables dans le Midi, où l'excès de chaleur est à redouter, mais dans notre région, où il n'y en a jamais trop, et quelquefois pas assez, c'est la couleur noire qui doit être préférée. Et c'est là une des causes de la qualité exceptionnelle des vins du Layon, produits par un sol formé d'un schiste noir.

Si l'on a, pour planter un vignoble, deux sortes de terrains à sa disposition, l'un de couleur foncée, l'autre de couleur claire, on plantera dans le premier de la vigne blanche, laquelle exige plus de chaleur pour amener ses fruits à maturité, et on réservera l'autre pour la vigne rouge, moins exigeante en calorique.

La composition physique du sol. — La vigne se plaît dans les terrains frais, mais non constamment mouillés. Elle n'aime pas les terres trop compactes ; les terres légères lui conviennent mieux. Celles qui contiennent des cailloux et graviers lui sont très favorables, car ils contribuent à son réchauffement et ils drainent le sol, tout en y maintenant un degré d'humidité indispensable à sa végétation.

Profondeur du sol. — Un terrain qui est meuble sur une grande épaisseur ou, comme on dit, *profond*, exerce sur la vigne une action bien différente de celle que produit un terrain *superficiel*. Dans le premier cas, il y a ordinairement exagération d'humidité ; dans le second pénurie d'eau. Le premier donnera une plus grosse récolte, le second plus de qualité.

La connaissance de ces conditions a une réelle importance dans le choix du porte-greffe américain, car, parmi ceux-ci, les uns ont des racines traçantes, et par conséquent superficielles, et les autres des racines pivotantes qui exigent un sol plus profond.

Composition chimique du sol. — Si avec l'ancienne vigne française on ne se préoccupait que médiocrement de la nature du sol, il n'en est plus ainsi aujourd'hui avec les vignes greffées, certaines variétés américaines ne supportant que très difficilement le calcaire. Il en résulte que le choix du terrain a pris, à notre époque, une importance de premier ordre.

D'autre part, les caractères et qualités du vin varient avec la *nature du terrain*.

C'est ainsi que les sols calcaires avivent le goût du vin, y développent l'arome, le bouquet et lui communiquent une légèreté agréable.

Les sols siliceux sont également favorables à la finesse et au bouquet, lequel s'accentue à mesure que le vin vieillit.

Un fond argileux donne du corps au vin, en même temps qu'une certaine rudesse, mais qui peut parfois être remplacée par un peu de moelleux si la proportion d'argile n'est pas exagérée.

Il faut tenir compte aussi, dans le choix des terrains, de la *nature des cépages* que l'on veut cultiver. C'est ainsi que les Gamays réussissent mieux dans les sols argilo-siliceux et les Cabernets dans les terrains calcaires.

Groupement des cépages. — Il est judicieux, pour obtenir un meilleur vin, de mêler dans la cuve des raisins de cépages différents, mais il y a le plus souvent des inconvénients sérieux à planter dans une même vigne des espèces variées. La végétation, l'époque de maturité, le système de taille, la résistance aux maladies crytogamiques, etc., variant souvent d'une sorte à l'autre, il est généralement contre-indiqué de les entremêler dans un même clos.

2° LA PLANTATION

Tracé de la plantation. — Quelle que soit la forme du terrain à planter, on s'attache aujourd'hui à le diviser suivant des lignes régulièrement distantes. Si le terrain n'est pas rectangulaire, on y trace d'abord le plus grand quadrilatère possible et ensuite des *courts rangs*, soit d'un côté, soit de l'autre, ou des deux côtés de la pièce.

L'écartement des lignes varie, suivant les vignobles, de 1^{m}50 sur toutes faces, ce qui donne en carré 4.444 ceps à l'hectare, à 1 75, qui en donne 3.268. D'autres fois, on écarte les lignes de 1^{m}50 et on plante dans la ligne de 1^{m}30 à 1^{m}40 de distance.

L'idée directrice, en ce qui concerne la densité des plantations, doit être celle-ci : *plus le terrain est fertile, plus il faut distancer les ceps ; plus il est de qualité médiocre et plus il faut planter serré.*

Cet énoncé semble paradoxal : seulement on doit bien se rappeler que la vigne n'est pas plantée pour obtenir une végétation luxuriante, mais des fruits ; or, en terre fertile, les rameaux feuillus se développent si vigoureusement que c'est au détriment des grappes, inconvénient qui n'a pas lieu en terrain sec et peu fertile, d'où l'indication de planter plus serré.

Les plantations *en carré* ou *en quinconce* sont les meilleures, car elles

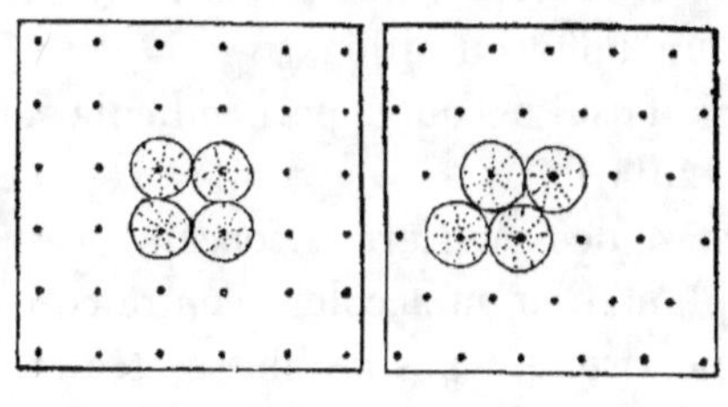

Fig. 23. — Plantation en carré

Fig. 24. — Plantation en quinconce.

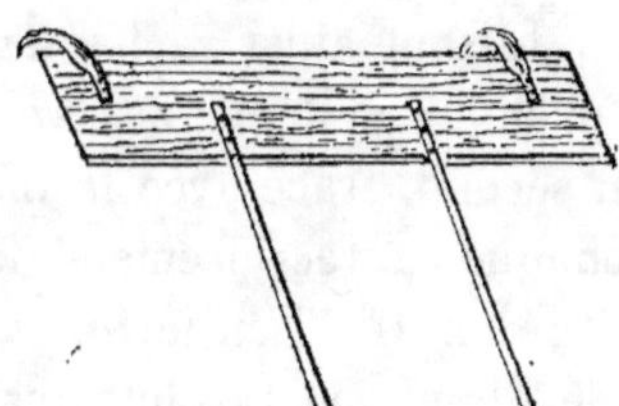

Fig. 25. — Un rayonneur à deux dents.

permettent aux racines de se développer dans toutes les directions sans se gêner entre elles et aux rameaux de s'étaler sans confusion. Mais celle qui permet aux racines l'extension la plus régulière, autour de la souche et la meilleure utilisation du terrain, c'est la disposition en quinconce, ainsi que l'indique nettement la comparaison entre les fig. 23 et 24, représentant l'une la disposition carrée et l'autre la disposition quinconciale. Dans cette dernière, avec une distance de 1^m50, aussi bien entre les ceps qu'entre les rangs, on a 5.104 souches à l'hectare.

Sur les pentes des coteaux un peu abruptes, on dirigera les lignes non pas dans le sens vertical, mais dans le sens horizontal, pour pouvoir labourer suivant cette direction, ce qui permet à la charrue de former ainsi une série de petits barrages qui retiendront mieux les eaux pluviales et, par suite, les terres. Cette disposition facilite également l'application des traitements, soufrages, sulfatages, etc...

Le *tracé* se fait au moyen d'un cordeau de chanvre, ou mieux, d'un fil de fer fortement tendu entre des fiches placées et régulièrement distribuées, à l'aide de la chaîne d'arpenteur, dans toute la longueur des deux lignes limites de la pièce.

Le sillon peut être tracé à la béchette en suivant le cordeau bien tendu.

Mieux vaut se servir d'un *rayonneur* (fig. 25), que chacun peut fabriquer, et qui consiste essentiellement en une planchette pourvue de deux dents. L'une de ces dents suivra le premier sillon tracé d'avance, l'autre tracera le nouveau sillon. L'ouvrier traîne l'instrument en marchant à reculons. Arrivé au bout du champ, il recommence l'opération en sens inverse, faisant ainsi à chaque tour un nouveau sillon.

Ce premier système de lignes sera ensuite coupé perpendiculairement par un second, tracé avec la même régularité.

A chaque entrecroisement des lignes, des ouvriers enfoncent un piquet de 0^m50, dont 0^m20 en terre, et à la plantation on accolera contre ce piquet le jeune plant ; en faisant ainsi, on ne risquera pas de blesser ses racines, ce qui aurait chance d'arriver si on faisait l'inverse, c'est-à-dire si on ne posait le piquet qu'après la mise en terre du plant.

Préparation du plant. — Généralement, en Anjou, la plantation se fait avec des *greffés-racinés*. Actuellement, il n'y a guère que pour certains Producteurs directs qu'on emploie des chevelus non greffés.

Pour la *partie aérienne*, certains viticulteurs préfèrent, au moment de la mise en place, laisser la jeune plante dans toute sa longueur, telle qu'elle est au sortir de la pépinière, dans l'espoir qu'elle donnera un plus grand nombre de feuilles et en acquerra dès la première année une plus grande vigueur. Mais il arrive très souvent que la sève se porte à l'extrémité et que les boutons de la base ne se développent pas.

D'autre part, tailler très court, à un œil ou deux, ne vaut pas mieux, le système foliaire ne pouvant pas, dans ces conditions, acquérir un grand développement. En taillant la plante à quatre ou cinq boutons, on met en équilibre la partie aérienne avec le système radiculaire et tous les boutons se développent avec vigueur.

Pour la *partie souterraine*, qui a certainement souffert de l'arrachage, on rafraîchit à la serpette les racines meurtries jusqu'à l'endroit où elles sont saines ; il convient, dans nos régions, de leur laisser 15 à 20 centimètres de longueur. C'est cette opération qu'on désigne sous le nom d'*habillage*.

Enfin, avant de mettre le plant en terre, il est bon de tremper son chevelu dans une bouillie formée d'un mélange d'eau, de bouse de vache et de terre argileuse; c'est ce qu'on appelle le *pralinage*. Ainsi traitées, les racines ne sont pas exposées à se dessécher et cet enrobage d'engrais favorise le développement de nouvelles radicelles.

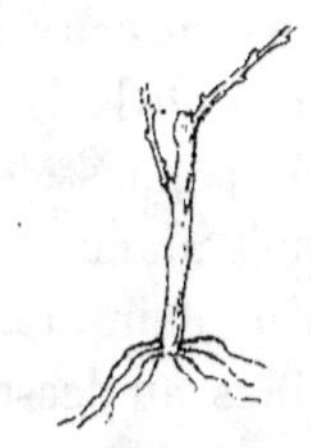

Fig. 26. — Un chevelu prêt pour la plantation.

Exécution de la plantation. — Elle se fait généralement dans le courant du mois d'avril, surtout s'il s'agit de terrains argileux. Si le terrain est sec, chaud, bien sain, il est avantageux de planter aussitôt après la chute des feuilles.

De toutes façons, il est nécessaire que la terre soit bien en état, car il ne faut jamais planter dans le *mastic*.

Suivant la nature du plant, simples boutures ou racinés, elle s'exécute avec des *pals* ou *plantoirs*. ou, dans les sols sablonneux, mouvants, une *tarière*, tous instruments qui creusent un trou étroit, dans lequel on enfonce la bouture sans racines ou une greffe aux racines rognées court.

Mais, s'il s'agit de plants chevelus (fig. 26), on creuse à la bêche de petites fosses carrées de 0^{m}25 en tous sens ; deux bonnes poignées de terre fine sont jetées au fond de celle-ci, relevée en un mamelon sur lequel on fait reposer le talon de la bouture, autour duquel les racines sont soigneusement étalées en rayonnant ; on y jette une pelletée de terre fine ; on foule fortement, puis on comble la fosse avec de la terre franche, sans la fouler. En procédant ainsi, les racines gardent leur position oblique normale, au lieu de prendre une direction horizontale, très contraire à leur croissance et qui tend à les atrophier.

La soudure de la greffe sera placée au niveau du sol ou à 1 centimètre au-dessus, afin d'éviter que par la suite le cep ne s'affranchisse, c'est-à-dire

qu'il émette au-dessus de la greffe des racines qui se substitueraient à celle
du support américain et deviendraient la proie du phylloxéra.

Il reste à *butter* le plant, c'est-à-dire à le couvrir d'un petit monticul
de sable ou de terre légère, pour le préserver durant les premiers mois
empêcher le dessèchement de la soudure pendant les chaleurs de l'été.

Il est prudent de laisser au plant un œil au-dessus du monticule, pou
le cas où ceux qui y sont enfouis seraient attaqués et dévorés par les ver
blancs où la larve du taupin (*ver fil de fer*).

A la pousse, le plus beau bourgeon, le plus droit sera palissé contre l
piquet planté d'avance.

En plein été, on défera la butte pour vérifier s'il ne s'est pas formé d
racines au-dessus de la greffe et les couper au ras.

Echalassage. — Si, dans le Midi, on laisse généralement les sarment
traîner sur le sol pour conserver plus de fraîcheur pendant les été
brûlants, en Anjou, la plupart des vignes sont dressées et soutenues pa
des échalas ou palissées sur fil de fer.

Les deux procédés, échalassage ou palissage, ont leurs partisans.

Les uns préfèrent l'échalassage, parce qu'il permet de tourner autou
de chaque cep pour les labours et autres soins culturaux, et au soleil d'e
réchauffer de ses rayons les différentes parties. Ainsi, en terrain plat, s
les rangs sont dirigés de l'Est à l'Ouest, il ne convient guère de les palisse
sur fil de fer, parce qu'ils formeraient une série d'écrans se protégean
bien à tort les uns les autres contre les rayons du soleil et empêchan
surtout ceux-ci de réchauffer le sol, ce qui est cependant beaucoup plu
important pour la maturation que d'échauffer les pampres. Dans le
gelées de printemps, l'échalas suffit même parfois à protéger les bourgeon
qui y sont accolés. Les autres aiment mieux le palissage, qui facilit
l'application des traitements anticryptogamiques et insecticides et faciliter
la vendange.

Les échalas doivent être bien droits, écorcés et faits d'un bois qui résist
longtemps à la pourriture. Le meilleur est l'acacia ; viennent ensuite l
châtaignier et le chêne; beaucoup moins bons sont le sapin et le saule. Le

arbres qui les fournissent doivent être en pleine vigueur, coupés en tronçons d'environ 1^{m}50 de longueur et refendus de façon à donner aux échalas environ 3 centimètres de diamètre.

La partie qui est enfoncée dans le sol pourrit au bout de bien peu d'années si on ne la défend pas contre l'action de l'humidité du sol. On la protège dans une certaine mesure, par un badigeonnage au goudron ou au carbonyle. Mieux vaut immerger le pied des échalas dans une solution au sulfate de cuivre à 2 %. Le bois s'en imbibe par capillarité et sa durée dans le sol est beaucoup plus grande.

La fixation des échalas se fait avec un simple maillet ou au moyen d'ingénieux instruments sur lesquels appuie tout le poids du corps et dits *fiche-échalas*. Dans les sols par trop durs, on fait un avant-trou avec la barre de fer.

Palissage sur fil de fer. — Il est très recommandé et très pratiqué en Anjou. Ses avantages sont multiples : permettre la taille en cordon, impossible sans lui, et la taille Guyot simple ou double, bien plus pratiquée aujourd'hui ; faciliter le passage des instruments de culture ; aérer la vigne et, par suite, diminuer l'humidité qui favorise la pourriture et le développement de la cochylis et des maladies cryptogamiques ; simplifier l'application des traitements anticryptogamiques et insecticides ; rendre plus facile la vendange.

La charpente d'un palissage est faite de pieux en bois, ou en fer, ou en pierre d'ardoise, quelquefois en ciment.

Les pieux de *bois* des extrémités de chaque rang ont un diamètre de 8 à 10 centimètres au bout supérieur et les intermédiaires un diamètre de 5 à 6 centimètres. Il est recommandé d'enfoncer les premiers obliquement dans le sol, sous un angle de 45° ; de leur extrémité supérieure tombe verticalement un fil de fer attaché d'autre part à une grosse pierre, enfoncée dans le sol à une profondeur de 0^{m}50.

Cette disposition est bien préférable à celle qui consiste à placer le pieu des extrémités verticalement comme ceux de l'intérieur et à donner au fil de fixation une direction oblique, les animaux de labour et la charrue

elle-même étant bien plus exposés à l'accrocher en tournant d'un rang
à l'autre. Comparer les deux fig. 27 et 28.

On donne aux pieux des hauteurs différentes, suivant les région de
l'Anjou. Dans les vignes à croissance exubérante, on les prend plus longs,
soit 1^{m}50, dont 0^{m}40 seront enfoncés dans le sol ; ils porteront trois rangs
de fil de fer. Dans les vignes à végétation plus modérée, des pieux de
1 mètre suffisent ; on leur fait porter seulement deux rangs de fil de fer.

Les pieux sont généralement distants de 8 mètres.

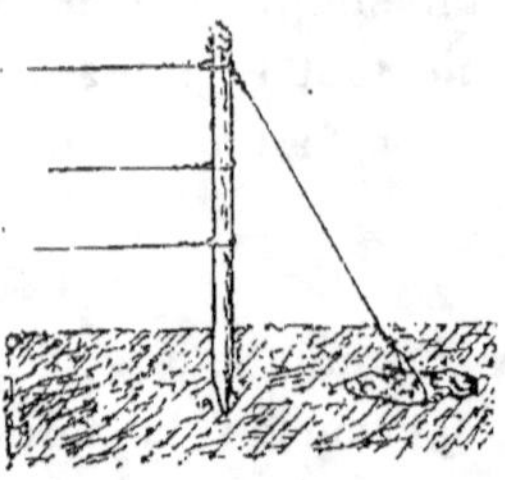

Fig. 27.
Disposition défectueuse.

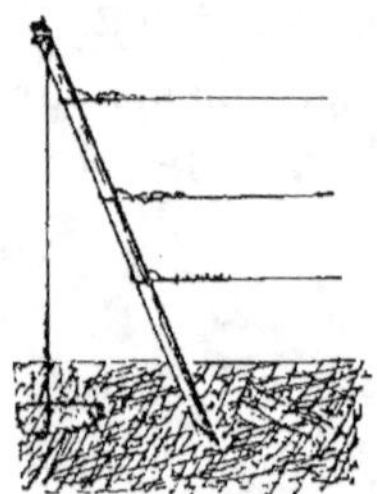

Fig. 28.
Disposition préférable

On emploie parfois des *pieux de fer* ; ce sont des tiges demi-rondes
ou des fers à T ; le haut prix du fer à l'époque actuelle les a fait à peu
près abandonner. Pour leur donner plus de durée, on les passe au minium
ou au goudron.

Rarement en Anjou on utilise des pieux en *ciment*.

Par contre, on se sert assez souvent de pieux d'ardoise. La localité de
Roc-Epine, près de l'étang Saint-Nicolas, à la porte d'Angers, en fournit
d'une excellente qualité et d'une durée indéfinie.

Les fils de fer employés au palissage doivent être galvanisés, pour
résister plus longtemps aux intempéries. On se sert généralement du n° 16
pour le plus bas et le plus haut et du n° 14 pour l'intermédiaire. Des
crampillons, conduits ou *cavaliers*, en fer galvanisé, servent à fixer les
fils à la hauteur voulue sur les pieux en bois.

Si on a adopté les pieux en fer ou en pierre, on se sert d'attaches en fil de fer.

Le fil inférieur doit être à 0 40 du sol et les deux autres placés de 0 30 en 0 30.

Le premier demande à être rigoureusement tendu, pour ne pas céder sous le poids des souches qui y sont attachées, les deux autres peuvent être un peu lâches.

A la longue, les fils cèdent et il faut les raidir. De nombreux modèles de *raidisseurs* sont utilisés dans ce but. Ils se placent sur les fils sans qu'on soit obligé de détacher ceux-ci et agissent au moyen d'une clé spéciale.

La fig. 29 montre un modèle de raidisseur très employé en Anjou.

Fig. 29. — Un raidisseur. Une clé introduite dans le carré central le fait tourner sur son axe pour y enrouler le fil de fer.

CHAPITRE IV

PROCÉDÉS DE MULTIPLICATION DE LA VIGNE EN ANJOU

> « Tandis que les graines donnent naissance à des
> individus nouveaux,... les boutures repro-
> duisent avec toutes leurs propriétés la plante
> dont ils proviennent. »
>
> RAVAZ. *Reconstitution du Vignoble.* p. 82.

MULTIPLICATION PAR GRAINES

Nous avons deux modes principaux de multiplication de la vigne :
par *graines* et par *fragments* de rameaux.

Le premier mode ou *semis* est réservé aux spécialistes qui
cherchent à obtenir des variétés nouvelles, car, contrairement
à la plupart des autres plantes, dont les graines donnent naissance à des
individus identiques à ceux dont elles proviennent, les graines ou pépins
de la vigne sont loin de se comporter de la même façon. Une grande
partie des variétés du *Vitis vinifera*, auquel appartiennent toutes les vignes
européennes, ont été, au moins pour une bonne part, obtenues de cette
façon, c'est-à-dire par semis, le plus souvent naturels, quelquefois dus à
l'intervention de l'homme.

MULTIPLICATION PAR FRAGMENTS

Le second mode de multiplication, au contraire, est couramment employé, car il conserve rigoureusement à la nouvelle souche toutes les qualités du pied-mère.

Il comprend trois variétés, qui sont chez nous de pratique courante, à savoir : le *bouturage*, le *marcottage*, le *provignage*.

1° **Bouturage**. — Aujourd'hui, où beaucoup de viticulteurs se créent avec les Producteurs directs un petit coin de vigne, pour répondre aux nécessités familiales, il n'est pas sans intérêt d'insister sur la multiplication de la vigne par le moyen de boutures au lieu de racinés. Ceux-ci ont assurément plus de chances de succès, surtout si le terrain est médiocre et pierreux. Cependant, même dans ces cas, le bouturage peut réussir, à condition que l'on prenne certaines précautions.

La *bouture* est un fragment de bois de 20 à 25 centimètres de long, pris sur un rameau d'un an et comprenant deux ou trois entre-nœuds. On le coupe, en bas, au-dessous d'un œil et, en haut, au-dessus de l'œil terminal; il est bon d'ébourgeonner tous les yeux qu'il porte, à l'exception des deux supérieurs (fig. 30, 31).

On prend la bouture soit vers le milieu du rameau, dans une partie bien aoûtée, soit à la base. Dans ce dernier cas, on fait passer la section par le talon du rameau ; c'est une excellente bouture, qui est désignée sous le nom de *bouture à talon*.

Si, comme le font quelques-uns, on laisse à la base de la bouture un peu de bois de deux ans, *bouture à crossette* (fig. 32), ou même un fragment de bois encore plus vieux, *bouture pied-de-bœuf* (fig. 33), cela est sans aucun avantage et a l'inconvénient de provoquer la pourriture de la base de la bouture.

Pour faciliter le départ des racines, il convient de gratter, d'écorcher la base de la bouture, mais non de l'écraser par le *maillochage*, comme on le fait parfois, car cette meurtrissure favorise le développement de maladies microbiennes.

Enfin, quand on veut multiplier un cépage dont on ne possède que de rares échantillons, on divise le rameau en petits fragments portant chacun un œil; c'est la *bouture semée* (fig. 34).

Sous le nom de *greffe-bouture* (Fig. 35), on entend l'union d'un fragment pris sur un cépage qui craint le phylloxéra avec un autre fragment destiné à lui servir de support et qui, mis en terre, est capable

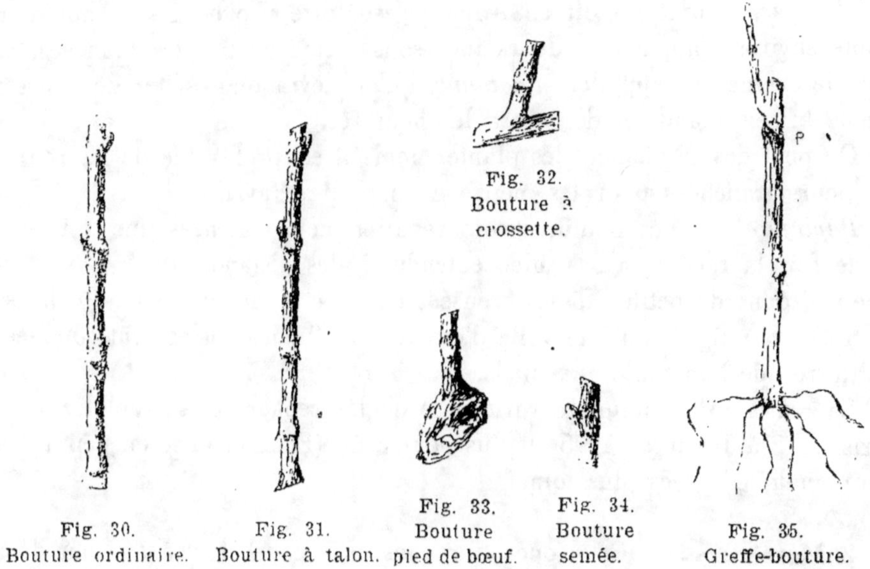

Fig. 30.
Bouture ordinaire.   Fig. 31.
Bouture à talon.   Fig. 33.
Bouture
pied de bœuf.   Fig. 34.
Bouture
semée.   Fig. 35.
Greffe-bouture.

de résister aux piqûres de l'insecte, par exemple un Viniféra français sur une variété américaine. L'étude de ce mode de multiplication fera l'objet du Chapitre suivant.

Stratification. — Les boutures, qui doivent être parfaitement fraîches, sont stratifiées, c'est-à-dire disposées par petits paquets horizontaux sur des lits de sable frais, de la sciure de bois ou de la mousse humide. On en fait plusieurs couches superposées ; le local où on les a placées atteint

22 à 25° de température ; les racines commencent à pousser au bout d'une quinzaine de jours, et s'il s'agit de greffes-boutures, la soudure sera accomplie à ce moment.

Souvent on se contente d'ensevelir les boutures dans un endroit bien exposé, contre un mur, et en les renversant, de façon que leur base soit en haut, puis on les recouvre d'une couche de sable de 7 à 8 centimètres.

La chaleur solaire, jointe à des arrosages convenables, les fait *gommer* ou *brosser*, comme on dit en Anjou, c'est-à-dire provoque au bout d'un mois environ l'apparition de racines sous forme de pointes blanches, ce que les vignerons appellent *riz blanc*, qu'on devra bien éviter de froisser et de briser quand on déplacera les boutures.

On peut dès ce moment les planter, mais il est préférable de les retirer de leurs tranchées pour les mettre en pépinière (avril-mai).

Pépinière. — Les boutures sont régulièrement couchées une à une et cette fois la racine en bas, bien entendu, à des distances de 5 à 6 centimètres, dans de petites fosses creusées en terre légère et riche. On laisse entre deux rangées un intervalle d'environ 0^m50 ; les fosses sont comblées de terre que l'on foule aux pieds.

La réussite du bouturage varie, suivant les cépages et suivant les soins pris, de 8 à 10, jusqu'à 95 et plus pour cent. (Pour la mise en pépinière, voir quelques pages plus loin.)

2° **Marcottage.** — Cette opération consiste à courber et à coucher dans le sol, jusqu'à une profondeur d'une trentaine de centimètres, un sarment ou *enfolie* resté attaché à la souche, pour en faire sortir de terre seulement l'extrémité. Cette saillie se taille à deux ou trois yeux, tous les autres bourgeons étant éborgnés (fig. 36).

Pour ne pas gêner le passage de la charrue, il faut, autant que possible, faire descendre le brin de sarment le long du pied du cep, jusqu'à son enfouissement dans le sol. Dans la fig. 36, la disposition représentée est donc défectueuse.

Si le rameau appartient à un cépage français, il faudra se garder de l'*affranchir* ou *sevrer*, c'est-à-dire de le séparer du pied-mère, car il serait à craindre qu'il ne résistât pas longtemps aux attaques du phylloxéra. Un bon moyen de provoquer la formation des racines sur la partie couchée et de soulager le pied-mère, consiste à faire une *encoche* sur la marcotte, près de son point de départ.

Au lieu de courber le sarment dans le sol, on peut l'arquer à l'air libre, son extrémité seule étant piquée en terre ; on éborgne alors tous les bourgeons, sauf les deux ou trois qui se trouvent placés au-dessus du sol. C'est la marcotte par *versadi* (fig. 37). Quand les racines sont formées,

Fig. 36.
Marcotte simple.

Fig. 37.
Marcotte versadi.

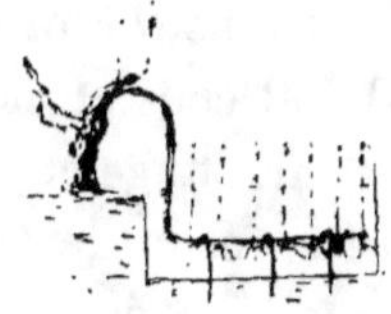

Fig. 38.
Marcotte chinoise.

on affranchit le sarment. Mais ce procédé n'est applicable qu'aux vignes qui ne craignent pas le phylloxéra, vignes américaines, certains producteurs directs, dont les racines peuvent se suffire à elles-mêmes.

Notons, enfin, le *marcottage chinois* (fig. 38), qui consiste à coucher bien horizontalement un sarment dans une fosse profonde d'une douzaine de centimètres et qu'on laisse à découvert. Sous l'action de la fraîcheur du sol, les yeux de ce rameau se développent ; quand ils ont atteint la hauteur de 15 à 20 centimètres, on jette sur le sarment un peu de terreau ; des racines se développent bientôt à la base de chaque pousse.

A la fin de l'automne, on arrache le couchage et on le débite en autant de fragments et par conséquent de boutures racinées qu'il s'est formé de tiges.

Cette méthode est très recommandable pour les variétés qui, comme le Berlandieri, ne prennent pas facilement de bouture.

3° **Provignage**. — C'est un marcottage dans lequel au lieu d'un simple rameau, c'est le cep tout entier que l'on couche au fond d'une fosse (fig. 39). Ce moyen est excellent pour rajeunir un vieux cep. On supprime tous les rameaux, à l'exception de deux, dont l'un prendra la place du pied que l'on couche et dont l'autre sortira de terre à la place du cep à remplacer.

On aura bien soin, avant le couchage, de dégarnir les grosses racines, de façon que le cep n'étant plus soutenu par la terre, tombe de lui-même au fond de la fosse, et sans briser ces racines.

Ce procédé est un peu long et par suite coûteux, mais il donne de bons résultats.

C'était le moyen généralement employé autrefois, avant la culture à la charrue, pour multiplier la vigne, suivant la méthode dite *en foule*. On allait ainsi de provignage en provignage jusqu'à réunir sur un seul hectare 50.000 ceps et même davantage.

Marcottage et provignage sont des procédés précieux pour remplacer dans un morceau de vigne des ceps qui viennent à manquer, la plantation d'un jeune pied étant moins assurée d'y bien réussir.

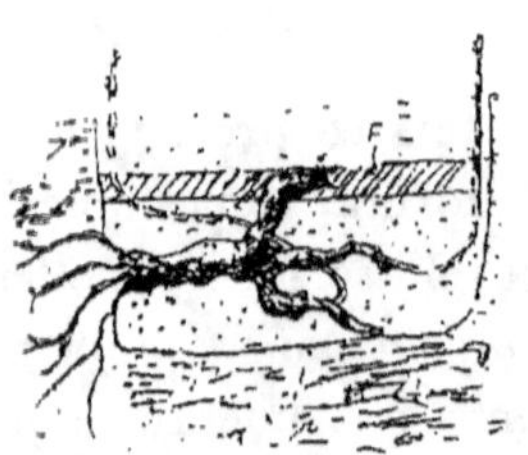

Fig. 39.
Provignage.

CHAPITRE V

LE GREFFAGE

A LA fin du siècle dernier, le phylloxéra a ruiné le vignoble français. Pour remédier au mal on a eu recours aux vignes américaines, non pas que le phylloxéra ne les attaque pas, car il y vit en permanence ; mais, elles n'en meurent pas, parce que sous l'action de sa piqûre il se forme dans l'écorce une couche de liège qui protège les tissus profonds.

D'autre part, les vignes américaines ne donnant pas de bons fruits, les viticulteurs n'ont pas trouvé d'autres moyens que d'unir, de souder une variété française à une variété américaine, la première, ou *greffon*, fournissant la partie aérienne, par conséquent les fruits, et la seconde, ou *porte-greffe*, la partie souterraine, c'est-à-dire les racines. C'est le *greffage*.

DE L'AFFINITÉ

Le porte-greffe et le greffon provenant de deux espèces différentes, il en résulte une association plus ou moins parfaite, un ménage plus ou moins

4

bien assorti. C'est ce qu'on appelle l'affinité. Si celle-ci est grande
la vigueur, la vitalité du cep en bénéficieront. S'il en va autrement, le
échanges se faisant mal entre les deux conjoints, on verra un bourrelet s
former au niveau de la soudure, traduisant la gêne qui existe entre les deu
organismes mal assortis. C'est ce qu'indique la figure 40, qui montre u
défaut de proportion entre le porte-greffe américain et le greffon français

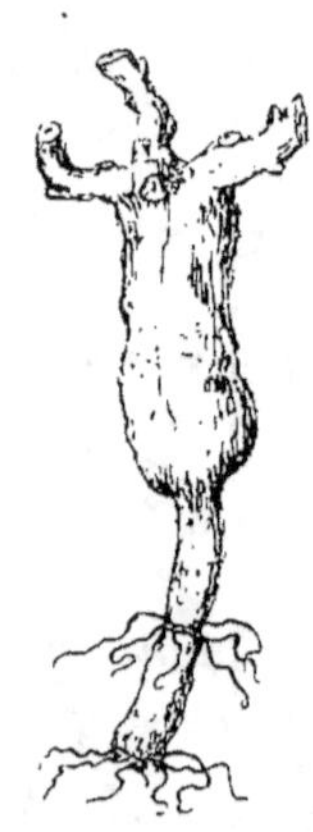

Fig. 40. — Dé-
faut d'affinité
entre le sujet
et le greffon.

Règle générale, si on greffe un cépage français sur u
américain pur, l'affinité sera moins parfaite que si on l
greffe sur un franco-américain.

Si l'affinité est parfaite, l'association se comporter
aussi bien que s'il s'agissait d'un greffage d'un plant fran
çais sur un autre plant français.

Quoi qu'il en soit, en ce qui concerne la qualité de
raisins venus dans ces conditions, il ne semble pas qu'ell
subisse de modifications réelles du fait de cette associa
tion, comme si chaque associé, le souterrain américai
aussi bien que l'aérien français, avait conservé so
individualité, comme dans un ménage où chacun de
conjoints garde ses propres.

La gêne plus ou moins marquée qui résulte de la diffi
culté des échanges entre les deux organismes associés e
réduit sensiblement la longévité. Les anciennes vignes fran
çaises vivaient souvent cent ans et au-delà ; les vigne
greffées donnent des signes de fatigue, de vieillesse dès l'âge de vingt-cin
ans. Par des soins intelligents, des fumures rationnelles, on peut d'ailleur
sensiblement prolonger leur existence.

Le choix judicieux du porte-greffe et du greffon ayant une gross
importance, les ceps destinés à fournir les greffons seront marqués d'avanc
pour éviter qu'ils ne soient fournis par des pieds coulards ou millerandés
peu sains, mal mûrs, mal aoûtés. En outre, il vaut mieux choisir des souche
adultes, plutôt que jeunes, celles-ci étant trop riches en moelle.

Greffes usitées en Anjou

Il ne sera question que des plus habituelles :

1° *Greffe anglaise*. — Deux fragments de sarment, dont l'un pris sur un

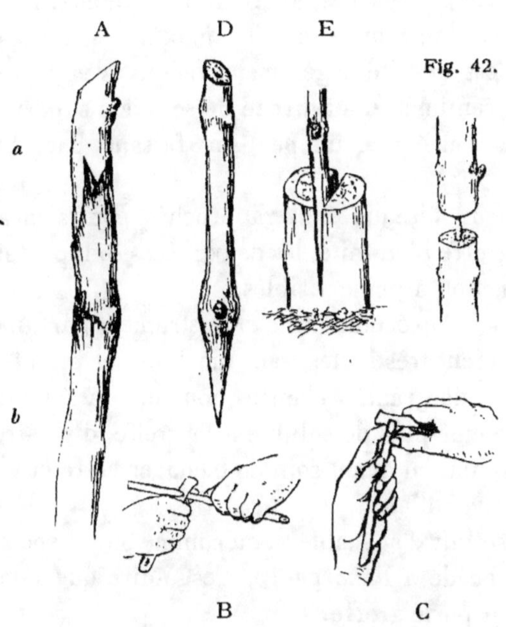

Fig. 41. — A, Greffe anglaise; *a*, greffon; *b*, sujet.
B, Exécution du biseau pour la greffe anglaise.
C, Refente du biseau pour la languette.
D, Greffon pour la greffe en fente.
E, Greffe en fente.

Fig. 42. — Greffe par cheville.

pied américain (*sujet, fig.* 41 *b*), de 0^{m}25 à 0^{m}30 de long et coupé immédiatement au-dessous d'un nœud, et dont l'autre, pris sur une variété française
(*greffon, a*) et portant un seul œil, avec environ deux centimètres de bois

au-dessus et au-dessous, les deux fragments ayant rigoureusement le même diamètre, pour que les tissus de même nature se correspondent exactement, sont taillés en biseau sous un angle de 15°. Le biseau du sujet est exécuté du même côté que le dernier œil supprimé et celui du greffon du même côté que l'œil unique qu'il porte. De la sorte les deux boutons voisins, l'un porté par le greffon, l'autre par le sujet, alterneront entre eux. Il est d'observation qu'en procédant ainsi la soudure se fait mieux que si l'on opère autrement.

Chaque biseau est ensuite légèrement fendu avec le greffoir sur une hauteur d'un demi-centimètre, au niveau de son tiers supérieur, pour former une *languette* que l'on écarte un peu en faisant basculer l'instrument. (Fig. 41, C.)

Ceci fait, les deux biseaux sont rapprochés pour s'encastrer l'un dans l'autre. Dans une greffe bien faite, les deux pièces sont parfaitement accolées et les lignes de jonction à peine visibles.

Si les sections ont été exécutées avec un instrument parfaitement tranchant, de façon qu'elles soient très nettes, sans mâchure, et plutôt un peu excavées que convexes, il y a de grandes chances pour que la soudure se fasse bien. Il est bon, pour donner plus de solidité à la greffe, d'y faire quelques tours avec un brin de raphia, en ayant soin de ménager entre eux un peu d'espace pour ne pas la priver d'air.

Tout ce travail se fait « sur table », ou comme on dit encore « en atelier ».

Ceci fait, on procède à l'*éborgnage*, c'est-à-dire que l'on enlève très ras tous les boutons du porte-greffe.

2° *Greffe en fente*. — C'est celle à laquelle on a recours pour greffer sur place les souches dont le diamètre atteint ou dépasse 3 à 4 centimètres (fig. 41, E). La souche étant déchaussée sur une hauteur de 10 centimètres environ, on la scie horizontalement un peu au-dessous du niveau du sol, puis on la rafraîchit à la serpette.

Une fente est alors pratiquée à travers la souche, soit à la serpette, soit au ciseau, suivant qu'elle est plus ou moins grosse ; puis la fente étant maintenue béante par l'instrument ou un petit coin de bois, on enlève à la serpette, sur chacune des lèvres de cette fente, une mince lame de bois.

Le greffon, pourvu de deux boutons (D), est taillé en biseau sur ses deux faces, au-dessous du bouton inférieur, et on l'insinue dans la fente du sujet, en ayant soin que ce bouton soit tourné en dehors.

Il faut bien veiller à ce que le cambium du greffon et celui de la souche se correspondent exactement. Pour cela il est nécessaire de faire rentrer un peu en dedans le greffon, car son écorce est plus mince que celle de la souche.

Pour assurer davantage le succès de ce greffage, si la souche est suffisamment grosse, on pose deux greffons en face l'un de l'autre, quitte à en supprimer un si les deux ont réussi.

La greffe en fente demande à être pratiquée avant le réveil de la végétation, par conséquent à la fin de mars. On choisira un temps calme et doux, des vents desséchants étant très contraires à la reprise, comme aussi d'ailleurs, des pluies abondantes.

On serre un peu la souche avec un brin de raphia au niveau de la greffe, et, enfin, on recouvre le tout de terre bien souple jusqu'à 3 ou 4 centimètres au-dessus de l'extrémité du greffon.

Greffe par cheville

Il est intéressant de signaler un nouveau mode de greffe, de réalisation très facile et qui donne de bons résultats. C'est la greffe par cheville (fig. 42).

Il a été inauguré dans l'Aude il y a 25 ans, et tout récemment a été de nouveau préconisé par un Ingénieur agronome de la Moselle.

On coupe le greffon et le sujet perpendiculairement à leur axe ; une mince cheville de bois étant piquée dans la moelle de l'un et l'autre fragments, on les rapproche jusqu'au contact, qu'on rend aussi intime que possible. La greffe est prête, sans qu'il soit besoin de la ligaturer. Placée en terre, on bute au-dessus de la ligne de jonction avec du sable fin.

Stratification des greffes

Avant d'être plantées, les greffes doivent être *stratifiées* pour favoriser leur soudure et le départ de leur végétation.

Les greffes sont disposées par lits ou strates dans une masse de sable fin, le long d'un mur, à l'exposition du midi, pour les faire bénéficier de la chaleur extérieure. Ce sable doit être simplement frais. Les greffes, réunies par paquets de dix, sont couchées et recouvertes de sable, lequel doit pénétrer dans tous leurs interstices ; sur cette première couche on en dépose une seconde que l'on traite de la même façon ; et on continue ainsi jusqu'à ce que tous les paquets de greffes soient placés. Le tout est ensuite recouvert de 25 à 30 centimètres de sable.

Pour maintenir la chaleur dans le tas, on le recouvre de paillassons ou de fumier long.

Pour plus de sûreté on peut établir la stratification sur une couche de fumier chaud, que l'on recouvre de quelques centimètres de sable, sur lequel on dispose la première couche de greffes. Le tout est entouré et recouvert d'un châssis, à l'intérieur duquel la chaleur ne doit pas dépasser 30°.

Pour obtenir un bon pourcentage de réussite, il faut de la chaleur, de l'air, de l'humidité.

Une température de 20° à 30° est la plus convenable, et elle assure la soudure de la greffe au bout d'une quinzaine de jours.

Une terre compacte, une attache au raphia qui recouvrirait sans interstices le niveau de la greffe, en empêchant le contact de l'air, favoriserait le développement des moisissures et serait très nuisible.

Les greffes demandent un milieu frais, mais non pas trop mouillé. C'est pourquoi une greffe en fente faite en pleine sève est très exposée à ne pas réussir ; il ne faudra donc la pratiquer que quelques jours après la section de la souche, alors que les pleurs ont cessé de couler.

MISE EN PÉPINIÈRE

Plusieurs règles s'imposent au greffeur, s'il veut ne pas courir à un échec.

1° Choisir une terre assez légère, fraîche et une exposition chaude ;

2° Une semblable terre étant un lieu de choix pour les larves de hanneton et de taupin (fil de fer), il convient de faire précéder le défonçage d'une purification du sol à l'aide de sulfure de carbone (1.000 kil. à l'hectare) ;

3° Défoncer le sol à une profondeur de 0ᵐ50, avant l'hiver en le fumant fortement, puis le rebêcher au printemps, de façon à l'ameublir parfaitement ;

4° En Anjou la mise en pépinière se fait dans le courant de mai, c'est-à-dire au retour de la chaleur ;

5° Les greffes sont placées en lignes, distantes les unes des autres de 0ᵐ50, et écartées de 0ᵐ10 sur la ligne ;

6° On taille à la bêche, dans le sol, une tranchée à pente inclinée d'environ 45° ; on y dispose les greffes boutures (fig. 43, *a*), de façon que la ligne de soudure soit à un ou deux centimètres au-dessous du niveau du sol ; on arrose le fond de la tranchée et on recouvre le talon des boutures d'une couche de terre, que l'on foule fortement, précaution indispensable pour assurer la réussite ; puis on achève de remplir la tranchée avec de la terre ;

7° Il est bon, à moins que toute la terre soit très légère, de recouvrir la ligne des greffes d'un sillon de sable (fig. 43, *b*) de cinq centimètres de hauteur, pour empêcher le sol de se dessécher ;

Fig. 43. — Mise des greffes en pépinière.

8° Parfois on se sert pour la mise en pépinière d'un plantoir ou fichon fait d'une tige de fer surmonté d'une manette et terminé par une courte fourche qui, le terrain étant bien nivelé, sert à enfoncer une à une chaque greffe-bouture, à la place voulue et de façon que le niveau de la greffe soit à 1 ou 2 centimètres dans le sol.

Soins ultérieurs. — La pépinière demande quelques arrosages, à moins que les pluies n'en dispensent.

De fréquents sarclages ameublissent la terre et la tiennent propre.

Il est excellent d'activer la végétation des greffes par des solutions alimentaires composées de 200 grammes de phosphate précipité, de

100 grammes de nitrate de soude et autant de sulfate de potasse, pour 100 litres d'eau.

En plein été, juillet-août, a lieu le *sevrage ;* il consiste, après avoir dégarni le greffon de la terre qui l'entoure, à retrancher à la serpe les racines souvent nombreuses qui s'y sont développées. On devra bien veiller dans cette opération à ne pas décoller la greffe, encore très peu solide.

Contre le mildiou et l'oïdium auxquels sont très sujettes les jeunes greffes élevées dans ce milieu chaud et humide, il est nécessaire de traiter tous les quinze jours au soufre et à la bouillie bordelaise.

Si l'on a bien conduit ces diverses opérations, on peut arriver à une réussite de 95 %.

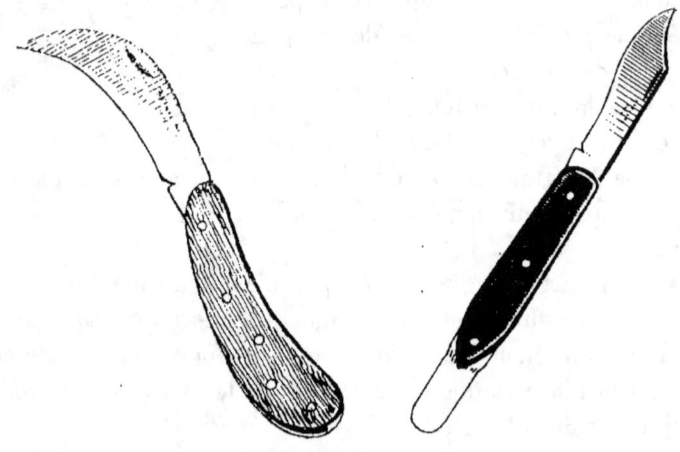

CHAPITRE VI

LA TAILLE DE LA VIGNE EN ANJOU

> « Il n'est aucune façon viticole qui sur-
> passe en importance celle de la
> taille. »
>
> COLUMELLE, *Re Rustica*, IV, 23.

CONSIDÉRATIONS GÉNÉRALES

LA taille, telle qu'on la pratique en Anjou, offre plusieurs variétés. Il ne saurait en être autrement, étant donné le morcellement de la propriété, la diversité des cépages et le but que se propose le viticulteur, à savoir, l'abondance ou la qualité. Il doit tenir compte de la nature du sol, de la situation du vignoble en terrain fertile ou au contraire en terrain pauvre. La taille qui convient au Chenin des coteaux schisteux du Layon n'est pas celle qu'on devra appliquer au Breton ou Cabernet franc du Saumurois. Et puis, la plupart des propriétaires n'ont pas appris la taille raisonnée de la vigne dans des Ecoles de viticulture ; ils se contentent de suivre les traditions locales et de tailler à peu près, fidèles à cette maxime souvent formulée : « Nos pères ont fait ainsi, et ils obtenaient quand même du bon vin. »

Le but de la taille est bien défini et ne doit jamais être perdu de vue : *assurer la fructification*, tout en *maintenant la vigueur du cep*. C'est une question d'équilibre à résoudre, car s'il y a prédominance d'un côté, il y a souffrance de l'autre. Le vigneron devra donc tenir compte non seulement de la variété du cépage, de la nature du sol, mais aussi du plus ou moins de vigueur de chaque cep. Il faut, pour réussir dans ce travail, d'abord de bons principes puisés à bonne école (1), puis une assez longue expérience, doublée d'un juste coup d'œil. D'ailleurs, beaucoup de vignerons angevins sont à la hauteur de leur tâche.

Sous l'impulsion donnée à la viticulture par les établissements spéciaux d'enseignement de notre département, les partisans de l'antique routine se font de plus en plus rares et cèdent la place à de judicieux vignerons.

Les tailles pratiquées en Anjou ne sont pas spéciales à notre province ; mais il est intéressant de rappeler celles qui sont généralement usitées et les circonstances qui doivent présider à leur choix. Il sera utile, en outre, de suivre, pour chacune d'elles, le jeune plant auquel elle est appliquée, depuis sa mise en terre jusqu'à la formation complète du cep.

CLASSIFICATION DES TAILLES PRATIQUÉES EN ANJOU

Elle repose sur la considération des cépages et du milieu dans lequel ils sont plantés.

Nous pouvons d'après cela établir trois catégories principales :

1° Taille du Chenin blanc ou Pineau de la Loire sur les coteaux ;

2° Taille du Breton ou Cabernet franc ;

3° Taille des cépages communs : Gamay, Groslot, Muscadet.

1° TAILLE DU CHENIN BLANC SUR LES COTEAUX

Le Gobelet. — Le cep est formé d'une courte tige portant trois, quatre bras ou davantage, qui occupent naturellement des plans différents

---

(1) L'Anjou est aujourd'hui assez largement pourvu d'établissements où les jeunes vignerons peuvent venir se former : Cours de Viticulture pratique de la *Société d'Horticulture d'Angers et de Maine-et-Loire*, donnés au Jardin fruitier. — Cours et exercices pratiques faits à la *Station viticole de Saumur*. — Cours saisonniers donnés à l'Ecole syndicale des Ponts-de-Cé. — Cours faits à l'*Ecole supérieure d'Agriculture et de Viticulture d'Angers*.

(fig. 44, A). On s'efforce de les disposer autant que possible en éventail étalé dans le sens des rangs, c'est le *Gobelet en éventail* (B).

Autrefois, sur les coteaux de Saumur, les ceps étaient pourvus seulement de deux bras, à chacun desquels on laissait un seul brin, le plus faible taillé à un nœud, le plus fort taillé à deux nœuds. La vigne, dans ces conditions, donnait cinq à six barriques à l'hectare. On peut, certes, lui faire donner plus, sans l'épuiser.

La hauteur du tronc, à partir de la greffe jusqu'au point d'écartement

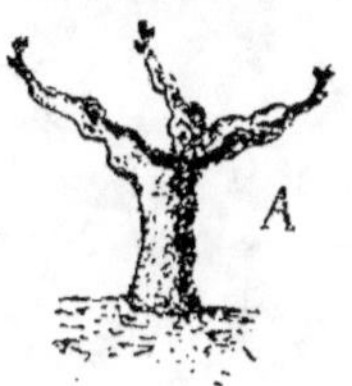

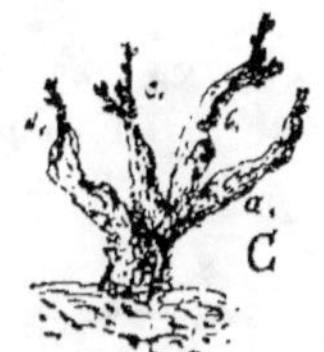

Fig. 44. — A. Gobelet à bras divergents.
B. Gobelet en éventail.
C. Gobelet, avec la taille courte des coteaux.

des bras, est en moyenne de 0^{m}15. Parfois le tronc semble ne pas exister et les bras sortir de terre, ce qui n'est pas sans inconvénient pour les soins culturaux (fig. 46, 47, 49). On l'évite en dirigeant bien la taille pendant les premières années.

La taille du Chenin en coteau est *courte*, chaque bras ne portant que deux yeux, ou même un seul œil, plus le bourrillon (fig. 44, C).

Cette taille est en rapport avec la vigueur très modérée des ceps. C'est celle qui est pratiquée sur les coteaux abrupts du Layon et de la Loire, où la terre végétale forme une couche très mince, le cep étant réduit à chercher sa nourriture dans le dur rocher qui affleure.

Dans ces conditions, la production normale est très faible, douze à seize hectolitres à l'hectare et assez souvent moins. En 1921 elle n'a atteint que cinq à dix hectolitres, si bien que malgré le prix très élevé du vin, le propriétaire cette année-là n'a pas couvert ses frais.

Sur les pentes où la terre végétale présente une plus grande épaisseur, on charge un peu plus la vigne. On y arrive en conservant les deux pousses issues d'un courson et que l'on taille, la plus rapprochée du tronc, à deux yeux francs, et l'autre en lui conservant de quatre à six yeux, et en lui

Fig. 45. — Taille en gobelet avec deux daguets.

Fig. 46. — Taille pratiquée à Beaulieu et rappelant la taille de Brossay.

Fig. 47. — Taille en gobelet avec oreilles de lièvre.

donnant une direction aussi rapprochée que possible de l'horizontale. C'est ce que l'on appelle un *daguet* (fig. 45).

Si sur l'empattement du courson il part deux sarments jumeaux et qu'on les conserve en les taillant tous les deux à deux yeux, on a la taille dite en *oreille de lièvre* (fig. 47).

On proportionne ces bois secondaires à la vigueur du cep, de façon à lui faire produire du fruit proportionnellement à ce qu'il est en mesure de donner. Ainsi taillée la vigne peut fournir de dix-huit à vingt-six hectolitres à l'hectare.

Enfin, sur les coteaux à pente douce et à sol fertile, et qui fournissent encore d'excellents vins, on adopte parfois, comme dans certains clos de Beaulieu (fig. 46), une taille mixte, rappelant la taille de Brossay, avec un courson à la base du long bois. Elle permet d'obtenir de 26 à 35 hectolitres à l'hectare.

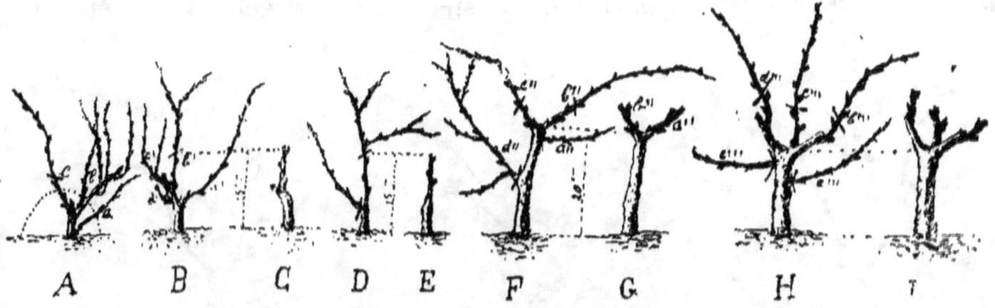

Fig. 48. — Formation du gobelet.

A. Plant âgé d'un an. Toutes les pousses (*a*, *b*) seront coupées ras, sauf *c*, qui sera taillée à deux yeux ; la ligne pointillée en dôme indique que le plant est buté.

B. Plant de deux ans ; les lignes tracées en travers des pousses indiquent comment doit se faire la taille.

C. Aspect d'une souche après la taille.

D. Plant de trois ans. Le *tronc* du futur gobelet est constitué.

E. Son aspect après la taille.

F. Quatrième année ; formation des *bras*.

G. Gobelet à deux bras après la taille.

H. Cinquième année. On supprimera à la taille les gourmands *a'''*, *e'''*, on taillera suivant les tracés *b'''*, *c'''*, *d''''*.

I. Le gobelet à trois bras après la taille.

Mode de formation du Gobelet. — Certains viticulteurs se préoccupent surtout d'obtenir du fruit et ne s'appliquent pas assez, bien à tort, à donner aux ceps la forme régulière qu'ils doivent avoir. Il y a donc intérêt à fixer leurs idées sur ce sujet. (Fig. 48, A, B, C, D, E, F, G, H, I.)

Première année. — En général, à la plantation (mars-avril), ne pas tailler le greffé-soudé (fig. 48) ; se contenter de retrancher son extrémité mal aoûtée ; butter ou non le plant, sans l'ébourgeonner ; l'habiller, c'est-à-dire retrancher les parties de racines altérées et proportionner la partie souterraine à la partie aérienne.

Au cours de la végétation il sera bon de pincer les rameaux qui ne doivent pas être conservés, ce qui donnera plus de vigueur à ceux qui restent.

Deuxième année. — On conserve seulement parmi les plus vigoureuses, la pousse la mieux placée (fig. 48, B), la plus voisine de la verticale ; on la taille à deux yeux, et parfois à plusieurs, si la végétation a été très

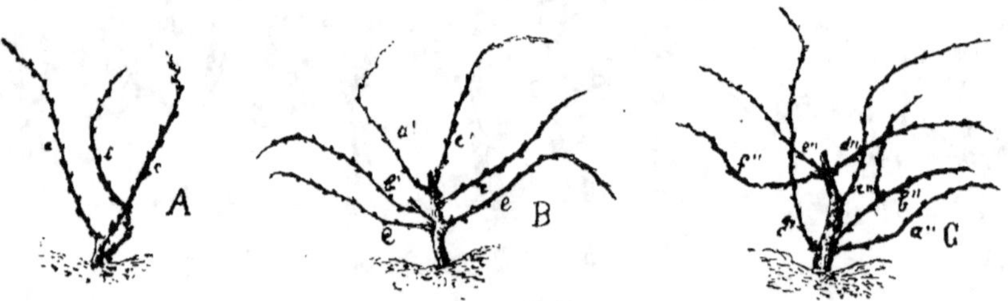

Fig. 49. — Exemples de formation de gobelet défectueux par suite de négligence dans l'ébourgeonnement.

A. Première taille. On devrait supprimer *a* et *b* et tailler *c* ; mais on a formé à tort tout de suite le gobelet, en taillant à trois ou quatre yeux *a'*, *b'*, *c'*, d'où résulte un gobelet de forme trop basse, à pousses trop nombreuses et, par suite, peu vigoureuses, qui donneront une petite récolte précoce, mais au détriment de la bonne constitution du cep.

B. Seconde taille. On a laissé à tort *a'*, *b'*, *c'* de l'année précédente ; en outre, l'ébourgeonnage a été négligé et on a conservé les deux gourmands *c, c, c*.

C. Troisième taille. L'ébourgeonnage devra supprimer *a''*, *b''*, *c''*, *g''*. Les sarments *d''*, *e''*, *f''*, se trouvant dans le même plan vertical, on taillera *d''*, *f''*, à deux ou trois yeux et *e''* à un œil, pour provoquer la sortie d'un bourrillon qui formera le troisième bras ; *f''* ayant une mauvaise direction pourrait être supprimé.

vigoureuse ; le plus souvent on butte le plant, de façon à le couvrir entièrement. Si le ver blanc, ou le ver gris, ou la larve jaune du taupin, coléoptère du groupe des Elatérides, est à craindre, il faut avoir soin de laisser un œil ou deux yeux au-dessus de la butte, qui eux ne seront pas dévorés.

Troisième année. — Si le plant n'a pas poussé très vigoureusement, ou ne conserve encore qu'un seul sarment, que l'on raccourcit à 12 ou 15 centimètres au-dessus de la soudure : c'est le tronc du futur gobelet.

Si le plant était très vigoureux on peut donner au tronc la hauteur définitive dès la seconde année, de sorte que l'amorce de la charpente du gobelet se fera la troisième année.

Si le tronc est moins vigoureux, sa formation sera reportée à la quatrième année.

Si l'ébourgeonnage peut être négligé la première année, il devra être

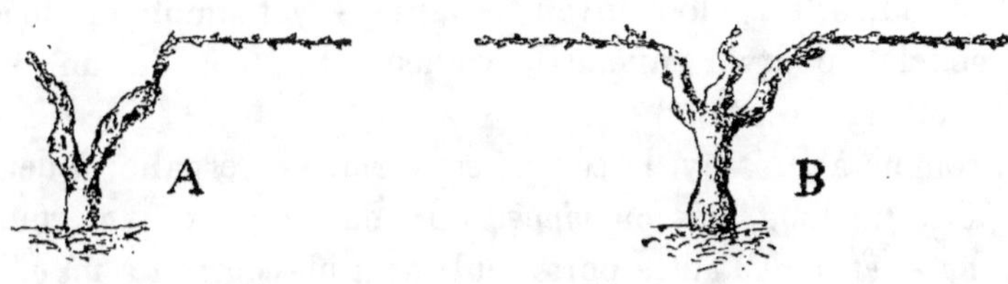

Fig. 50.

A. La taille mixte Gobelet en éventail, à deux bras, avec un élément Guyot.

B. Gobelet en éventail à trois bras avec deux éléments Guyot et coursons de retour.

rigoureusement exécuté les années suivantes ; cela est indispensable pour constituer un gobelet de forme correcte.

Sur les coteaux de Saumur il était d'usage autrefois de ne pas tailler le plant pendant les cinq premières années, sous prétexte de donner plus de force aux racines.

La forme en éventail ou en espalier représentée fig. 50, est préférable, autant que la conformation des souches peut permettre de l'obtenir. Cette forme est bien mieux adaptée aux travaux de labour, que celle dans laquelle les bras vont en rayonnant de tous côtés.

2° TAILLE DU CABERNET FRANC OU BRETON

Le *Breton,* nom donné en Anjou au Cabernet franc, importé de la Guyenne par le Cardinal de Richelieu et planté dans notre région par les soins de l'abbé Breton, s'y rencontre un peu partout, mais surtout dans les vignobles les plus voisins de la Touraine, à savoir le Saumurois, notamment à Dampierre, Parnay, Chacé, Brézé, Champigny. Il donne un vin rouge à goût fin, à parfum délicat, rappelant la framboise ou la violette. Tiré en blanc, il produit des rosés remarquables. Comme le Cabernet sauvignon il demande la *taille longue*, la taille courte donnant peu de fruits. On doit faire exception pour une variété locale dite *Cabernet de Sanzey*, peu répandue et très fructifère.

On peut conduire le Breton suivant la taille Guyot simple ou double, ou encore en gobelet, pourvu, suivant la vigueur du cep, de un ou deux éléments Guyot (fig. 50, *A, B*).

Parfois, comme à Brossay, la souche est formée en espalier à deux bras, dont l'un porte un long bois ou *vinée*, à 10 ou 12 yeux, sans courson de retour à la base, et dont l'autre porte seulement un courson à un œil franc, dit *poussier* ; c'est une taille d'ailleurs assez peu recommandable (fig. 55).

La *taille Guyot vraie* (fig. 52, 53) est assez peu pratiquée en Anjou. Le cep réduit au tronc et à un long bois, avec un courson à sa base, exige pour y maintenir la végétation en équilibre, des pincements très soignés. Ensuite, dans cette taille, les plaies répétées au même endroit par le sécateur favorisent l'envahissement des champignons (Polypores) ; et toutes ces larges cicatrices, en rendant plus difficile la circulation de la sève, abrègent l'existence du cep.

Taille en gobelet mixte. — Généralement, en Anjou, on appelle *taille Guyot* le gobelet qui porte un ou deux éléments Guyot (fig. 50). Chaque année on supprime le long bois de l'année précédente et on en ménage un autre sur un nouveau bras, de façon à établir une sorte de rotation qui tend à maintenir dans le cep l'équilibre végétatif et à assurer à chaque bras un égal développement. Si la vigne est dirigée sur fil de fer ou tuteur, on palisse horizontalement sur ces supports les éléments Guyot, appelés dans le pays *queues, baguettes, fouets, gaules*, etc. Si la vigne n'est pas tuteurée ou palissée, les baguettes sont arquées, attachées par leur extrémité à la souche même, ou simplement piquées en terre, parallèlement au rang ; c'est ce qu'on appelle un *versadi* (fig. 51). L'inconvénient de ce procédé c'est que les grappes se trouvent souvent au contact du sol et pourrissent. On évite cet inconvénient en supprimant les bourgeons les plus près du sol en même temps que ceux qui seront enterrés.

Dans tous les cas, il est prudent de ne fixer l'extrémité des arcures

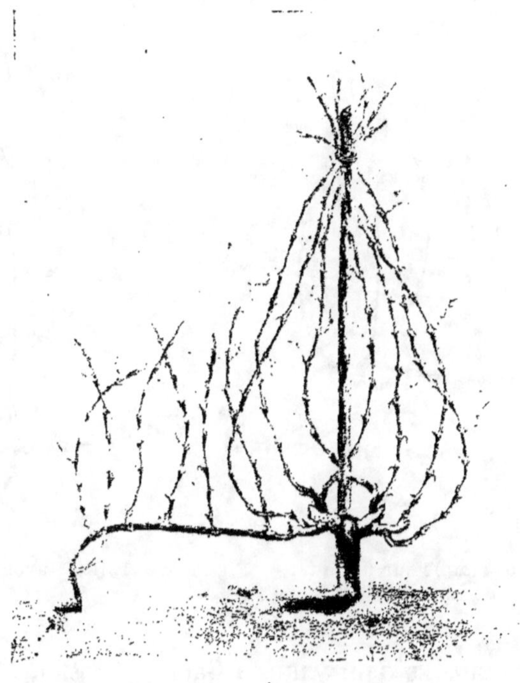

Fig. 51. — Taille en gobelet sur échalas avec versadi (d'après Lepage).

qu'après les gelées passées, car laissées libres pendant cette période dangereuse, elles sont bien moins exposées à en souffrir.

La taille en gobelet mixte, qui vient d'être décrite, ne doit être pratiquée que lorsque le cep, élevé comme il a été dit pour la taille du Chenin, a les bras déjà formés, c'est-à-dire la cinquième année, quelquefois la quatrième,

5

si les souches sont très vigoureuses. Si l'on veut obtenir de bonne heure une petite récolte, on laisse long le brin destiné à former le tronc et on le coude à angle droit au niveau de la naissance des bras.

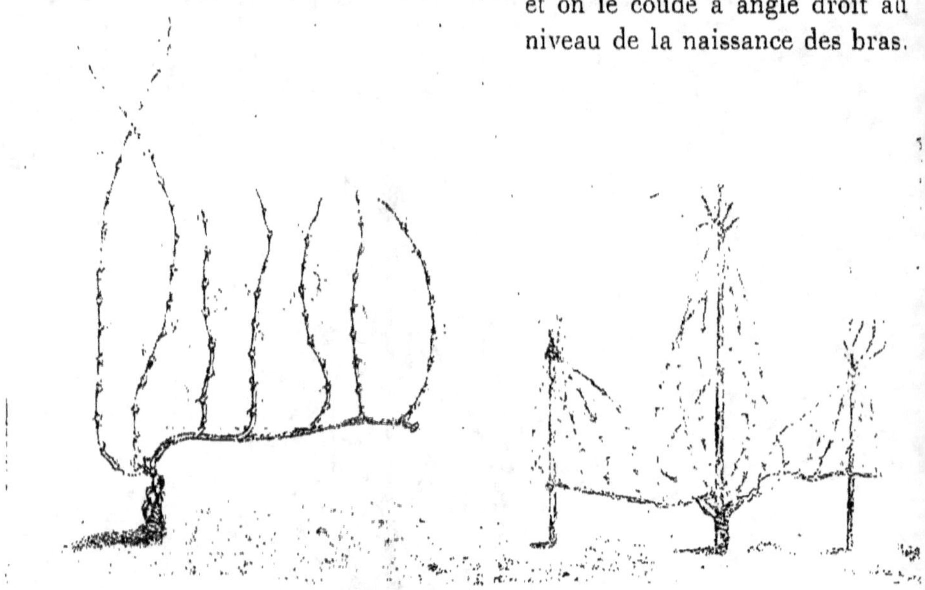

Fig. 52. — Taille Guyot simple sur fil de fer.   Fig. 53. — Taille Guyot double sur échalas

3° TAILLE DES CÉPAGES ORDINAIRES : Gamay, Groslot, Muscadet.

A. — Taille Guyot simple ou double ou taille mixte. — On adopte généralement pour les cépages plus communs l'une de ces tailles. Ici le nombre et la longueur des *baguettes* varie avec la vigueur des souches ; aux souches de moyenne vigueur, on laisse un long-bois de 10 à 12 yeux, et aux souches très vigoureuses deux longs-bois de 8 à 10 yeux. Quant aux souches qui faiblissent, on les taille court.

Dans la taille Guyot simple (fig. 52), il est prudent d'alterner d'une année à l'autre son emplacement ; pour cela il suffit de constituer deux bras, dont l'un portera une année le long-bois, tandis que l'année suivante ce sera l'autre. De cette façon la vie du cep est bien mieux équilibrée et les plaies de taille ne s'accumulent pas toujours sur la même surface. Pour une raison de même ordre, la taille Guyot double (fig. 53 et 54) est préférable à la taille Guyot simple. Deux branches fruitières taillées à cinq ou six yeux donnent de meilleurs fruits qu'une seule branche taillée à dix ou douze yeux.

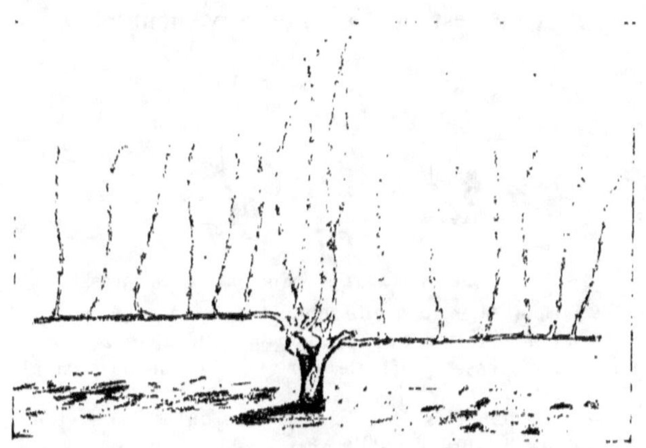

Fig. 54. — Taille Guyot double sur fil de fer.

A la limite du département de Maine-et-Loire et de la Loire-Inférieure, région du Muscadet et de la Folle-Blanche, au lieu de prendre les longs-bois sur le bois de l'année précédente, on le prend de préférence sur du bois plus vieux, et même sur le tronc, dans le but d'avoir une pièce pourvue de beaucoup d'yeux, et par conséquent très fructifère. Il est vrai qu'il s'agit ici de cépages très fertiles, car généralement les pousses venues sur le tronc ne donnent pas de fruits. Toutefois, il serait préférable de répartir la fructification sur l'ensemble de la souche ; on obtiendrait ainsi la même quantité de raisins, avec plus de qualité.

B. — **Taille de Brossay.** — C'est une variété de taille que l'on applique à tous les cépages (Cabernet, Chenin, Gamay, etc.) cultivés sur la commune de Brossay, entre Doué-là-Fontaine et Montreuil-Bellay. Elle est assez répandue en dehors de cette commune pour mériter aussi bien le nom de *taille du Saumurois* (fig. 55, *A, B, C, D*).

Chaque cep est un gobelet à deux bras parallèles au rang; l'un d'eux porte un long-bois, la *vinée*, à 10 ou 12 yeux ; il est coudé à sa base et attaché sur le fil de fer; l'autre porte un courson à un œil ou *poussier*. Sauf exception, la vinée est portée alternativement par chaque bras ; on

Fig. 55. — Taille de Brossay. — Formation progressive du cep.

A. Première année : Epointage du greffe-soudé qui a été ou non buté.
B. Deuxième année : Conservation du maître-brin taillé à deux yeux.
C. Troisième année : La pousse principale, portant 7 à 8 nœuds, est pliée à angle droit et palissée.
D. Quatrième année : Le long-bois, fournit à sa base un poussier et une vinée qui sera pliée comme la précédente, laquelle va être supprimée.

la prend de préférence sur du bois de deux ans, mais volontiers aussi sur du vieux bois.

Voici comment on procède à sa formation :

Première année. — On épointe seulement l'extrémité du greffé-soudé ; souvent on ne butte pas, dans la crainte du « ver jaune » qui attaque souvent les bourgeons cachés en terre; le plant émerge de 10 à 12 centimètres au-dessus du sol. On ne l'ébourgeonne pas.

Seconde année. — On taille le plus tard possible, à cause des gelées et après que les bourgeons sont sortis. Le maître brin le plus rapproché de l'axe est seul conservé et taillé à deux yeux. On butte, le ver jaune étant moins à craindre, car s'il vient à détruire les bourgeons normaux, des pousses repartent sur la tête du jeune cep. Lorsque les pousses ont de

10 à 15 centimètres de long, on ébourgeonne, en ne conservant que les deux ou trois plus beaux brins, que l'on attache le plus tôt possible sur un échalas provisoire.

Troisième année. — On ne conserve que le brin le mieux venu et le mieux placé dans l'axe, et on le taille à 7 ou 8 nœuds. Le sarment taillé est courbé à angle droit au-dessus du troisième ou du quatrième œil et attaché sur le premier fil de fer placé à 0^m25 au-dessus du sol. Au printemps on ébourgeonne, s'il y a lieu, la base du cep au-dessous de la vinée. On obtient déjà une petite récolte.

Quatrième année. — On choisit sur la partie montante du long-bois et à sa base un poussier et une vinée de 10 à 12 yeux, que l'on attache comme précédemment sur fil de fer après l'avoir coudé à angle droit. D'ordinaire, la vinée est prise au-dessus du courson, mais ce n'est pas obligatoire.

Fig. 56.
Un vieux cep conduit suivant
la taille de Brossay.

Cinquième année. — Le poussier fournit une vinée et la vinée un poussier. Et on continue ainsi chaque année, en alternant autant que possible l'emplacement des longs bois sur chacun des deux bras qui commencent à se former.

Remarques. — 1° Certains viticulteurs, la troisième année, éborgnent le long bois au delà de la courbure à angle droit et ne conservent que les yeux de la branche montante, soit seulement trois ou quatre. La vinée étant taillée très long, peut être assujettie au fil de fer par enroulement ;

2° Avec un semblable système de taille les bras de la souche s'allongent vite, d'où nécessité de les rabattre de temps en temps en utilisant des pousses gourmandes, surtout sur les bras du poussier.

Les épamprages sont très indiqués et se pratiquent généralement.

La vinée étant coudée à angle droit, les yeux de sa base ont d'ordinaire un développement suffisant pour permettre la taille de l'année suivante . mais le sarment le plus propre à porter la taille est quelquefois à plusieurs centimètres de la base du long-bois, d'où allongement du bras et nécessité, pour le rabattre, de pratiquer de grosses plaies de taille, qui ne sont pas sans inconvénient.

Ce système de taille employé à Brossay, à l'exclusion de tout autre, permet d'obtenir avec le Chenin et le Breton des récoltes aussi abondantes qu'ailleurs avec la taille mixte, laquelle comporte un courson de retour à la base du long-bois, comme on fait dans la région de Beaulieu. Ce dernier genre de taille se fait, du reste, de la même manière, et c'est bien le plus rationnel.

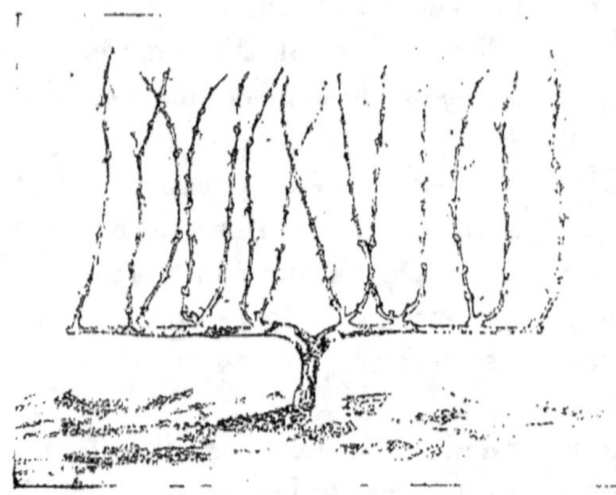

Fig. 57. — Taille du Groslot en gobelet à quatre bras (d'après Lepage).

Fig. 58. — Cordon horizontal double (d'après Lepage).

C. — **Taille en gobelet à bras multiples.** — Le Groslot de Cinq-Mars, très répandu dans le département de Maine-et-Loire et surtout dans la région de Brissac, peut être conduit suivant diverses tailles : taille mixte, taille courte, en cordon, en Gobelet.

Si la taille se fait en gobelet la vigueur des ceps oblige souvent le viticulteur à en multiplier les **bras** pour faire porter à chaque souche le nombre d'yeux compatibles avec sa fertilité (fig. 57).

On commence par former trois ou quatre bras, et à mesure que la souche croît en âge et en vigueur, on en augmente le nombre ; quand sa vigueur décline, certains bras dépérissent et l'appareil de fructification se proportionne naturellement à la force végétative de la souche.

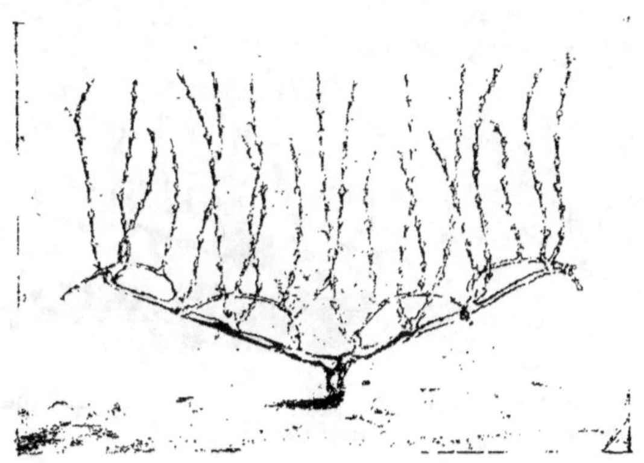

Fig. 59. — Taille en cordon oblique avec daguets
ou longs-bois (d'après Lepage).

D. — **Taille en cordon horizontal.** — Très répandue en Anjou au moment de la reconstitution du vignoble, elle l'est beaucoup moins aujourd'hui. On la pratique encore dans un certain nombre de clos limitrophes de la Loire-Inférieure.

Les lignes sont distantes de 1^{m}60 et les plants écartés de 1^{m}10, écartement manifestement trop faible, soit 5.680 pieds à l'hectare. La branche horizontale du cordon est à environ 0^{m}45 du sol ; elle porte 4, 6, 8 bras courts, pourvus chacun d'un courson taillé à deux yeux francs (fig. 58). Souvent l'un des bras porte un long-bois ou « queue » que l'on arque fortement et que l'on attache à la charpente. Cette queue est prise tantôt sur un bras, tantôt sur un autre (fig. 59).

Certains vignerons pour avoir plus tôt une récolte rémunératrice n'éborgnent pas, la première année de formation, les yeux de la branche montante, ni le dessous de la branche horizontale ; c'est une faute, car on n'obtient ainsi qu'un cordon irrégulier, avec des bras mal placés et tout contournés.

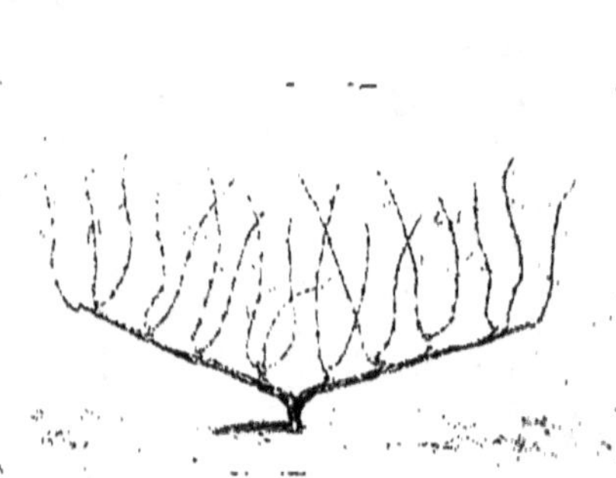
Fig. 60. — Cordon oblique double (d'après Lepage).

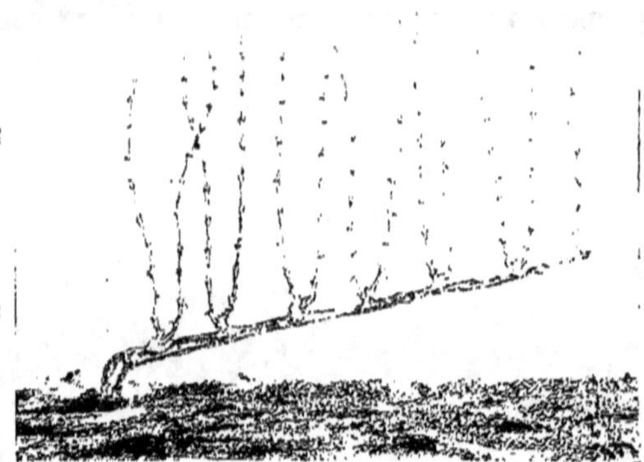
Fig. 61. — Cordon oblique simple (d'après Lepage).

Quand les cordons sont âgés les coursons du milieu faiblissent et meurent et seules les coursons voisins de la courbure et ceux de l'extrémité restent assez vigoureux (fig. 62 et 63). Souvent alors on les rabat pour en faire une taille Guyot (fig. 63) ou les amener progressivement au gobelet. La grosse plaie qui résulte de l'opération doit-être goudronnée ou passée au sulfate de fer 30 % ou à l'arsénite de soude.

En somme, les formes en cordon double et même simple sont de moins en moins pratiquées en Anjou, tandis que les formes de gobelet en éventail sont de plus en plus en faveur.

Taille en cordon oblique. — On évite cependant en grande partie les inconvénients du cordon en lui donnant une direction *oblique*, sous un angle de 20 degrés (fig. 59, 60, 61). De cette disposition, il résulte que les bourgeons de l'extrémité, qui arrivent plus vite au fil de fer de palissage,

u moment où avec la serpe on fait le pincement, suivant naturellement
ne ligne horizontale, se trouvent rognés plus court et leur vigueur est
ar suite automatiquement diminuée. Cette conduite de la vigne en cordons
bliques donne de très bons résultats. Mais son installation demande une
attention et des soins particu-
liers.

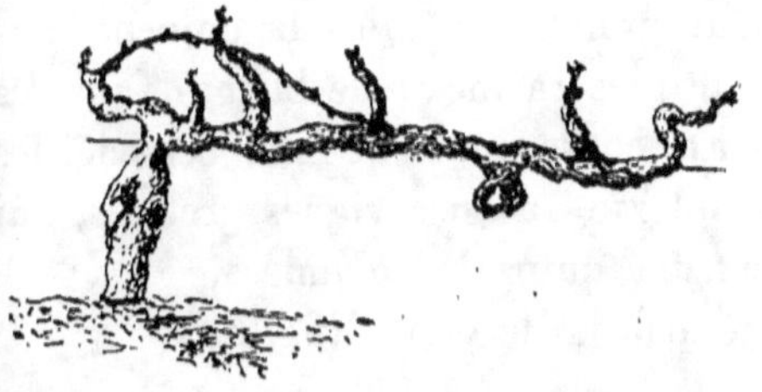

Fig. 62. — Cordon âgé muni d'un long-bois
arqué.

Fig. 63. — Cordon très âgé,
rabattu et ramené à la taille
Guyot double.

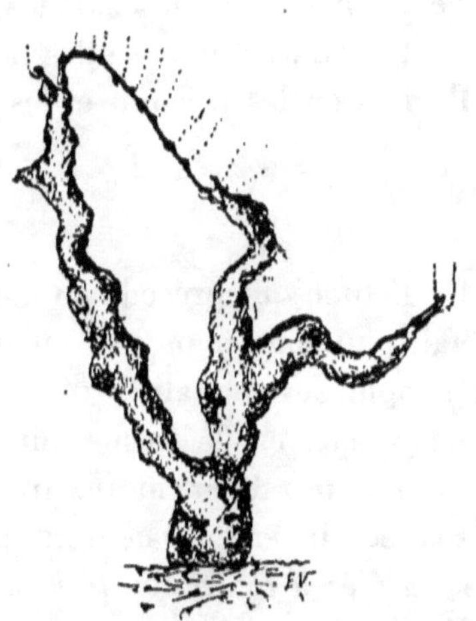

Fig. 64. — Très vieux cep avec
un long-bois.

Si le cep est très vigoureux, on peut comme dans la fig. 59, lui faire
orter des *daguets* ou longs-bois alternés.

E. — La taille des vieilles vignes françaises. — On rencontre encore
à et là en Anjou des parcelles de vigne non greffées qui datent de
inquante ans et plus, et que le phylloxéra a épargnées. Les souches
oussues, disloquées, creuses, ne tenant plus que par une bande d'écorce,
orment des sortes de gobelets dégingandés, s'élevant souvent à un mètre

de hauteur et même davantage. Peu vigoureuses, mais encore résistantes, ces vieilles souches peu fructifères sont soumises à la taille courte, à laquelle on ajoute souvent, pour obtenir un peu plus de raisins, un long-bois que l'on arque et que l'on attache à la charpente (fig. 62). On obtient ainsi huit à dix raisins par cep, presque tous portés par le long-bois. Si ces vignes « tiennent » encore malgré leur grand âge, elles le doivent sans doute à leurs très profondes et très multiples racines ; de bonnes fumures entretiennent leur reste de vigueur. Et, chose remarquable, ces vieilles vignes sont bien moins sujettes à l'apoplexie que nos vignes greffées, qui en sont décimées, quant elles atteignent une quinzaine d'années.

Parfois on les rajeunit et les ramène à la taille Guyot (fig. 63).

Conclusions

De l'étude qui précède on conclura qu'il n'y a pas en Anjou un système de taille unique, mais que suivant les cépages et la situation des vignobles, on adopte des modalités différentes.

Le *gobelet* est la forme qui domine de beaucoup. Dirigé en *éventail*, il se prête admirablement aux travaux de culture. Les principes qui président à son établissement, ne sont pas d'ailleurs d'une rigidité absolue, d'où ses variétés à *taille courte* et à *taille mixte*.

En général, l'ébourgeonnement est pratiqué soigneusement pendant la formation du jeune cep, sauf la première année ; on a le tort parfois de négliger ce travail si important pour l'établissement rationnel du cep. Des circonstances telles que le défaut de main-d'œuvre, notamment pendant les années de guerre, peuvent seules excuser cette négligence fâcheuse.

La guerre a eu encore une autre action sur le vignoble angevin. Les petits vins se sont vendus cher et les gros bénéfices qu'ils ont donné ont incité les viticulteurs à charger avec excès leurs vignes; la guerre passée, un certain nombre ont continué à suivre cette méthode. Mais une vigne qui donne plus de fruits qu'elle ne devrait en porter normalement ne les amène pas à parfaite maturité, n'accumule pas en elle pour l'année suivante les réserves nutritives suffisantes et voit faiblir sa vigueur.

Un viticulteur sage doit faire la balance entre ces différents facteurs; et s'il veut faire vivre sa vigne longtemps, en même temps qu'obtenir chaque année de bons produits, il doit ménager raisonnablement sa production fruitière. Le principe qui doit toujours diriger sa conduite est donc celui-ci : proportionner la taille de la vigne à la vigueur des ceps et au produit que ceux-ci doivent normalement fournir et mûrir.

En résumé, l'art du vigneron consiste essentiellement à maintenir l'équilibre entre ces trois éléments : *qualité du vin, régularité de la production, durée du vignoble.*

QUELQUES NOTIONS A RETENIR

Pour compléter ces notions sur les tailles qui ont cours en Anjou, il y a lieu de rappeler quelques principes que tout bon vigneron doit connaître et mettre en pratique :

1° Tout cep à vigueur très grande, ce qui se juge à l'abondance et à la dimension de ses rameaux feuillus, demande la taille mixte ou longue, en évitant toujours de trop concentrer sur un espace restreint un trop grand nombre de bourgeons ;

2° En donnant aux rameaux une direction verticale ascendante, on favorise la vigueur du cep; en les inclinant, en les courbant vers le bas, on la modère ;

3° Se rappeler que deux longs-bois valent mieux qu'un seul, de longueur double, pour la fructification, les grappes étant mieux réparties, avec une même quantité de boutons à fruits ;

4° Tous les cépages peu fructifères, quand ils sont à court-bois, doivent, quelle que soit leur vigueur, toujours être taillés à long-bois, en proportionnant ceux-ci à la vigueur du cep ;

5° Les longs-bois doivent toujours alterner d'un bras à un autre, pour éviter les grosses plaies de taille, de façon à avoir dans la taille Guyot double quatre bois, dont deux à fruits et accompagnés de leur pièce de remplacement à deux boutons à leur base; les deux autres bras, non fructifères, doivent être taillés à deux yeux francs ;

6° L'abondance des sarments sur une souche donnée étant en corrélation inverse avec leur développement, si l'on veut voir certains d'entre eux se développer davantage il y a nécessité à ébourgeonner ;

7° Un vigneron mis en présence de cépages qu'il ne connaît pas doit se demander s'il faut pratiquer une taille courte ou une taille longue. Il résoudra le problème en examinant si les sarments provenant d'une taille courte, c'est-à-dire à deux boutons de l'année précédente, portent en leur base des traces de fructification, c'est-à-dire le reste des pédoncules des grappes. C'est alors l'indice que la taille courte est fructifère sur cette variété de cépage. Dans le cas contraire, c'est la taille longue qui est indiquée.

Du choix des bois de taille

a) Ce choix est tout d'abord dominé par la forme que l'on veut donner ou maintenir au cep ;

b) Il est indispensable que ces bois soient bien mûrs, bien aoutés ;

c) Choisir de préférence des bois de bonne grosseur moyenne, tant pour les coursons que pour les longs-bois ;

d) Si on a le choix, préférer, pour établir les coursons, les sarments qui ont la même direction que les bras ;

e) Le courson de retour sera toujours situé plus bas que le long-bois ;

f) Parfois on est obligé de tailler, faute de mieux, sur un sarment qui n'offre pas les conditions sus-énoncées. Si, dans ces conditions il s'est formé une pousse, si maigre soit-elle, au bon endroit, on la taillera à un œil, et, l'année suivante c'est elle qui fournira la pièce qui manque présentement.

Conseils pratiques

La taille de la vigne n'offre pas de grosses difficultés, et il est assez facile de former un bon vigneron, mais c'est à la condition qu'il soit fidèle aux quelques principes qu'un bon maître lui aura donnés. Les uns sont d'une application très simple, en quelque sorte matériels. Les autres demandent un certain coup d'œil, un raisonnement qui doit être judicieux et prompt, pour ne pas retarder la main qui tient le sécateur et qui doit faire *bien* et *vite*.

Voici les premiers :

a) On peut tailler avec une serpette ou avec un sécateur. Jadis la serpette était le seul instrument usité : aujourd'hui elle a cédé presque partout la place au sécateur; celui-ci est formé de deux bras, l'un terminé par une *lame* coupante, l'autre par un *crochet* non coupant ;

b) Le sécateur doit être solide, bien en main, à lame bien trempée et toujours parfaitement tranchante ;

c) Quand l'ouvrier fait une taille, le crochet de l'instrument est placé du côté de la partie qui va être retranchée et la lame du côté de la partie qui sera conservée, afin que la surface de section soit très nette et sans mâchure sur ses bords ;

L'instrument doit être conduit sans brusquerie ni hésitation, mais d'une façon ferme et progressive ;

d) La section sera *oblique* par rappor à l'axe du sarment, et cette obliquité doit être opposée au dernier œil conservé;

e) Le niveau auquel doit être faite la section a son importance. L'expérience a montré qu'il convient de la pratiquer à 2 ou 3 centimètres au-dessus du dernier œil conservé ;

f) On a recommandé de la faire perpendiculairement à l'axe du rameau, à travers le·nœud lui-même (*système Dezeimeris*), c'est-à-dire au niveau du diaphragme qui interrompt la moelle, l'action de la gelée et la contamination du cep par des germes morbides étant, dans ces conditions, bien moins à craindre. Mais elle n'est pas pratiquée parce qu'elle laisse des chicots et demande au vigneron une trop grande attention ;

g) Les sections qui portent sur la base des sarments se feront ras le bras qui les porte, mais toutefois en respectant l'empattement, pour que la plaie de taille soit réduite au minimum ;

h) Pour éviter, dans une certaine mesure, les accidents de contamination auxquels exposent les larges plaies de taille, notamment dans le système Guyot, il est bon de donner, autant que possible, aux sections une direction verticale ou tout au moins oblique ;

i) De même, pour gêner le moins possible la circulation de la sève dans ces ceps taillés chaque année dans la même région et éviter l'accumulation de nécroses ou parties mortes, il faut faire la taille toujours en dessous, la partie supérieure restant de la sorte intacte, de façon à ne pas mettre obstacle à la circulation de la sève ;

j) Toutes les grosses plaies de taille, à plus forte raison celles qui sont la conséquence d'un rajeunissement des ceps, doivent être aussitôt badigeonnées, soit au goudron, soit au sulfate de fer à 30 %, soit avec une solution arsénicale, celle que l'on emploie contre l'apoplexie de la vigne.

k) Le vigneron doit se rappeler que la meilleure taille est celle qui permet à l'air et à la lumière de passer partout, qui égalise la fructification sur l'ensemble des souches et qui fait le moins supporter à la vigne de larges blessures qui entravent la circulation et sont autant de portes ouvertes aux dangereuses contaminations.

LA TAILLE EN VERT

Si pendant l'automne et l'hiver le vigneron pratique la taille sur les sarments dépourvus de leurs feuilles, au printemps et à l'été il doit faire sur les parties vertes des amputations plus ou moins considérables.

Ces opérations, réunies sous le nom de *taille en vert*, comprennent : l'*Ébourgeonnage*, le *Pincement* ou *Écimage*, le *Rognage*, l'*Incision annulaire*, l'*Épamprage* ou *Effeuillage*.

ÉBOURGEONNAGE

Cette opération, presque exclusivement réservée aux vignes des régions tempérées et humides, et par suite à végétation exubérante, a une grosse importance **en Anjou**.

Elle consiste à enlever les bourgeons ou *pousses inutiles*, c'est-à-dire ceux qui se développent directement sur le tronc de la souche ou sur ses bras et non sur les coursons. Ces bourgeons sont infertiles. L'opération doit être faite de bonne heure, dès que les bourgeons atteignent une longueur de 15 à 20 centimètres. A ce moment, on les décolle avec une grande facilité. Si l'on attend trop tard, leur ablation nécessite l'emploi de la serpette : le travail est plus long et les plaies qu'ils laissent sur les souches étant bien plus larges, ouvrent une porte plus grande à la pénétration de mauvais germes.

Mais d'un autre côté, si on opère trop prématurément, de nouveaux bourgeons se développent à leur base et il faut recommencer un peu plus tard l'opération.

On a pu recommander autrefois de faire l'ébourgeonnage en deux temps, comme plus favorable à la santé des ceps, mais c'était à une époque où la main-d'œuvre était plus facile à trouver et moins chère (1).

L'ébourgeonnage devrait être fait par le vigneron lui-même ou par des ouvriers bien au courant de la taille, car il est des pousses qu'il convient de conserver comme bois de remplacement ; trop souvent l'opération est faite brutalement et sans intelligence.

On devra ébourgeonner plus sévèrement une vigne âgée, dont les ceps ont leur constitution définitive, qu'une vigne jeune dont les ceps sont en voie de formation ; en traitant ceux-ci comme les premiers on s'exposerait à la coulure, la sève se portant alors avec trop d'activité dans les rameaux fertiles qu'on lui aurait à peu près seuls laissés.

Parmi les pousses à supprimer, il ne faut pas oublier ceux des portegreffe ; la sève ascendante qui a peine, surtout les premières années, à passer du sujet dans le greffon, cherche à s'épancher dans les bourgeons développés sur la souche souterraine ; il faut donc se hâter de les supprimer et au ras de la souche même.

---

(1) Eugène BORIT. *Viticulture de l'Anjou.* 1877.

Le pincement ou écimage

Il consiste à supprimer avec l'ongle la pointe de certains rameaux, don
il est opportun d'arrêter le développement. Par cette opération on oblige l
sève à s'employer au développement des parties placées plus bas, notam
ment les bourgeons à bois de la base du rameau et les grappes qu'il porte

Il faut se rappeler que les feuilles jeunes absorbent plus de nourritur
qu'elles n'en fabriquent et, par conséquent, qu'elles attirent à elles la sève
Donc, en en supprimant quelques-unes, on ménage la dépense et on en fai
bénéficier les autres parties.

Si la croissance est trop rapide, ce sont de jeunes feuilles qui se déve
loppent au détriment des grappes; c'est pour cette raison qu'un pincemen
fait au début de la floraison la favorise en empêchant la coulure.

L'opération du pincement doit s'inspirer du but à atteindre et êtr
raisonnée. Prenons pour exemple la taille du Cabernet : on a une branch
fruitière à six ou huit yeux, palissée horizontalement, et d'autre part u
courson à deux yeux, qui donne deux branches, lesquelles fourniront l'anné
suivante, la branche fruitière et la branche à bois. Les rameaux fertile
seront tous pincés à deux feuilles au-dessus de la dernière grappe, et o
laissera pousser dans toute leur longueur les rameaux qui, cette année, n
donneront que du bois. On obtiendra ainsi, d'une part, un refoulement d
sève dans les grappes et, d'autre part, un fort développement des branche
stériles, qu'on a intérêt à forcer pour avoir un très beau bois de taill
l'année suivante.

Si, au contraire, on pinçait la branche à bois comme les branches à fruits
le cep dépérirait peu à peu.

Le rognage

C'est un écimage qui porte sur des tissus plus formés, déjà lignifiés, et
qui, par suite, amène une perturbation plus grande dans l'économie de la
plante. Il faut donc procéder avec prudence.

Pratiqué de bonne heure, peu de temps après la floraison, on peut se contenter de laisser quatre feuilles au-dessus de la dernière grappe.

Pratiqué tardivement, il faut compter une douzaine de feuilles au-dessus de la dernière grappe.

L'époque la meilleure pour cette opération est celle pendant laquelle la vigne est dans un demi-repos physiologique, c'est-à-dire entre la vigoureuse poussée végétative du printemps et le retour de celle du mois d'août.

Suivant l'époque à laquelle on opère, ses effets sur les grappes sont variables.

S'agit-il de ceps vigoureux, pratiqué peu de temps après la floraison, il augmente la proportion de sucre dans les raisins. S'il est pratiqué plus tardivement (juillet-août), il en diminue la richesse (Viala).

S'agit-il de cépages à vigueur modérée, il ne produit plus d'effet sur les grappes (Viala).

Un rognage prématuré favorise le développement de nombreux rejets, et c'est un inconvénient, car ces rejets aux feuilles tendres prennent facilement le mildiou et en outre ombragent trop les grappes.

Un rognage trop tardif produit dans le système foliaire une perturbation qui empêche la substitution de la matière sucrée à la matière acide dans les grappes, autrement dit, leur parfaite maturité.

Plus le sol est fertile, le climat tiède et humide, et plus il y a exubérance des pampres et plus par conséquent le rognage devient obligatoire.

On tiendra compte en Anjou de la diversité de ces circonstances.

L'INCISION ANNULAIRE

On peut l'inscrire sur la liste des opérations de la taille en vert, car son effet est, comme pour le pincement et le rognage, de modérer la vigueur des bourgeons.

Elle consiste à détruire, soit par broyage, soit par ablation, un étroit anneau d'écorce sur la branche fruitière, au-dessous des raisins. Cette opération n'arrête pas la sève ascendante, laquelle se fait par les vaisseaux du bois, mais empêche la descente, au-delà de l'incision, de la sève élaborée, qui a lieu par l'écorce (aubier), de sorte que retenue au niveau des grappes elle les fait grossir davantage.

Si elle est pratiquée au début de la floraison, elle s'oppose à la coulure : si elle est faite après la floraison, alors que les grains sont déjà formés, elle tend à en augmenter le volume.

L'incision annulaire se fait soit immédiatement au-dessous d'une grappe, soit sur le courson qui porte la branche fruitière, mais jamais sur un bois qui doit servir à la taille de l'année suivante.

Le rameau incisé étant devenu par là même très fragile et le moindre coup de vent pouvant le faire casser, il est bon de le palisser.

Divers appareils ont été inventés pour pratiquer cette petite opération : les uns mâchent, triturent l'anneau d'écorce; d'autres y tracent quelques incisions parallèles; d'autres, enfin, enlèvent complètement un lambeau d'écorce sur une longueur de quelques millimètres.

Pour pratiquer l'incision annulaire, la pince étant tenue d'une main, tandis que l'autre maintient le rameau, on fait mouvoir avec prudence l'instrument alternativement dans un sens et dans l'autre.

Cette opération est surtout à pratiquer pour les pieds de vigne cultivés en espaliers. Contre-indiquée dans les pays méridionaux, où elle exposerait à la dessication les rameaux incisés, elle est tout à fait indiquée dans les régions à climat tempéré, comme l'Anjou.

L'EFFEUILLAGE

Dans nombre de vignes de l'Anjou, la végétation est d'une vigueur que l'on peut taxer d'exagérée; elles présentent une exubérance de feuilles qui masquent les grappes et sont si touffues qu'elles opposent au soleil un rempart infranchissable. Ces épais ombrages favorisent la ponte des papillons de Cochylis et d'Eudémis; l'humidité qu'ils entretiennent est des plus favorable au développement de l'oïdium; et enfin, ils empêchent le soleil d'atteindre les grappes et de les faire mûrir.

Pour ces trois causes, il est bon de pratiquer l'effeuillage.

On pourra se contenter souvent d'enlever les entre-cœurs ou bourgeons développés à l'aisselle des feuilles et qui prennent parfois une grande extension, surtout après un rognage. Cette ablation donne déjà beaucoup d'air à la vigne.

Si elle ne suffit pas, on enlève çà et là quelques feuilles qui masquent les raisins. On a constaté que cette ablation faite modérément, loin de nuire à la production, augmente la proportion de sucre de la grappe.

Il est prudent de ne pas effeuiller trop largement d'un seul coup ; il est préférable de faire répéter l'opération et chaque fois avec modération et intelligence, si on le peut.

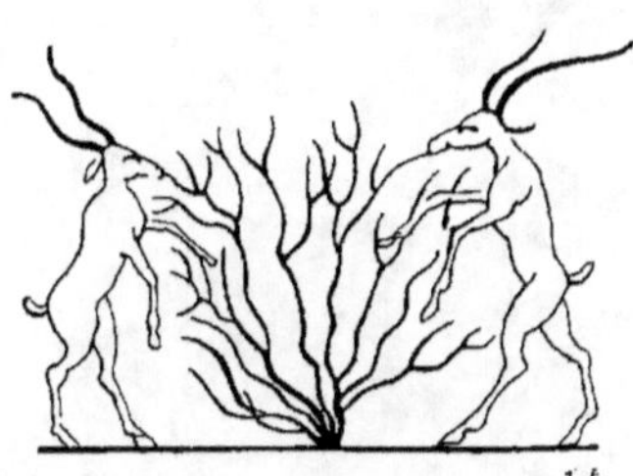

Fig. 65. — Les premiers tailleurs de vigne (d'après une antique peinture égyptienne).

R. BILLIARD, *La Vigne dans l'Antiquité.*

CHAPITRE VII

LA VIGNE ET LES ENGRAIS

> *« Quid est agrum bene colere ?*
> *Bene arare.*
> *Quid est secundum ?*
> *Arare.*
> *Tertio stercorare (1). »*

Caton, R.R., LXI.

Jadis, en Anjou, on regardait comme condamnable la fumure des vignes. Graisser une vigne, c'était, croyait-on, enlever au vin sa qualité. Aussi les baux relatifs à certains grands crus spécifiaient-ils que le fermier devait s'abstenir de fumer le vignoble qui lui était loué. Cette opinion a eu pour elle d'ailleurs l'appui de maîtres dont l'autorité fait loi en matière de culture, La Quintinye, Bosc, Joigneaux, comte Odart, Morelot.

Il y avait là une exagération. S'il est vrai que fumer trop abondamment favorise l'abondance de la récolte au détriment de sa qualité, il n'est pas douteux, d'autre part, que la vigne comme toute autre plante, empruntant au sol les principes nécessaires à sa croissance et à sa fructification, il faut rendre à ce sol ces mêmes principes, sous peine de le voir s'appauvrir et la vigne souffrir de cette indigence.

---

(1) Qu'est-ce que bien cultiver ? — Bien labourer. — En second lieu ? — Labourer.
— En troisième lieu ? Fumer.

En effet, le sol possède en plus ou moins grande abondance une réserve d'éléments avec lesquels la vigne forme ses feuilles, ses sarments, ses fruits.

Ces éléments, dissous par l'eau qui circule dans la terre, montent par les racines (sève brute) dans les parties aériennes; au niveau des feuilles, combinés entre eux, ils sont distribués par des canaux dans toutes les parties de la plante (sève élaborée) pour former du bois, du parenchyme foliaire, des fleurs et des fruits. Plus une terre est pauvre en ces éléments indispensables, plus le vigneron devra lui en fournir.

Or, les grands crus occupant, en général, des terrains pauvres, ce sont eux qui ont surtout besoin de recevoir d'importantes fumures.

NOTIONS QUE LE VIGNERON NE DOIT PAS PERDRE DE VUE

1° S'il y a une *loi de restitution* qui veut que l'on rende à la vigne les éléments dont elle a appauvri le sol, il y en a une autre qui demande que l'apport d'engrais soit fait avec discernement ; autrement dit, il est inutile d'apporter au sol des matériaux dont il est suffisamment pourvu. C'est pour cela que si les engrais dits *complets* peuvent parfois rendre service, ils constituent une dépense en partie inutile, s'ils apportent au sol certains éléments qui ne lui manquent pas ;

2° D'autre part, il faut savoir que si l'un d'eux vient à faire totalement défaut, les autres n'entrent pas en jeu, comme s'ils n'existaient pas ; il y a une proportion minima que chacun d'eux doit atteindre pour que les autres travaillent utilement (*loi du minimum*).

Il suffit donc alors d'augmenter la quantité de l'élément qui fait défaut, pour multiplier du même coup la valeur des autres ;

3° Il est des engrais qu'on peut répandre en plus grande quantité qu'il n'est nécessaire en vue de résultats immédiats : c'est une *avance*, dont bénéficiera la culture ultérieurement. Il en est ainsi pour les engrais phosphatés et potassiques. Il n'en serait pas de même pour les engrais azotés, ceux-ci ne restant pas fixés dans le sol, comme les premiers, mais se dispersant dans l'atmosphère. Il faut savoir toutefois qu'en exagérant par trop les fumures phosphatées ou potassiques, on fait une dépense injustifiée, car il arrive un moment où le produit obtenu ne suit plus l'ascension de la dépense. Il y a donc un niveau qu'il est sage de ne pas dépasser (*loi du maximum*).

On possède deux moyens de reconnaître si une terre à vigne a besoin d'être graissée, à savoir : l'analyse directe du sol, et, ce qui vaut mieux, la considération de l'état de la végétation elle-même, qui indique par sa vigueur ou son fléchissement si elle a ce qu'il lui faut ou bien si elle manque des éléments qui lui sont nécessaires.

Les besoins de la vigne en engrais. — Quatre éléments minéraux principaux, outre de l'eau, sont nécessaires à la vigne, à savoir : l'*azote*, l'*acide phosphorique*, la *potasse*, la *chaux*, auxquels s'ajoutent quelques autres d'importance moindre : *magnésie, fer*, etc.

La grosse consommation est celle de l'azote, c'est l'élément qu'il faut surtout apporter à la vigne, les autres, acide phosphorique, potasse et chaux se trouvant en assez grande quantité, comme partie constituante du sol, pour que la plante, qui d'ailleurs n'en consomme que de faibles proportions, trouve pendant longtemps à s'y alimenter largement.

En effet, suivant la vigueur de la végétation, la vigne emprunte annuellement au sol et par hectare de 31 à 90 kilos d'azote ; 10 à 28 kilos d'acide phosphorique, 25 à 75 kilos de potasse, 75 à 135 kilos de chaux.

Il faut noter d'ailleurs que la plus grande partie de ces éléments passe dans les feuilles et sont par suite rendus au sol par la décomposition de celles-ci.

La nécessité des engrais étant établie, comment fumer la vigne ? Nous avons à notre disposition le *fumier de ferme* et les *engrais chimiques*.

FUMIER DE FERME

C'est un excellent engrais pour la vigne. Non seulement il apporte au sol des éléments de fertilisation, mais encore il forme de l'humus et allégit la terre, de sorte qu'il améliore les conditions physiques du sol.

Il apporte, par 1.000 kilos : 6 kilos d'azote, 3 kilos d'acide phosphorique, 4 kil. 500 de potasse, 6 kilos de chaux, soit au total 19 kil. 500 de matières fertilisantes essentielles, le reste de la masse étant représenté par de l'eau et quelques éléments de moindre importance.

Mais cette fumure présente certains inconvénients ; étant donné la faible proportion d'éléments utiles qu'elle contient, il est nécessaire d'en employer des masses énormes, lesquelles nécessitent pour leur épandage une main-d'œuvre longue et dispendieuse ; la difficulté de s'en procurer en suffisante quantité, les travaux culturaux de la ferme en réclamant beaucoup pour leur part; en outre, sa décomposition, et par suite son action sur la vigne est lente, si bien que son effet ne se fait guère sentir que l'année qui suit son épandage.

C'est donc une fumure qu'il est impossible de renouveler chaque année, surtout s'il s'agit d'un vignoble important. Il est à conseiller de faire tous les quatre ou cinq ans une fumure avec le fumier de ferme, à la dose 20 à 25.000 kilos par hectare, et les années intermédiaires d'user d'engrais chimiques.

ENGRAIS CHIMIQUES

Les engrais chimiques, appelés encore *engrais minéraux*, offrent l'avantage de s'employer sous un petit volume, de s'épandre facilement et promptement, de répondre exactement aux besoins reconnus de la vigne, chacun d'eux pouvant être dosé suivant que tel ou tel élément fait défaut dans le sol.

A) *Engrais azotés.* — **Les plus** employés sont le *nitrate de soude* et le *sulfate d'ammoniaque.* Le premier contient environ 16 kilos d'azote et le second 21 kilos %.

Ils favorissent l'accroissement de la plante et sont indispensables à la formation des tissus. Leur effet est très prompt.

Mais, s'ils sont donnés trop largement ou répandus dans une vigne qui n'en a pas besoin, le bois pousse trop tendre : il se forme plus de moelle que de ligneux; la plante se couvre d'un feuillage par trop luxuriant: ses tissus plus mous sont plus facilement envahis par les maladies cryptogamiques ; les fleurs sont exposées à couler et à être remplacées par les vrilles; la fructification est retardée et la maturité plus tardive; s'il est vrai que le volume des grains s'en trouve augmenté, le vin est moins alcoolique et la coloration des rouges est plus faible. En outre, le vin qui provient d'une vigne trop riche en azote est lui-même trop chargé de principes azotés, qui, la fermentation achevée, favorisent le développement des mauvais ferments, lesquels compromettent la bonne tenue du vin et rendent sa conservation difficile.

Une vigne qui reçoit une forte fumure d'azote prend au sol une beaucoup plus grande quantité d'eau, aussi souffre-t-elle plus que d'autres dans les années de sécheresse.

Les doses convenables, quand la vigne en a besoin sont de 200 à 500 kilos à l'hectare, pour le nitrate de soude, de 200 à 300 kilos pour le sulfate d'ammoniaque.

On ne doit pas employer indifféremment l'un ou l'autre de ces engrais ; il faut tenir compte de la nature du sol. Si le nitrate de soude convient à toutes les natures de terre, le sulfate d'ammoniaque doit être réservé aux terres assez riches en calcaire, mais à fond argileux, les terres calcaires légères ne lui convenant pas.

L'*époque* d'*épandage* de ces deux engrais est le printemps ; employés plus tôt, les pluies d'hiver les dissoudraient et les entraîneraient sans bénéfice pour la plante.

B) *Engrais phosphatés*. — Les principaux sont les *superphosphates* et les *scories de déphosphoration*. Ils apportent au sol, outre l'acide phosphorique, une certaine dose de calcaire. Dans les terrains où ce dernier élément est en suffisante quantité, les *phosphates précipités*, qui donnent d'assez bons résultats, coûtent moins cher, malgré leur prix plus élevé, car ils dosent de 30 à 45 d'acide phosphorique aux 100 kilos, tandis que les superphosphates n'en contiennent que de 10 à 25 % et les scories 12 à 22.

Les engrais phosphatés donnent au bois plus de fermeté, plus de rigidité par développement du ligneux ; ils favorisent le développement des grappes, qui restent plus saines ; les feuilles arrivent plus vite au terme de leur croissance, d'où une maturité plus précoce des raisins, et une moindre prédisposition aux maladies cryptogamiques, notamment à la pourriture grise ; le moût est plus sucré, le vin plus alcoolique, plus bouqueté, sa couleur plus accentuée. En somme, ils contrebalancent les effets dus à l'exagération des fumures azotées.

Les superphosphates seront réservés pour les sols calcaires, et les scories, plus riches en chaux, pour les terrains pauvres en cet élément.

La dose à employer est de 300 à 600 kilos pour les superphosphates, de 1.000 à 2.000 kilos pour les scories ; si on emploie les phosphates précipités, 100 à 200 kilos suffisent.

L'*époque* de l'épandage est le printemps pour les phosphates et les superphosphates et l'automne pour les scories.

On devra se rappeler qu'on peut sans inconvénient ajouter des superphosphates au fumier de ferme ; on lui donne ainsi l'acide phosphorique dont il est pauvre ; mais on ne devra pas ajouter des scories au fumier, le calcaire abondant qu'elles renferment provoquant le dégagement, autrement dit, la perte de l'azote sous forme d'ammoniaque.

C) *Engrais potassiques.* — On les emploie sous forme de *sylvinite riche*, de *chlorure* et mieux de *sulfate de potassium*.

Le premier de ces engrais dose 20 à 22 % de potasse ; le second, en moyenne, 48 % et le troisième 50 % ou un peu plus. Le chlorure de potassium ne convient que dans les terres riches en calcaire, tandis que le sulfate de potassium s'arrange de tous les terrains.

Ils sont si utiles à la vigne qu'on a dit parfois que la potasse était la *dominante* de la vigne.

Leur action tient à la fois, mais avec plus de modération, de celle des engrais azotés et de celle des engrais phosphatés.

En effet, d'une part, ils poussent au développement des feuilles et à leur activité fonctionnelle ; de l'autre, ils favorisent l'aoûtement des sarments, la fructification, le développement des grappes et augmentent la proportion de sucre dans le moût.

Les vignes qui ont reçu des engrais potassiques ont besoin de moins d'eau que celles auxquelles on a donné de l'azote et plus que celles qui ont reçu de la potasse.

La dose de sylvinite à employer à l'hectare est de 400 à 500 kilos; celle du chlorure de potassium, de 150 à 200 kilos ; celle du sulfate de potassium à peu près même dose.

L'épandage doit se faire de bonne heure, dans les premiers mois de l'hiver, novembre, décembre. L'entraînement de ces engrais par les eaux de pluie n'est pas à craindre, parce que, pourvu que le sol soit calcaire (carbonate de chaux), les sels de potasse se combinent avec lui pour former un *carbonate de potasse*, forme sous laquelle la plante les absorbe.

D) *Engrais calcaires.* — Ce sont la *chaux* (carbonate de calcium) et le *plâtre* (sulfate de calcium).

Le second est le plus souvent utilisé. Leur usage est réservé aux terres qui manquent de calcaire ou qui en possèdent une quantité insuffisante. Ils contribuent, en favorisant la nitrification, et par conséquent l'absorption de l'azote, à la vitalité, à la santé de la vigne. D'où il suit qu'il serait inutile de répandre du plâtre dans une vigne qui serait par trop dépourvue des autres éléments fertilisants.

Sous l'action du calcaire, la **vigne atteint plus** promptement son état de maturité et les vins deviennent plus alcooliques en même temps que très bouquetés.

EMPLOI DES ENGRAIS SUIVANT LA NATURE DU SOL

D'une façon générale, les différents engrais conviennent à toutes les terres. Seul, le calcaire, suivant qu'il préexiste dans le terrain ou y manque, intervient pour décider des modifications qu'il faut leur faire subir. Si le sol est pauvre en calcaire, on emploiera les scories de déphosphoration, riches en calcaire, tandis que dans le cas contraire on aura recours aux superphosphates, qui en contiennent bien moins ; naturellement on ne répandra pas de plâtre.

Emploi des engrais suivant l'état de la végétation

Premier cas. — La végétation faiblit.

On insistera sur les engrais azotés : nitrate de soude 200 kilos, ou sulfate d'ammoniaque 150 kilos ; superphosphate 400 kilos, sylvinite riche 500 kilos, ou chlorure de potassium 200 kilos.

Deuxième cas. — La végétation est normale.

Les engrais employés seront les mêmes, sauf que le nitrate de soude ou le sulfate d'ammoniaque sera employé à dose moitié moindre.

Troisième cas. — La végétation est exubérante.

Ce seront encore les mêmes engrais, mais avec suppression du nitrate de soude ou du sulfate d'ammoniaque.

Si, dans l'un ou l'autre de ces trois cas, le calcaire manque, il faut ajouter à l'hectare 300 kilos de chaux ou de plâtre.

Engrais complémentaires

Suivant les circonstances et les facilités qu'il trouve à se les procurer, le vigneron emploiera, à certains moments, divers engrais ou amendements qui peuvent lui rendre grand service. Voici les principaux :

1° Le *guano de poisson*, riche en azote, 3 à 4 %, et qui renferme beaucoup d'acide phosphorique, 7 à 9 % et un peu de potasse, 2 à 3 % ; il peut être substitué aux engrais azotés cités plus haut. On l'emploie à la dose de 400 à 600 kilos à l'hectare. Son action est rapide ;

2° Les *tourteaux*, résidus des graines oléagineuses traitées pour leur huile. Assez riches en azote, 5 à 6 %, ils peuvent remplacer, dans une certaine mesure, le nitrate de soude et le sulfate d'ammoniaque ;

3° Le *sang desséché*, deux fois plus riche en azote ; son action est rapide ;

4° *Matières cornées*. Employées à l'état nature elles sont bien peu efficaces, en raison de leur trop lente décomposition dans le sol. Il est indispensable de les faire préalablemnt torréfier ;

5° *Déchets de cuir*. Ils doivent subir le même traitement, sous peine de ne produire dans le sol aucun effet utile ;

6° *Marc de vendange.* Convenablement travaillé, additionné de chaux ou de scories (voyez Chapitre des *Sous-Produits de la Vigne*), il constitue un bon engrais pour la vigne, riche surtout en potasse ;

7° Les *terrages*, produits de la curure des fossés, des petites mares, mis en forme et plusieurs fois recoupés, constituent un excellent amendement, qui est très à recommander. Un terrage répété tous les dix ans, à la dose de 300 à 400 mètres cubes à l'hectare, assure la végétation et la fertilité de la vigne ;

8° Les *balayures* des villes sont assez riches en produits azotés ; mais, malheureusement elles sont trop souvent encombrées de débris solides de toutes sortes ;

9° *Cendres de bois.* Si elles sont employées à l'état nature, elles sont riches en acide phosphorique, 6 à 8 %, et en potasse, 11 à 16 %, et contiennent aussi de la chaux, 40 %.

Si on les emploie lessivées, elles sont alors dépourvues de ce dernier élément.

ENGRAIS VERTS

Pour obtenir à très peu de frais l'azote nécessaire à la vigne, on a songé à le faire donner directement au sol par certaines plantes de la famille des Légumineuses, qui ont la remarquable propriété de l'accumuler dans leurs tissus. On préconise dans ce but le Lupin blanc pour les terres très pauvres en calcaire, le trèfle incarnat, la vesce pour ceux qui en sont plus riches.

Ces plantes, enfouies en pleine végétation dans le sol par la charrue, constituent ainsi une bonne fumure azotée.

Mais, cette culture intercalaire n'est pas sans gêner les travaux du vignoble : elle projette de l'ombre sur les raisins, et nuit à leur maturité, si bien qu'on est obligé de faucher ces herbes quand elles prennent trop de développement.

Pour ces différentes raisons, on y a rarement recours aujourd'hui. Toutefois, on pourrait utilement pratiquer cette culture sur un terrain destiné à être planté en vigne et dans les deux premières années de la plantation.

EPANDAGE DES ENGRAIS

L'époque à laquelle les engrais doivent être distribués varie suivant leur composition. Elle est en outre commandée par les façons en usage dans chaque pays, de telle sorte que leur enfouissement n'occasionne pas un travail supplémentaire.

S'il s'agit de fumier de ferme, on le répand en couverture vers la fin de l'hiver, pour l'enfouir au premier labour, qui a lieu en février-mars.

Quant aux engrais chimiques, on peut les semer à la volée, mais leur répartition est alors assez inégale ; il est préférable de les répandre autour des ceps, préalablement déchaussés à la charrue et à la décavaillonneuse. On les a auparavant mêlés en proportion convenable et dans la quantité voulue pour graisser, par exemple, un hectare. On calcule alors, étant donné le nombre de souches à l'hectare, quelle quantité doit être attribuée à chacune d'elles. Une petite mesure établie une fois pour toutes prélève ce qui convient pour une souche ; cet engrais est alors semé à la main autour du cep et dans un rayon de 0^{m}50.

L'expérience a montré que ce procédé, qui réalise une répartition plus égale, donne de meilleurs résultats que le semis à la volée.

On peut encore creuser une petite cuvette autour et à quelque distance de chaque cep, y répandre l'engrais, puis recouvrir de terre.

L'épandage à la volée serait mieux justifié s'il s'agissait d'une plantation très dense, en foule, comme cela se faisait dans les anciens vignobles. Enfin, tous les engrais, même les plus solubles, demandent à être enfouis par un léger labour, à 10 ou 15 centimètres de profondeur, et non abandonnés à la surface du sol.

Remarque. — On ne saurait trop insister auprès du viticulteur pour qu'il devienne lui-même son propre maître dans le choix judicieux des engrais qu'il apporte à sa vigne. Il lui suffit de réserver dans son vignoble une petite parcelle, un coin, où il essaiera sur quelques pieds les engrais, soit azotés, tels que cyanamide, guano, nitrate de soude, etc., soit potassiques,

soit phosphatés, etc. Il observera soigneusement les résultats obtenus, à la
suite de ces essais, sur la végétation, l'aoûtement des sarments, la maturité
et la qualité de la récolte. Le temps qu'il aura consacré à l'application de
cette méthode et au relevé de ses observations sera très largement compensé,
il peut en être assuré par le bénéfice que retirera sa vigne d'un emploi
méthodique au lieu d'être livré au hasard, des matières fertilisantes qu'elle
réclame pour augmenter sa vigueur et donner de meilleurs produits.

CHAPITRE VIII

LA CRISE PHYLLOXÉRIQUE EN ANJOU

> « Ce désastre, qui a ruiné nos campagnes,
> est sans précédent dans les annales de
> la viticulture. »
>
> J.-M. GUILLON, *Etude générale de la
> Vigne*, 1905.

Arrivée du Phylloxéra. — C'est en 1870 que l'on commença en Anjou, spécialement dans le Saumurois, à situation plus méridionale, à se préoccuper de l'invasion du Phylloxéra, signalé pour la première fois, en 1863, dans un vignoble du Gard, près de Roquemaure, d'où il envahit peu à peu tout le vignoble français.

En 1882, sa présence fut reconnue tout près de nous, dans la Vienne, et en 1883, son existence fut constatée dans notre département. L'insecte avait donc mis juste vingt ans à envahir tout le vignoble français, puisque partant du Midi en 1863, il atteignait en 1883 les vignes situées à l'extrême limite septentrionale de la culture du précieux arbuste.

Lorsqu'au mois de juillet 1882 il fut signalé dans la Vienne, à Saint-Jean-de-Sauves, non loin de Mirebeau, entre Loudun et Poitiers, un certain nombre de viticulteurs de marque de notre département furent invités à aller y constater la présence du parasite. Avec M. Gigaud, propriétaire du vignoble, se trouvèrent réunis M. Perraud, M. Peton père, Conseiller

7

général, son fils le Dʳ Peton, le Dʳ Bury, alors directeur de la Station viticole de Saumur, M. A. Bouchard, ancien pharmacien, et quelques autres.

La vigne suspecte présentait quelques taches, c'est-à-dire un dépérissement, sur 3, 4, 5, 6 mètres de diamètre. Une souche arrachée, les racines se montrèrent recouvertes d'une sorte de poussière jaune, qui examinée à la loupe fut reconnue comme composée de minuscules pucerons; c'étaient des Phylloxéras.

Première constatation officielle en Anjou. — En 1883, le bruit courut que le Phylloxéra se trouvait à Martigné-Briand. Le *Clos des Pépinières*, à l'ouest de la ville, planté en Pineau d'Aunis, et appartenant au Dʳ Chailloux, médecin à Vihiers, paraissait dépérir, et les vignerons du pays attribuaient cet affaiblissement aux rigueurs de l'hiver 1879-1880. M. Taugourdeau, officier de santé et adjoint au maire, eut l'idée que le mal pouvait bien avoir pour cause le Phylloxéra.

Une visite fut organisée par le Préfet de Maine-et-Loire et l'Ingénieur en chef des Ponts et Chaussées. Les mêmes personnes qui avaient pris part à l'excursion de Saint-Jean-de-Sauves et quelques autres, dont M. Merlet, sénateur, le Dʳ Ruais, de Martigné, se trouvèrent au rendez-vous. L'arrachage de quelques ceps permit de déceler sur les racines la présence de l'insecte. En outre, on reconnut dans ce clos la présence de plants de Jacquez, que le Dʳ Chailloux avait fait venir du Midi quatre ans auparavant, et qui avaient évidemment apporté le parasite avec eux.

A l'issue de cette visite, afin de limiter l'extension du mal, le Préfet de Maine-et-Loire interdit la sortie de tout plant de vigne de la commune de Martigné-Briand.

Le 17 juin de la même année, M. Couanon, délégué régional du Ministère de l'Agriculture, vint reconnaître la tache et faire l'inspection des vignes voisines, sous la direction de M. Millet, conducteur des Ponts et Chaussées.

Premiers essais de traitement. — M. Th. de Soland, député, obtint du

Ministère de l'Agriculture le matériel nécessaire pour traiter le clos de la Pépinière et quelques parcelles voisines au sulfure de carbone, ainsi qu'on le faisait dans le Midi.

Mais, bientôt on signala la présence du Phylloxéra à Mâchelles (24 juin), puis à Gonnord.

Des essais de traitement furent tentés avec des ingrédients divers, notamment un mélange de cendres et d'acide arsénieux, que l'on répandait à la volée, d'après les conseils de M. Taugourdeau. Le phylloxéra n'en mourut point ; mais un brave homme qui, sans prendre la moindre précaution, pratiqua ce traitement, s'empoisonna et en mourut sûrement.

Un peu plus tard, c'est à Dampierre, puis à Saint-Cyr-en-Bourg et à Saumoussay que fut constatée la présence du parasite.

M. A. Bouchard, nommé *Délégué départemental du Service phylloxérique*, prit à tâche de sauver le vignoble.

Très opposé à la reconstitution des vignes de l'Anjou par la plantation de cépages américains, qu'il prétendait voués à un échec certain, il préconisa la lutte contre le Phylloxéra par ces deux moyens : l'*arrachage* forcé de toutes les vignes largement atteintes, avec indemnité accordée aux propriétaires, et le traitement au *sulfure de carbone*, depuis plusieurs années en usage dans le Midi, pour celles qui paraissaient encore susceptibles d'être sauvées (1).

Mais ce traitement fut impuissant à guérir la vigne et la fin de quelques-unes s'en trouva même avancée (2).

Fig. 66. — A. Bouchard, délégué de la Commission phylloxérique de Maine-et-Loire.

----

(1) A. BOUCHARD, *Etude sur le Phylloxéra*, 1877.
(2) Il en fut ainsi pour mon clos de La Richardière, situé sur la commune de

La reconstitution du vignoble par les cépages américains. — Après avoir ainsi retardé la reconstitution de notre vignoble, Bouchard comprit qu'il fallait changer de méthode, et « adorant ce qu'il avait brûlé », il mena vivement la campagne de la reconstitution par les cépages américains.

En 1887, M. Morain, nommé professeur départemental d'Agriculture, constate que sur 42.000 hectares que compte le vignoble angevin (1), 4.000 sont envahis par le Phylloxéra et que 200 à peine sont soumis au traitement par le sulfure de carbone, les vignerons s'y montrant peu favorables, malgré les subventions de l'Etat et du département.

Cours de greffage et champs d'essai. — Il comprit l'opportunité de la reconstitution par les cépages américains et organisa en 1889 les premiers *cours de greffage.*

En même temps, des *champs d'essais* de cépages greffés sur diversés variétés américaines sont créés à Savennières (84 ares) ; chaque semaine le délégué de la Commission phylloxérique vient y faire une Conférence sur le terrain même. Puis, l'année suivante à Chacé, en terrain calcaire (157 ares), surtout en vue de l'étude des Berlandieri et des Hybrides Couderc, puis à Saint-Georges-des-Sept-Voies.

La mission Viala en Anjou. — En 1890, M. Viala, professeur de viticulture à l'Institut agronomique, récemment revenu de la mission en Amérique que le Gouvernement lui avait confiée, pour y étudier les vignes américaines en vue de la reconstitution du vignoble français, fut appelé en Anjou, afin de donner ses conseils aux viticulteurs si durement éprouvés.

Il parcourut tout le département : coteaux du Layon, coteaux de la Loire, Saumurois, donnant, d'après la nature du sol, les indications utiles pour la replantation. Très prudemment, il conseille de traiter au sulfure

---

Brain-sur-l'Authion. Le traitement pratiqué sous la direction de Bouchard produisit aussitôt une flétrissure lamentable des feuilles. Ce ne furent pas les Phylloxéras, mais les ceps, qui furent empoisonnés.

(1) A. Bouchard l'estimait à 55.000 hectares au moment de l'apparition du Phylloxéra dans le département.

le carbone ou au sulfocarbonate de potasse les vignes qui peuvent être ncore sauvées par ce moyen, ou dont il paraît possible de prolonger 'existence jusqu'à la plantation de substitution, afin de conserver à notre égion, durant cette phase de transition, des récoltes qui suffisent à ses esoins et alimentent son commerce, mais à condition que la dépense ne 'emporte pas sur la recette.

Les Producteurs directs donnant des vins bien médiocres, force est donc e greffer nos bons plants français sur des porte-greffe américains bien hoisis, car si les vignes américaines s'accommodent de la présence du 'hylloxéra, elles sont loin de se plaire dans tous les terrains.

Il montra que dans l'ensemble du département la reconstitution n'offrira as de grande difficulté, et que les _Rupestris, Riparia, Solonis, Vialla_ et _acquez_ sont assurés d'y prospérer. Mais, dans le Saumurois et le augeois, où le terrain est généralement calcaire, la plupart des vignes méricaines redoutant cette nature de sol et s'y chlorosant, le Berlandieri : ses hybrides résoudront la difficulté.

Et de fait, à part le Jacquez, qui n'a pas réussi chez nous, les autres orte-greffes ont sauvé la situation. Sans doute que, malgré les sages onseils donnés, un certain nombre de viticulteurs n'ont pas mis toute la rudence voulue dans le choix des porte-greffe et ont eu, au bout de lelques années, d'assez dures déceptions. Mais, dans l'ensemble, le mal ait réparé.

En 1892, les cours de greffage se généralisent dans toute le départeent et ils se continueront jusqu'en 1900.

L'introduction des cépages américains est autorisée. — Cette même nnée 1892 l'ostracisme contre les cépages est levé et leur entrée ans le département est pleinement autorisée.

En même temps, le Conseil général vote des primes en faveur de la constitution.

En 1893, le vignoble angevin est réduit à 10.000 hectares.

En 1895 déjà, 1.200 à 1.500 hectares sont reconstitués dans le Layon les coteaux de la Loire, et pour la première fois, à l'occasion du

Concours régional tenu à Angers, apparaissent des vins de vignes greffées; et il fut constaté qu'ils n'étaient pas inférieurs à ceux que donnaient les vignes franches de pied de même âge. Ils atteignent le prix de 200 à 400 francs la barrique.

En 1900, le vignoble angevin, en partie reconstitué, compte déjà 28.000 hectares.

En cette même année sont créées les *Foires aux vins* d'Angers et de Saumur.

A partir de cette date, la reconstitution poursuit rapidement son chemin; elle est en 1905 de 32.920 hectares et en 1912 de 38.500 hectares.

Tout le vignoble angevin a succombé sous la piqûre du fatal puceron, à part quelques rares parcelles qui, sans aucune intervention spéciale, ont résisté jusqu'à ce jour (1); comme le Phénix de la fable il est ressuscité de ses cendres.

Les principaux porte-greffe employés à la première reconstitution furent le *Rupestris du Lot* et le *Riparia,* ainsi que leurs hybrides *Riparia* $\times$ *Rupestris 3309, 3306 et 101¹⁴, Aramon* $\times$ *Rupestris-Ganzin n° 1, Mourvèdre* $\times$ *Rupestris 1202,* et dans les terrains calcaires les hybrides de *Berlandieri.*

Le vignoble angevin après sa reconstitution. — Donc, en vingt ans notre vignoble angevin s'est entièrement reconstitué; mais, en même temps qu'il ressuscitait, son apparence changeait. Jadis on plantait « en foule », autrement dit, sans ordre déterminé, et les provignages faits sans méthode et dans tous les sens augmentaient le désordre, ce qui, d'ailleurs, n'avait pas un très gros inconvénient, les façons se faisant alors à la main.

Désormais, la vigne, après un profond défonçage, fut plantée en lignes régulièrement espacées et comptait de 4.000 à 5.000 pieds à l'hectare; elle est palissée sur fil de fer ou sur échalas, ce qui permet le labour à

---

(1) De ce nombre est une parcelle de deux ou trois ares, qui fait partie de ma petite propriété de Bellevue, à Corné, plantée en Pineau de la Loire et qui, sans le secours de soins spéciaux, au milieu des autres vignes détruites, a vaillamment résisté au Phylloxéra. Pourquoi ?

la charrue, exception faite sur les coteaux trop abrupts, où le travail doit
encore s'exécuter à la main.

En même temps, la taille est devenue plus méthodique, plus rationnelle,
s'adaptant sagement aux variétés de cépages; conduite à court bois dans
les crus où l'on cherche avant tout la grande qualité, elle l'est à long
bois là où on vise à la quantité.

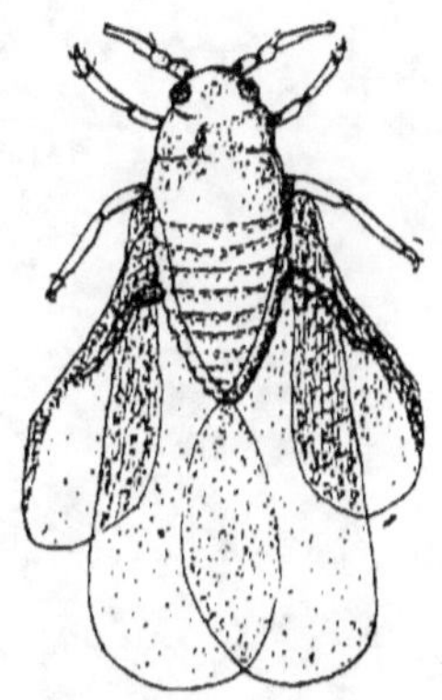

Fig. 67.
Un phylloxéra ailé.

CHAPITRE IX

LES CÉPAGES DE L'ANJOU

> « Du grand nombre de variétés des cépages,
> Ainsi que Virgile a dict,
> Qui les voudrait nommer pareil serait
> A cestui-là qui nombrer oserait
> Tout le sablon qui en Lybie vire,
> Quand le vent, dit Zéphirus, souffle et tire,
> Car toutes contrées et terroirs ont propres
> [sortes de vignes. »

> COLUMELLE. *De Re rustica.*
> Traduction de Maistre Claude COTTEREAU,
> chanoine, Paris, 1551.

VINIFÉRAS ET HYBRIDES

Si, déjà du temps de Virgile, les variétés de vignes étaient si nombreuses qu'il était impossible de les dénombrer, il en est bien autrement aujourd'hui où, pendant les siècles qui ont suivi, la culture du précieux arbuste a pris une incroyable extension, et si surtout on ajoute aux antiques Viniféras l'immense théorie des Producteurs directs, de création récente.

Seulement, pour chaque pays, je me hâte de le dire, il n'y en a que quelques variétés qui soient réellement intéressantes, en raison de leur végétation bien adaptée au sol de la région, de leur fertilité suffisante et de la maturation régulière de leurs fruits.

Nous étudierons donc seulement celles qui intéressent l'Anjou.

Elles forment deux catégories, à savoir : celle des anciennes variétés aujourd'hui greffées, de par l'invasion phylloxérique, sur des racines américaines et celle des hybrides producteurs directs, qui tendent à prendre dans le vignoble une place de plus en plus marquée.

Les facilités de culture qu'offrent ces derniers, leur résistance aux maladies cryptogamiques, sollicitent le viticulteur. Nous verrons qu'il y aurait danger à se laisser trop entraîner sur cette pente facile et que ce serait au détriment de la réputation séculaire du « Vin d'Anjou ».

I. — CÉPAGES BLANCS GREFFÉS

Chenin blanc

Synonymes locaux. — *Pineau* ou *Pinot de la Loire*, *Pineau d'Anjou*, *Blanc d'Anjou*, jadis *Plant d'Anjou*.

Historique. — Le Chenin blanc est avec le Chenin noir, dont il est probablement dérivé, le plus vieux cépage de l'Anjou. Dès le VIe siècle, les moines de Saint-Maur plantent de la vigne à l'abbaye de Glanfeuil, sur les coteaux de la rive gauche de la Loire, en face de la Ménitré actuelle. Il est à croire que c'est à cet encépagement qu'ils ont recours. Sa présence, en tout cas, y est sûrement constatée en 845.

En 1053, on le cultive à Bouchemaine. En 1227, il existe au Chêne-Couvert et à la Marmitière, en Saint-Barthélemy.

Importé en Touraine vers 1445, sous le nom de *Plant d'Anjou*, par Thomas Bohier, général des finances et seigneur de Chenonceaux, ainsi qu'en fait foi le chartrier de ce château, et par son beau-frère Denis Briconnet, abbé de Cormery, sur les bords de l'Echaudon, au Mont-Chenin, il y réussit tellement bien, qu'il conservera désormais le nom de cette localité, que Rabelais lui imposa le premier.

Quant au nom de *Pineau*, qu'on lui donne souvent, c'est évidemment parce qu'on l'a comparé, en raison de sa qualité, au Pinot de Bourgogne, qui donne les grands vins rouges, mais dont il n'a nullement les caractères ampélographiques.

Au XVIᵉ siècle, Liebaut cite parmi les dix-neuf espèces de raisins connus le *Pinet d'Anjou*.

Sa répartition. — Le Chenin blanc est le cépage des grands vins d'Anjou, y compris le Saumurois.

Il couvre les coteaux du Layon et produit les vins renommés de Bonnezeaux, Thouarcé, Faye, Beaulieu, Rablay, Saint-Lambert-du-Lattay, Saint-Aubin-de-Luigné, Chalonnes, etc. ; ceux des rives de la Loire : Coulée de Serrant, Epiré, Savennières, La Roche-au-Moines, Rochefort, Quarts de Chaume, la Possonnière, Ingrandes, etc.; et, en se rapprochant du Baugeois, Saint-Barthélemy, Trélazé, Andard, Brain-sur-l'Authion ; les coteaux de l'Aubance, Mûrs, Saint-Melaine, etc. ; les coteaux du Loir, Briollay, Huillé, etc.

Dans le Saumurois, il donne les vins de Montsoreau, Turquant, Parnay, Souzay, Dampierre, Varrains, Chacé, Saint-Cyr-en-Bourg, Brézé.

Variétés. — Sous les noms de *Pineau de Briollay*, à grappes plus renflées, *Pineau de Savennières*, ou à grains pointus, *Pineau précoce*, sélectioné ou obtenu de semis par MM. Chailloux et Daignière, vers 1894, on entend des sélections plus ou moins fixées, caractérisées par la forme des grappes plus serrées ou plus lâches, des grains sphériques ou un peu allongés et pointus, à maturité plus précoce, sans que les caractères essentiels, et surtout la qualité du produit présentent des modifications importantes.

Au dire de A. Bouchard, quand la Société Industrielle d'Angers planta en 1842 la Vigne-Ecole, on y plaça une variété à grains plus menus, plus parfumés, à côté de la variété ordinaire à gros grains. Or, quelques années plus tard, 1876, ces deux variétés cultivées côte à côte dans le même terrain n'offraient plus de différences.

Description. — *Souche* vigoureuse, d'une fertilité moyenne, d'une grande longévité ; avant le phylloxéra, bien des clos renfermaient des ceps centenaires ; tronc gros ; écorce se levant en lanières ; racines fortes, dures, ramifiées, plongeantes. — *Rameaux* longs, vigoureux, semi-érigés, vert-foncé, à rameaux axillaires nombreux, souvent florifères, à mérithalles ayant de 5 à 10 centimètres, suivant qu'ils sont plus ou moins rapprochés de la base ; les deux ou trois premiers yeux sont les plus fructifères ; moelle grosse, nœuds peu saillants, à diaphragmes peu marqués à la base des sarments, épais, plus hauts ; vrilles bi-trifurquées.

Bourgeons coniques, à écailles cachou, d'où s'échappe une houppe laineuse ; jeunes feuilles peu lobées, avec un liséré carmin ; grappes florales dressées, coniques.

Feuilles plutôt grandes, à contour variable, les unes à bord presque continu, les autres, sur la même souche, profondément tri-lobées ; sinus basilaire fermé ; face supérieure vert foncé, duveteuse dans leur jeune âge ; face inférieure toujours duveteuse, avec nervures saillantes et de couleur carmin ; dents irrégulières, à pointe incurvée ; pétiole long, assez fort ; défeuillaison tardive, avec couleur jaune feuille-morte.

Grappes moyennes, parfois grosses, de 170 à 250 gr. en moyenne, souvent ailées, à pédoncule gros et résistant, à grains moyens, plus ou moins ellipsoïdes, de couleur ambrée à la maturité et marqués de points dus à l'insolation ; c'est la *couleur patte de lièvre* des vignerons ; pellicule demi-dure, élastique, mais très amincie dans la surmaturation ; pulpe dense à jus sucré, à goût relevé, parfumé, très fin.

Débourrement précoce, première quinzaine d'avril, qui l'expose aux gelées de printemps ; la taille tardive, ou bien faite en deux temps, y remédie dans une certaine mesure.

Taille et culture. — Courte sur les coteaux, pour les vins fins, la taille devient moyenne ou longue sur les plateaux ou dans les plaines fertiles.

Avant le phylloxéra, si le Chenin s'adaptait à la plupart des terrains, c'est dans les terres schisteuses et silico-argileuses que son vin prend le plus de qualité (Layon), il prospère aussi dans les sols calcaires, mais réclame de plus abondantes fumures (Saumurois). Depuis la crise phylloxérique, grâce au greffage, son aire de végétation s'est encore étendue.

Le sol, le climat de l'Anjou lui conviennent très spécialement. Transporté dans des régions plus chaudes, il ne donne pas de produits d'une aussi parfaite qualité. A ceux qui s'étonneraiet de cet échec, on pourrait leur rappeler la réponse que fit un vigneron de Beaune au prince de Condé, qui ayant fait planter dans son domaine de Chantilly du plant de Volnay, s'étonnait de ne pas récolter un vin semblable à celui qu'il donnait en

Bourgogne : « Eh ! Monseigneur, il fallait aussi y apporter la terre et l'exposition. » Parole profondément sage et parfaitement justifiée par les faits.

Production. — Elle varie suivant l'exposition, la nature du sol et les conditions météorologiques de l'année ; elle va de 15 à 60 hectolitres à l'hectare.

Maturité. — Elle est de deuxième époque. Il y a souvent intérêt à retarder la récolte, pour obtenir la *surmaturation*. La vendange s'échelonne ainsi du commencement d'octobre au milieu de novembre.

Qualité du vin. — Toujours bonne ; remarquable si le terrain et l'année s'y prêtent ; souvent alors il devient un *grand vin*, un des premiers de France. Son goût est délicieusement fruité ; il a beaucoup de bouquet, de la mâche ; il se garde longtemps en bouteilles et y prend de la qualité. Dans les années moyennes, il donne souvent 12 à 14° d'alcool ; dans les années de choix, jusqu'à 17°, 18° et quelquefois davantage (1921).

MUSCADET

Synonymes locaux. — *Melon, Grosse Bourgogne, Malain blanc* (Chalonnes-sur-Loire), *Gamay blanc à feuilles rondes.*

Historique. — Originaire de la Bourgogne, il couvre de grandes étendues dans le Nantais et par extension quelques communes de l'Anjou occidental, où il a pénétré dès le moyen-âge sous le nom de *Petite Bourgogne.* Il a été introduit dans le Baugeois au XVI⁰ siècle.

Répartition. — Cultivé surtout dans le Bas-Anjou : Champtoceaux, Drain, Liré, Saint-Florent-le-Vieil, Montrevault, Chaudron, on le retrouve dans quelques parcelles du Baugeois, où il fournit un vin plus commun.

Description. — Souche vigoureuse, gros tronc ; rameaux semi-érigés, gris-cendré ; mérithalles courts, à côtes saillantes ; moelle épaisse.

Débourrement moyen.

Boutons simples, coniques, cotonneux, à écailles gris-roux carminé ; bourgeonnement blanc ; vrilles peu nombreuses.

Feuilles à forme caractéristique, rondes, non lobées, à bords retournés, épaisses, d'un duvet jaunâtre, vert-glauque en dessous avec duvet blanchâtre ; sinus pétiolaire en V ou en lyre. Avant la défoliation, les feuilles deviennent jaune-clair.

Grappes médiocres, ailées, à grains moyens, ronds, petits, serrés entre eux, vert-doré à la maturité; pédoncule court et gros. Jus blanc, abondant, verdâtre, sucré ; vin alcoolique, faible en acide et qui vieillit vite. Souvent on vendange trop tôt et on perd de l'alcool.

Taille, suivant la vigueur des ceps, courte, avec oreille de lièvre, daguet ou long-bois, lequel a surtout pour but de parer aux inconvénients des gelées de printemps.

Production : de 20 à 60 hectolitres à l'hectare.

Maturité, fin de la première époque.

Qualité du vin, parfois ordinaire, peut présenter beaucoup de finesse ; alcool de 9° à 13°. C'est lui qui donne les vins de Vallet, si estimés dans le Nantais.

FOLLE-BLANCHE

Synonyme local. — *Gros plant.*

Répartition. — Bien moins cultivé en Anjou que dans les départements voisins (Vienne, Loire-Inférieure) ; c'est lui qui dans la Charente sert à faire les meilleures eaux-de-vie de France, le Cognac.

Historique. — Cépage très anciennement connu ; cultivé en Charente depuis des siècles, il a servi pour la première fois à la distillation de l'eau-de-vie en 1630. Son nom de « folle » vient évidemment de l'extrême abondance de sa fructification.

Description. — Souche assez forte, vigoureuse ; rameaux forts, étalés, fructifères, même sur le vieux bois, sensible aux gelées, peu à la coulure.

Ne pas planter dans les bas-fonds, de crainte des gelées.

Bourgeons duveteux, gris-roussâtre, teinté de rouge-violacé, débourrent de bonne heure.

Feuilles moyennes, glabres, un peu bullées en dessus, duveteuses en dessous ; sinus supérieurs profonds, sinus pétiolaire un peu ouvert ; dents courtes, un peu **obtuses**.

Grappes surmoyennes, serrées, à pédoncule court et fort ; grains moyens ou surmoyens, ronds, vert-doré à la maturité ; chair molle, juteuse, sucrée, saveur faible.

Très sensibles à la pourriture, les grains « chassent », ceux du dessous repoussent ceux du dessus et les font tomber, d'où suintement de gouttelettes bientôt envahies par le Botrytis.

Taille, le plus souvent avec long bois.

Maturité, fin de première époque.

Production, de 80 à 100 hectolitres à l'hectare.

Vin, de qualité courante, si on ne taille pas trop long, avec 7 à 12ᵉ d'alcool ; très utilisable pour la champagnisation.

BLANC EMERY

Synonyme local. —*Pineau Emery.*

Historique. — Remarqué vers 1860 et propagé par M. Emery, de Blaison (Maine-et-Loire), qui le planta avec succès dans les terrains siliceux alluvionnaires des bords de la Loire. C'est probablement un hybride naturel de Chenin et de Chasselas, ce dernier lui valant sa maturation précoce. Il a résisté plus que bien d'autres cépages, aux attaques du phylloxéra, parce que les terrains sableux, comme ceux où il a été cultivé, rendent la propagation de l'insecte plus difficile ; et lorsque celui-ci a abandonné les ceps dépérissants, les racines qui restent reprenant une nouvelle activité, ils reviennent à la vie. Et c'est ainsi qu'on retrouve çà et là des ceps de Blanc Emery qui ont résisté à l'action phylloxérique.

Description. — Souche vigoureuse, résistante ; racines fortes et plongeantes.

Bourgeons un peu plus blanchâtres que ceux du Chenin, mais ayant comme chez lui la pointe rosée.

Feuilles, avec les caractères de celles du Chenin.

Grappes, fortes, souvent ailées, à grains serrés, ellipsoïdes, couleur jaune ambrée à la maturation.

Débourrement moyen, avant le Chenin.

Production double de celle du Chenin, pour un terrain donné. Intermédiaire au Chenin blanc et à la Folle blanche, il donne un vin agréable qui, dans les années où le Chenin mûrit mal, lui devient supérieur. Il fait de 8 à 10° d'alcool, est fruité, agréable, frais et de goût neutre.

Taille. — Il fructifie avec la taille courte, mais sa grande vigueur exige généralement la taille longue.

GROSLOT BLANC

Historique. — Variété reconnue et multiplié par M. E. Lepage, l'horticulteur très habile et viticulteur très expérimenté, connu dans tout notre département. Elle est apparue spontanément sur un cep de Groslot gris ; au milieu des autres sarments portant des raisins à jus rosé, il s'en montra un dont les fruits donnaient un jus complètement blanc. Déjà le comte Odart avait signalé une variété de ce genre, sans y attacher une grande importance. M. Lepage a eu le mérite de la sélectionner et multiplier.

Sa production à l'hectare est celle des autres Groslot, soit 30 à 100 hectolitres à l'hectare.

Le vin pèse 9 à 10° d'alcool dans les années ordinaires. En 1921, année exceptionnelle, il pouvait donner 15° d'alcool.

On peut voir encore dans les cultures de M. E. Lepage, à Bon-Repos, près d'Angers, la souche-mère de cette variété.

AUTRES CÉPAGES BLANCS,
MAIS PEU CULTIVÉS EN ANJOU

Quelques autres cépages à vin blanc sont encore cultivés en Anjou. Moins répandus que les précédents, ils méritent tout au moins une courte mention.

PINOT BLANC OU CHARDONNAY

A part l'apparence de la grappe, il rappelle le Pinot noirien. Si en Bourgogne ce cépage donne un vin blanc remarquable, il est loin de réussir aussi bien dans notre région. Il est en effet très sujet à la coulure et prend facilement l'oïdium.

ANGEVINE OBERLIN

Ce cépage nous est venu d'Alsace vers 1912. Il donne un joli raisin, doré, précoce, excellent pour la table et qui remplacerait avantageusement la Madeleine angevine, trop sujette à la coulure, à moins que l'on ne pratique sur ses fleurs la fécondation artificielle. Son vin est droit de goût mais sans bouquet spécial, avec 8 à 9° d'alcool. Seulement, ce cépage offre des difficultés au greffage, et de plus il est fort sujet à l'oïdium et au mildiou.

GAMAY BLANC GLORIOD

Contrairement aux Gamays, qui ont le grain allongé, ce cépage a les siens sphériques. Sa maturité est de deuxième époque. Son vin possède un goût spécial, qui généralement ne plaît pas en Anjou.

MESLIER BLANC

Il y en a plusieurs variétés : *Petit Meslier doré, Gros Meslier, Meslier Saint-François.*

La première de ces sélections est la moins productive, mais c'est elle qui donne le meilleur vin. Elle est de fin de la première époque, très sensible à la pourriture, d'où obligation de faire prématurément la vendange, ce qui augmente l'acidité, naturellement élevée, des vins de Meslier.

PINOT D'ARBOIS

Ce cépage, qui paraît être dérivé du Chenin, est plus répandu en Lorraine qu'en Anjou, où on ne le cultive que dans quelques clos, notamment dans la propriété de la Grange, à la Possonnière.

La souche, de moyenne vigueur, porte des sarments à peu près érigés, à feuilles petites, peu lobées, avec raisins nombreux, de grosseur moyenne,

8

à grains presque ronds, d'une couleur vert pâle. Il mûrit un peu plus tôt
que le Chenin, mais son vin est moins alcoolique. Ses raisins n'arrivent pas
à la surmaturation et pourrissent facilement dans les années mouillées.

JURANÇON BLANC

Importé du Tarn en Anjou, longtemps avant la reconstitution du vignoble,
il donne un produit abondant ; ses raisins sont beaux, à grains très serrés,
à pellicule mince et par suite très attaquable par le Botrytis. Sa maturité
est de deuxième époque. Si l'on ajoute que son vin, qui est si renommé
dans le Midi, est faible en Anjou et prend facilement la maladie de la
graisse, il n'est pas douteux qu'il est bien préférable de lui substituer la
sélection de Chenin dite *Pineau de Briollay*.

SAUVIGNON ET SÉMILLON BLANCS

Très cultivés dans le Bordelais, notamment dans les grands crus de
Sauternes, au vin si parfumé, ils entrent pour une part dans les vins blancs
exquis du château de Parnay. Mais, pour bien mûrir dans notre région, il
leur faut une exposition très ensoleillée, la réverbération de murs regardant
le Midi ; tous les viticulteurs n'ont pas le moyen de s'offrir cette haute
fantaisie.

BLANC CARRIÈRE

Connu en Anjou, avant la reconstitution, sous le nom de *Bon blanc des
douze chaînées*, il nous est revenu de la Charente-Inférieure sous le nom
de *Blanc Carrière*. Il porte de jolis raisins blancs, à grains un peu ovoïdes.
donnant en abondance un vin léger, 7° d'alcool, à goût neutre et de fin de
première époque.

FURMINT DE HONGRIE

Ce cépage, qui en Hongrie sert à faire les vins fameux de Tokay, ne se
trouve cultivé en Anjou qu'à Parnay, et dans des conditions très spéciales.

Un rapprochement intéressant à faire au sujet de ce noble cépage. On sait qu'au iii⁰ siècle de l'ère chrétienne, l'empereur Probus développa avec l'aide de ses légions la culture de la vigne en Gaule. Par un échange de bons procédés, à sept siècles de distance, c'est un duc d'Anjou, qui en l'année 1350, de sa propriété de Forli, en Italie, transporta en Hongrie, pays d'origine de Probus, le cépage fameux qui sous le nom de *Furmint* donne le grand vin blanc de *Tokay*, l'un des plus grands vins de liqueur du monde.

. En 850, M. Planchenault, président honoraire à la Cour impériale d'Angers, reçut de Pesth, par les soins de M. d'Armaillé, des plants de Tokay gris, qu'il planta dans sa propriété de la Roche-aux-Moines, à Savennières. Cette plantation fut détruite par le passage de la ligne du Chemin de fer d'Orléans à travers la propriété, si bien que quelques rares ceps échappèrent seuls à la destruction.

Les raisins du Furmint, cultivé en Anjou, sont peu nombreux sur chaque souche. Sous l'action de la chaleur estivale, ils subissent un passerillage qui concentre leur suc, lequel devient extrêmement sucré. Mêlé au jus du Sémillon, du Sauvignon et du Chenin, il en résulte un vin très fin et très apprécié, et qui a singulièrement contribué à la réputation des caves du château de Parnay.

Riesling blanc

Cultivé dans quelques clos de l'Anjou, depuis une quinzaine d'années, il y donne un vin vert pâle, mais dans lequel on chercherait vainement la qualité du beau vin qu'il produit dans la région du Rhin.

Verdelho de Madère

C'est un cépage intéressant, qui fructifie bien et dont les grappes à grains moyens, allongés, peu serrés, vert-doré à la maturité, présentent, à pre-mière vue une certaine ressemblance avec le Chenin ; cependant, il est moins trapu que celui-ci, de port plus délicat. Un examen attentif ne permet pas la confusion.

Ce cépage craint beaucoup l'oïdium, qui se porte sur lui avant tous les autres, ce qui permet de l'employer comme un excellent *moniteur*. Quand il doit y avoir une invasion d'oïdium dans une vigne, c'est par le Verdelho qu'elle commence. Il faut donc bien se garder de le planter en terre humide.

Il y eut à une certaine époque de l'engouement pour ce cépage, parce qu'on croyait qu'il constituait l'encépagement de la Coulée de Serrant, dont le vin avait une si grande réputation ; plusieurs ont planté du Chenin croyant avoir affaire à du Verdelho (1). On en connaît toutefois quelques clos authentiques : dans le Layon, à la Roulerie, où M. Méran en fit une plantation en 1894. Après la destruction de ce clos, une nouvelle plantation de trois quarts d'hectare y a été faite en 1909-1910, avec un plant fourni par M. Guinoiseau, pépiniériste à Angers. Une autre parcelle, de deux tiers d'hectare, se voit au château de la Tour du Pin, dans la commune de Fontaine-Guérin.

La taille Guyot lui convient, étant donné que les raisins sont petits.

Il faut, bien entendu, le soufrer énergiquement.

Il débourre, fleurit et mûrit un peu plus tôt que le Chenin, environ huit à dix jours avant.

Contrairement à ce dernier, il ne faut pas attendre la surmaturation, car il pourrit et perd de sa qualité ; mais il faut qu'il soit mûr à point. On doit donc saisir le moment favorable, assez délicat à fixer, pour en obtenir un vin agréable et fruité.

Ce vin est délicat, moins alcoolique, moins nerveux, moins charnu que celui du Chenin; il est plus « vin de dame ». Son moût fait de 11° à 14° d'alcool en puissance, dans les années où le Chenin donnerait 13° et 16°.

Il se conserve bien en bouteilles, mais ne s'y bonifie pas comme le Chenin. Mélangé à celui-ci dans la proportion de un tiers à un sixième, il gagne et se bonifie.

---

(1) Voy. *L'Anjou, ses vignes et ses vins.* première partie, p. 111, *La Coulée de Serrant.*

CÉPAGES ROUGES

CHENIN NOIR

Synonymes locaux. — *Pineau* ou *Plant d'Aunis* ; *Pineau rouge* ; *Gros Véronais*; *Plant de Mayet* (Sarthe) ; *Côt rouge à bourgeons blancs*, nom sous lequel on le désigne à tort dans quelques communes des bords de la Loire, car il n'a rien des Côts.

Historique. — A part la couleur, le Chenin noir a tous les caractères du Chenin blanc. Il est de la même époque de maturité. Son nom de *Pineau d'Aunis* vient de ce que cultivé d'abord à Aunis, près de Dampierre, sa réputation lui valut une assez grande extension à travers le département. Dans le canton de Thouarcé, on le cultivait déjà il y a deux cents ans.

Aujourd'hui sa culture est presque abandonnée ; à Aunis même il n'est plus représenté que par quelques ceps. On le retrouve à Mayet, dans la Sarthe et à Troo, dans le Loir-et-Cher.

C'est son vin, qu'en 1246 Henri III Plantagenet faisait venir en Angleterre, sous le nom de *Clairet*. C'est lui que les Bretons venaient chercher sous le nom de *Gros Véronais*, au pays de Véron, situé au confluent de la Vienne et de la Loire, près de Candes; d'où le nom de *Breton*, sous lequel le désigne Rabelais, ce qui a été cause d'une confusion avec le Cabernet appelé souvent en Anjou, mais bien postérieurement à Rabelais, *Breton* ou *petit Breton.*

Il est à croire, avec Bouchard, que le Chenin blanc n'est qu'une sélection du Chenin noir ; celui-ci serait donc l'ancêtre de nos grands vins blancs d'Anjou. C'est bien à lui que paraissent s'appliquer ces vers de Ronsard :

> Bel aubépin verdissant,
> Florissant,
> Le long de ce beau rivage,
> Vestu jusqu'au bas
> De longs bras
> D'un lambrunche (1) sauvage

---

(1) *Lambrunche.* du latin *Labrusca.* sorte de vigne sauvage.

Il vivait à l'état sauvage, parmi les fourrés du Bois-Doré, qui s'étendait sur la côte saumuroise avant le défrichage. Aujourd'hui encore, sur les bords du Loir et de la rive gauche de la Loire, on retrouve des ceps sauvages qui semblent bien représenter le Chenin noir primitif.

Description. — Ses caractères sont ceux du Chenin blanc, à part quelques détails; sa longévité est bien moins grande, surtout en terres maigres.

Feuilles à sinus basilaire plus ouvert et à pointes des dents obtuses ; les rameaux à nœuds plus gros, à entre-nœuds plus rapprochés ; les grains globuleux, d'un beau noir à la maturité. Jus blanc à la maturité, à goût sucré, sans grande saveur, très apprécié pour la champagnisation.

Débourrement, première quinzaine d'avril.

Maturité, deuxième à troisième époque.

Taille. — D'après la vigueur des ceps, mixte, courte ou longue.

Production. — Fructification régulière. En moyenne 50 hectolitres à l'hectare.

Vin de goût agréable, de 9° à 11° d'alcool ; mais le Cabernet lui étant supérieur, sa culture a rétrogradé devant ce dernier.

Culture. — Il se plaît dans les sols argileux mélangés de silice ; il demande de la fraîcheur et une terre assez fertile.

CABERNET FRANC

Synonymes locaux. — *Breton* ; *Petit Breton* ; *Aunis* (par confusion avec le véritable Aunis ou Chenin noir).

Historique. — Au XVIIe siècle, il fut importé en Anjou par l'abbé Breton, du clergé de Fontevrault, intendant du cardinal de Richelieu, qui, pendant un séjour que celui-ci fit en Guyenne (1631), lui envoya à l'occasion de l'érection de sa terre de Richelieu en duché-pairie, quelques milliers de plants pour y créer un vignoble. C'est ainsi que le *plant de Bordeaux* ou *Cabernet franc* fut connu dans notre région sous le nom de Breton tout court, qu'il porte encore communément. Mais les anciens actes notariés du pays portent dans les désignations du vignoble la mention planté en totalité ou en partie en « plant de l'abbé Breton ».

Si on s'en rapportait au Cartulaire du Ronceray, portant la date du xie siècle, il y aurait été déjà cultivé à cette époque reculée : *Vinum burdigalense et vineam burdigalensem sitam in angulâ* : « On trouve la vigne et le vin de Bordeaux en Frémur ». Resterait à identifier le cépage qui donnait ces vins avec le véritable Cabernet. Rien n'empêche qu'il n'y eut confusion avec l'Aunis, erreur que commettent encore aujourd'hui pas mal de viticulteurs.

Quoi qu'il en soit, son mérite lui valut d'être substitué à l'Aunis qu'il supplante à peu près partout et dont il continue à usurper le nom dans quelques localités.

Description. — Souche droite, vigoureuse, résistante, port semi-érigé.

Bourgeons à pointe d'un blanc jaunâtre.

Feuilles, d'abord rosées à leur pointe.

Rameaux rigides, à bois très dur, à écorce couleur noisette, d'abord claire, puis plus foncée et enfin bronzée ; nœuds gros, très saillants ; diaphragmes concaves, plus larges que la moelle, qui est très étroite : vrilles courtes, petites, peu ramifiées.

Feuilles orbiculaires, plates ou recourbées ; sinus pétiolaire profond, en U ouvert ; sinus latéraux accentués ; couleur vert-foncé et légèrement bullées en dessus, vert-d'eau et glabres en dessous; nervures saillantes, à pétiole cylindrique, très renflé à la base.

Grappes moyennes, peu ailées, à pédoncule assez long et mince ; grains sphériques moyens, inégaux, assez serrés; peau épaisse, dure, de couleur noirâtre, pruinée, avec reflet blanchâtre, peu sujette à la pourriture ; chair ferme, croquante ; jus épais, incolore, de saveur douce agréable, au parfum accentué, très spécial, qui caractérise très nettement ce cépage.

Débourrement moyen.

Taille longue, les boutons bien fructifères ne partant que du quatrième œil.

Production de 20 à 50 hectolitres à l'hectare.

Maturation, fin de la deuxième époque.

Vin. — Souvent très remarquable, à la condition que le cépage soit cultivé sur le terrain qui lui convient, par exemple à Champigny, près

Saumur, où il donne un grand vin, et qu'il mûrisse complètement ; il a du corps, de la mâche, du bouquet, rappelant celui de la violette; degré alcoolique 10° à 15° suivant les années. Il n'acquiert tout son mérite qu'après un ou deux ans de tonneau et quelques années de bouteille ; il est généralement de bonne garde. Il constitue sûrement notre vin rouge de première classe.

CABERNET SAUVIGNON

Venu des bords de la Garonne en Anjou. Peut-être a-t-il été importé en même temps et par la même voie que le Cabernet franc, dont il n'est d'ailleurs qu'une sélection, et s'est répandu en même temps que lui sur le territoire saumurois. En tout cas, il a été réimporté en 1842 par Guillory aîné, qui l'a cultivé dans sa propriété de la Roche aux Moines, à Savennières.

Caractères du Cabernet franc avec quelques légères différences : sinus foliaire fermé par les lobes qui se recouvrent; forme de la feuille donnant l'impression d'une rondelle découpée à l'emporte-pièce; débourrement plus tardif; maturité plus précoce (deuxième époque hâtive); grains plus petits, grappe plus allongée, vin plus moelleux, il vieillit plus vite et est plus tôt prêt à boire; goût de violette framboisé plus accentué. Mélangé au Cabernet franc, il donne un vin parfait.

CABERNET SANZEY

Nom donné par M. E. Lepage à une sélection de Cabernet obtenue par M. Barillet, curé de Souzay (Maine-et-Loire) et multiplié par M. Sanzey, maire de la commune. C'était au moment de l'invasion phylloxérique. M. Lepage fit, à sa demande, des greffages sur plant américain et la plantation eut lieu en 1899.

Caractères généraux du Cabernet, dont il se distingue par : ses feuilles un peu bronzées, à mérithalle plus court, ses sarments à bois plus dur, il est, contrairement au Cabernet ordinaire, fructifère avec taille courte; ne coule pas, ne millerande pas; ses belles et nombreuses grappes à gros grains réguiers, d'un beau bleu pruiné, qui donnent un vin bien plus abondant et de même qualité. Le bouquet propre du Cabernet y est cependant un peu moins accentué; c'est peut-être la conséquence de la fertilité plus grande ou bien d'une légère hybridation.

En 1901, le moût donnait un degré alcoolique possible de 12°2; les récoltes ultérieures confirmèrent ces premiers résultats.

GROSLOT

Synonymes locaux. — *Groslot de Cinq-Mars*; *Vallères* (quelques communes de Maine-et-Loire); *Plant Boisnard* (Mazé, Beaufort); *Gamay Groslot* (Thouarcé); *Plant Mini* (Tiercé).

Historique. — Trouvé sur la ferme de la Grande-Gaudrière, commune de Mazières, arrondissement de Chinon. Il y couvrait de ses rameaux les branches d'un poirier. En 1810, le fermier, nommé Lothion, le multiplia de boutures. En 1834, M. Baffon, nouveau fermier, frappé de l'abondance des raisins qui pendaient aux rameaux du pied-mère, en boutura de quoi planter 25 arcs. De là, il se propagea jusqu'à Cinq-Mars, dont il a ajouté le nom à celui de Groslot, bien justifié par l'abondance des récoltes qu'il donnait. Puis il gagna Vallères (canton d'Azay-le-Rideau), dont il porte quelquefois le nom.

D'abord un certain nombre de boutures venues de la Grande-Gaudrière se montrèrent coulardes, en même temps que d'autres portaient de belles grappes très fructifères, à grains réguliers et suivis. Cette sélection obtenue par M. M. Compagnon, de Vallères, est signalée par le comte Odart.

L'abondante production du Groslot a séduit les cultivateurs et provoqué, pour les en complanter, le défrichement de landes et de plateaux, conquis sur les alluvions de la Loire.

En 1850, on le trouve à Louerre, puis aux Alleuds, près de Brissac, où M. Péan prit des boutures pour planter le vignoble de M. Peton, père, au château de Tigné.

A la même date, M. Boisnard, de Mazé (arrondissement de Baugé), rapportait de Vallères des boutures du même cépage et créait un petit vignoble,, d'où le plant se répandit dans tout le Beaugeois, où il prit et garde encore le nom de son introducteur.

Un peu plus tard, introduit à Tiercé, il y est connu sous le nom de *Mini*, que lui attribue son importateur.

En somme, il a envahi celles des régions de notre département où les deux cépages de choix, Chenin blanc et Cabernet, mûrissent difficilement, et lutté contre le Gamay, qui lui est supérieur et mûrit à peu près dans les mêmes conditions que lui, mais sur lequel il l'emporte par l'abondance, considération qui a plus tard déterminé André Leroy à le propager.

Le Groslot a ceci de remarquable qu'il s'adapte, on peut le dire, à tous les terrains, mais surtout les terrains riches, alluvionnaires; qu'il résiste généralement à la chlorose, ce qui explique son extraordinaire extension en Anjou. Par contre, ses racines charnues en font un des cépages français les moins résistants au phylloxéra.

Description. — Souche vigoureuse; tronc fort; rameaux herbacés, cassants, lavés de rouge, à mérithalles moyens; bois tendre; étui médullaire large; diaphragmes gros; racines grosses, ramifiées, charnues, tendres. Vrilles fortes, bifurquées.

Bourgeonnement vert-clair, avec légère bordure carminée.

Feuilles presque rondes, à dents régulières, acuminées, à face supérieure vert-clair, lisse, à face inférieure un peu duveteuse, à nervures peu saillantes, pétiole gros, long; défeuillaison jaune clair, avec taches vineuses sur les bords.

Grappes grosses, parfois avec aileron ; pédoncule long, de grosseur moyenne, cassant à la maturité, rafles vertes, pinceau fin, adhérent au grain.

Débourrement moyen.

Maturité : fin de la première ou deuxième époque; jus blanc, abondant, 70 à 75 % de la vendange.

Pour le récolter, il faut saisir le moment où le raisin étant mûr, les grains ont encore leur fleur; plus tard ils deviennent d'un noir mat, ont perdu de leur acidité et dans ces conditions la fermentation se fait moins bien.

Taille courte, mixte ou longue, suivant la vigueur des ceps, la fertilité du sol et la perspective des gelées de printemps.

Production. — Depuis 30 jusqu'à 100 hectolitres à l'hectare.

Vin. — Agréable, frais, léger, avec 7° à 10° d'alcool. En pressant la vendange au lieu de la faire cuver, on en obtient de bons vins rosés ou *rougets*, encore appelés *vins gris*.

Le vin de Groslot est recherché par les marchands, pour le coupage des gros vins du Midi.

GROSLOT GRIS

Synonyme. — *Groslot de la Thibaudière.* — Signalé pour la première fois par M. Lelange de Fondettes, comme existant çà et là dans les vignobles de la Touraine. Fixé, en 1895, au moyen de la greffe, par M. Poirier, de la Thibaudière, commune de Fondettes, qui sur un cep de Groslot de Cinq-Mars remarqua des branches charpentières à *fruits gris*. En 1900, il vendangeait un demi-hectare de Groslot gris greffé sur Riparia.

Cette même année, M. E. Lepage exposait à Paris, parmi ses collections, des grappes de Groslot gris, que lui avait procurées M. Pinguet-Guindon, de Tours. L'habile horticulteur d'Angers s'étant convaincu de la qualité du vin fourni par ce cépage, fruité et tout à fait incolore, par conséquent tout indiqué pour la fabrication des mousseux, le multiplia et le répandit dans le département.

Les caractères ampélographiques du Groslot gris se confondent d'une façon absolue avec ceux du Groslot rouge ; la couleur des fruits seule diffère.

CÔTES VERTES

Synonyme local. — *Côt vert du Saumurois.*

Historique. — Son nom lui vient de ce que les grains sont si serrés entre eux, à la maturité, que si on en détache quelques-uns, leur surface se montre marquée d'espèces de pincements ou côtes dues à la pression des grains voisins ; de plus, tandis que la surface extérieure du grain est d'un beau rouge pruiné, sa base, privée d'air, reste verte.

Cultivé surtout dans la région de Saumur, où il est recherché pour sa grande productivité, il est identique au *César* ou *Picarnian* de l'Yonne. En effet, lorsqu'à l'époque de la crise phylloxérique le Conseil général de Maine-et-Loire décida la création de pépinières départementales, notamment à Chacé, dont la direction fut confiée à A. Bouchard, on reçut de l'Yonne, sous le nom de *César*, un cépage qui se trouva identique aux Côtes vertes de Saumur.

A la disparition de la pépinière départementale, il fut transporté avec les autres cépages à la Station viticole de Saumur.

Description. — Souche forte, vigoureuse; rameaux forts, érigés; mérithalles assez courts; bourgeons blanchâtres à leur pointe ; feuilles moyennes ou grandes, d'un beau vert, plus longues que larges avec taches bronzées à l'extrémité au moment de la maturité, un peu lobées, à dents aiguës, sinus pétiolaire fermé, face supérieure glabre, face inférieure lisse, à fortes nervures.

Débourrement moyen.

Taille généralement longue.

Grappes fortes, souvent ailées, à grains serrés, pédoncules gros ; grains presque ronds, rouges, pruinés, à jus abondant; pourrissent facilement.

Production de 75 à 120 hectolitres à l'hectare.

Maturité : troisième époque.

Vin frais, ayant de la vinosité, acide, et faisant 8° à 10° d'alcool.

GAMAY

Historique. — Ce cépage, qui est un des plus répandus non seulement en Anjou, mais dans différentes parties de la France, et notamment le Beaujolais et aussi à l'étranger, a été introduit dans notre région par Guillory aîné, qui le cultiva sur la rive droite de la Loire, dans sa propriété de Savennières.

Sa maturité précoce, en même temps que sa belle couleur et la qualité de son vin, qui sans valoir le Cabernet bordelais ou le Pinot bourguignon, est fort acceptable, malgré le qualificatif très péjoratif dont on le stigmatisait jadis en Bourgogne « l'infâme Gamay », lui ont mérité dans le vignoble une place de plus en plus importante.

Cépage très variable, il a donné naissance à un grand nombre de types, dont des sélections intelligemment conduites ont fait des races à caractères différentiels assez nets, dont plusieurs constituent d'excellents cépages teinturiers. La Station viticole de Saumur en possède une collection intéressante.

On peut citer comme sélections de ce Gamay assez répandues en Anjou : le *plant de Bévy*, le *plant d'Arcenant*, le *plant Malain*, le *Gamay Magny*, le *Gamay de Liverdun*.

Description.-- *Souche* de vigueur moyenne; port érigé; bourgeons ordinairement accompagnés d'un bourgeon secondaire, à duvet abondant, jaune brun-clair, un peu duveteux, à pointe rose.

Rameaux assez gros à la base, rougeâtres, de couleur vineuse en hiver, flexibles, non cassants; mérithalle moyen; moelle assez abondante; bois demi-dur ; nœuds saillants, à diaphragme épais ; vrilles courtes.

Feuilles moyennes, trilobées ou quinquélobées; sinus pétiolaire en U ou en V, plus ou moins fermé ; limbe mince, lisse, d'un vert plus clair sur la face inférieure, souvent teinté de taches rouges, surtout à la maturité, dents courtes, triangulaires; pétiole assez long.

Grappes : deux à trois par sarment, de grosseur moyenne, quelquefois ailées, coniques, à grains peu serrés, pédoncule court, en partie lignifié; pinceau petit, grains un peu ellipsoïdes, d'un beau noir violet, pruinés; peau fine, mince; pulpe ferme, juteuse, non croquante; jus abondant, sucré, agréable. Demande à être vendangé sans attendre la surmaturation.

Taille. — Courte ou mixte; s'il y a excès de vigueur, on pratique la taille longue.

Production. — 25 à 30 hectolitres à l'hectare.

Vin. — Toujours bon et souvent très bon, de bonne conservation; et si en Bourgogne on l'a stigmatisé d' « infâme Gamay », c'est par comparaison au Pineau, le roi des vins rouges. Force alcoolique de 9° à 14°. Il fait avec le Groslot un fort bon coupage. En somme, ce cépage donne en Anjou les vins rouges de deuxième classe.

GAMAY D'ORLÉANS

Synonymes locaux. — *Rouge Pineau, Pineau rouge de Brissac, Abondance de Doué, Grosse Bourgogne.*

Historique. — Originaire de l'Orléanais, où son vin était employé à la fabrication du vinaigre. Répandu en Anjou sur les plateaux et notamment dans le Saumurois, où il était généralement désigné sous le nom de *Grosse Bourgogne*, sa culture était rémunératrice avant les plantations de Groslot et son produit surtout utilisé dans la fabrication des « champagnisés » de Saumur, comme on disait alors. Malgré son nom, il n'a rien du Gamay, qui entre autres caractères a les grains allongés, tandis que lui les a arrondis. Stigmatisé par Philippe le Hardi, ce prince des bons vins, sous le nom de « déloyal », il fut, d'autre part, condamné par le gouvernement de la République de Messine, 1338, et par les Parlements de Dijon, Metz et Besançon, qui proscrivirent son vin comme de mauvaise qualité.

S'il a rendu service autrefois, avant l'introduction de meilleurs cépages, il est aujourd'hui de plus en plus délaissé, et à juste titre, d'autant plus que ses racines charnues ont été une proie facile pour le phylloxéra et que son bois tendre se prête mal au greffage. En outre, il est sensible à la coulure, au mildiou et prend facilement la pourriture grise.

Description. — Souche très vigoureuse, mais cependant d'une faible longévité; rameaux gros, à bois tendre; port étalé; fructifère.

Feuilles grandes, presque orbiculaires, glabres, lisses en dessus, d'un vert jaunâtre, un peu cotonneuses en dessous; sinus pétiolaire presque fermé; denture peu profonde.

Débourrement tardif.

Taille. — Il est fructifère avec la taille courte, mais pour obtenir davantage on employait généralement la taille longue.

Production. — Environ 100 hectolitres à l'hectare. Grappes assez fortes, cylindro-coniques, serrées, souvent accompagnées d'un petit grappillon ; pédoncule court, assez fort; grains moyens, globuleux; chair molle, juteuse, peu parfumée, pellicule mince, peu résistante ; maturité tardive, souvent inachevée.

Vin très acide, peu coloré, peu alcoolique, 6° à 7°. En somme, c'est un cépage qui ne mérite pas d'être cultivé pour la consommation de son vin.

AUTRES CÉPAGES ROUGES,

MAIS PEU CULTIVÉS EN ANJOU

Parmi les autres cépages rouges introduits en Anjou et qui s'y trouvent cultivés çà et là, plusieurs sont d'un réel intérêt et méritent que l'on pouruive des essais de culture. Il est bon d'en parler pour renseigner les vitiulteurs qui veulent tenter leur acclimatement, et en même temps les mettre n garde contre des tentatives vouées à l'insuccès.

PINOT DE BOURGOGNE

C'est lui qui donne les grands vins rouges de Bourgogne.

Il se rencontre dans quelques clos privilégiés de l'Anjou et y donne des ins de premier ordre. Il mérite d'être plus répandu. Les terres argilo-alcaires lui conviennent le mieux. M. Cristal, de Parnay, le cultive avec grand succès. Je l'ai planté dans le Baugeois, à Corné, et il y donne un vin emarquable.

On le trouve dans quelques autres parties de l'Anjou et souvent désigné ous le nom de *Pineau de Ribeauvillé*. Il mérite certainement d'y être plus épandu.

Description. — *Bourgeonnement* précoce, sarments traînants, vrilles ongues et nombreuses.

Feuilles plutôt grandes, à peu près rondes sur les pousses fructifères, lus découpées sur les pousses gourmandes, comme boursouflées, vertes et labres en dessus, à duvet aranéeux en dessous, à nervures saillantes, dents eu aiguës, peu profondes; défeuillaison précoce.

Grappes petites, cylindriques, à pédoncule court. Grains assez petits, phériques; peau épaisse, noir foncé, légèrement pruiné. Chair juteuse, très ucrée, à goût très fin.

GAMAY TEINTURIERS

Originaires du Beaujolais, les Gamays teinturiers ou à jus très roug
avant toute fermentation, ont été introduits en Anjou à l'époque de l
reconstitution qui a suivi la crise phylloxérique.

Nous voyons apparaître d'abord le *Gamay de Bouze* et plus tard l
Gamay Mourot, le *Chaudenay*, le *Fréau* surtout, très fertile, à grappe
serrées.

Ces teinturiers ont remplacé les vieux cépages à jus rouge que nous posse
dions, comme le *Teinturier du Cher*, trop peu productif, l'Alicante et l
Petit Bouschet, utilisés dans le Midi à colorer les vins d'Aramon, ma
de maturité bien trop tardive pour être avantageusement cultivés en Anjo

GAMAY HATIF DES VOSGES. — GAMAY DE JUILLET

C'est aussi à l'époque de la reconstitution de nos vignes que nous devo
l'introduction en Anjou de variétés de Gamay à maturité précoce, tels qu
le *Gamay hâtif des Vosges* et le *Gamay de Juillet*.

Moins productifs, il est vrai, que les Gamays du Beaujolais portant d
grappes moins fortes et à grains moins gros, leur précocité mérite d'attir
l'attention des viticulteurs de l'Anjou.

GAMAY DE CHATILLON

Ce n'est autre chose qu'un bon Groslot affublé à tort du nom de Gama
qui a été sélectionné et est cultivé sur le territoire de Savennières.

ALBOURION

Ce cépage nous est venu du Cher. Il donne de beaux fruits, en aus
grande quantité que ceux du Groslot, meilleurs et plus précoces. Il fait d
9° à 13° d'alcool. Il a contre lui qu'il prend mal la greffe ; et c'e
dommage, car lorsqu'il arrive à se bien souder, il donne de très beau
résultats.

Mourvèdre hatif de Nikita

Introduit par André Leroy, ce cépage donne de forts bons raisins et en
quantité suffisante. Il débourre tardivement, ce qui le met à l'abri des
gelées printannières ; mais sa sensibilité aux maladies cryptogamiques en
a fait abandonner la culture.

Portugais bleu

Très cultivé, il y a un siècle, aux environs de Vienne, en Autriche,
comme raisin de table, il a été introduit en Anjou en raison de sa précocité
et de sa fertilité. Ses beaux raisins, d'un noir bleuâtre, en font plutôt une
variété pour la table que pour la cuve. Ce cépage craint l'oïdium et
l'anthracnose. Son vin est un peu plat, peu alcoolique, mais d'un goût
agréable. Cultivé un peu partout en Anjou, ce cépage ne paraît pas devoir
s'étendre beaucoup.

Malbec ou Cot a queue verte

Ce cépage, encore appelé *Côt de Bordeaux*, *Côt de Touraine*, appartient
à la région bordelaise. Il donne de beaux et bons raisins, souvent recherchés pour la table et vendus comme tels sur les marchés de Bordeaux. Son
vin est agréablement fruité et il entre pour une part dans la confection
des grands vins de la Gironde.

Chez nous, il coule d'une façon déplorable et millerande abominable-
ment, malgré taille longue, engrais phosphatés et potassiques.

Précoce de Houdet

C'est une sélection du précédent, de première époque de maturité, et qui
comme lui est très sensible à la coulure, du moins en Anjou. Il réussit mieux
en Touraine, qui est sa patrie d'origine.

Lacryma Christi

C'est la Station viticole de Saumur qui a propagé cette variété dans le département. Sa culture y est restée très limitée et peut-être à tort. Ses feuilles, à l'automne, ont une belle teinte rouge foncé. Il mûrit bien ses fruits et donne un jus très noir.

Malvoisie rose

Sous ce nom, on désigne dans quelques tènements, aussi bien de l'Anjou que de la Touraine, le *Pinot gris de Bourgogne* ou *Beurot*. C'est donc une erreur de nom. Le *Malvoisie* rose donne de jolis raisins rose-clair, recherchés pour la table. Le *Pinot gris* est un excellent cépage de cuve à vin blanc.

Feuille et grappe de Chenin.

CHAPITRE X

LES HYBRIDES PRODUCTEURS DIRECTS EN ANJOU

> « L'expérience seule permet de se rendre
> compte si tel ou tel cépage américain
> fournira une végétation suffisante et
> continuera à prospérer dans telle ou
> telle nature de terrain. »
>
> Félix SAHUT, *Les vignes américaines.*
> 1827, p. 109.

Un problème délicat. — La bataille qui a commencé dès l'apparition des Hybrides dans le champ de la viticulture entre leurs partisans et leurs détracteurs, se continue encore et ne paraît pas être à la veille de s'apaiser. Leurs défenseurs sont traités tout au moins d'imprudents et leurs adversaires d'arriérés.

Il me faut bien, sans vouloir me mêler à l'âpreté de la lutte, dire ici où nous en sommes de la solution de cet important problème et exposer en toute loyauté et sans aucun parti pris où en est rendue la question.

Elle est fort complexe, en effet, cette question des hybrides ; complexe par la difficulté qu'il y a à déterminer au milieu de l'immense assortiment de variétés qu'ils offrent à notre choix, non pas seulement comme étant les meilleurs en eux-mêmes, mais encore eu égard à leur adaptation à notre climat et à notre sol ; et, bien plus encore, complexe à un point de vue général, car n'est-il pas à craindre qu'étant donné leur facilité relative de culture, leur résistance au phylloxéra, aux maladies cryptogamiques, et même à la Cochylis et à l'Eudémis, les viticulteurs, pour obtenir avant tout la quantité, n'exagèrent l'importance de leur culture et délaissent les vieux cépages qui ont porté si haut et si loin la réputation viticole de l'Anjou ?

Quand on songe qu'il suffit d'une seule récolte qui atteint un tiers en plus d'une année moyenne, comme ce fut le cas en 1922, pour rendre très difficile le placement du vin et assister à une baisse énorme des prix, que sera-ce quand chaque année, régulièrement, automatiquement la production l'emportera largement sur les besoins de la consommation ? Cela ferait presque regretter le temps où le roi Charles IX interdisait la plantation de nouvelles vignes, en même temps qu'il en faisait arracher une partie, afin d'éviter l'avilissement des cours.

Je ne saurais trop mettre en garde contre ce danger et me lasser de répéter aux viticulteurs : « N'exagérez pas la production, tendez surtout à faire bon, n'arrachez pas vos bons vieux Viniféras pour les remplacer par des producteurs directs, car j'y vois une grave menace, non seulement pour notre Anjou, mais pour l'avenir de toute la viticulture française ».

Anciens et noùveaux Hybrides cultivés en Anjou. — Les anciens producteurs directs les plus connus, tels que Othello, Noah, Seibel nᵒ 1, Terras, occupent encore une place importante dans le vignoble angevin. Ils ont, dans tous les cas, pour eux la résistance bien établie aux maladies cryptogamiques qui rémunère suffisamment des frais de culture.

Quant aux variétés plus récemment obtenues, elles n'y occupent qu'une place qui leur est plus parcimonieusement mesurée, mais qui s'étend de jour en jour, et c'est justice, car ils leur sont bien supérieurs.

Quand la période de tâtonnement sera passée et que le temps nous aura fixés sur leur résistance au phylloxéra et aux maladies cryptogamiques, il leur sera accordé droit de cité. L'expérience nous apprendra à fixer notre choix sur les cépages que nous pouvons cultiver francs de pied et ceux qui demandent à être greffés comme n'ayant pas une résistance phylloxérique suffisante.

Du choix des Hybrides. — Nous éliminerons tout d'abord de notre choix les variétés à goût foxé, trop faibles d'alcool, à maturité tardive, à grappes ou grains trop petits, à pépins trop gros, à pellicule épaisse, à chair trop grasse, celles qui sont sujettes à la coulure ou au millerandage, qui ont un port traînant, celles qui résistent mal aux maladies cryptogamiques, ou qui manquent de vigueur, à moins que les qualités qu'elles possèdent par ailleurs ne justifient les frais qu'entraîne leur greffage.

Il ne faut pas perdre de vue que l'un des principaux mérites à rechercher dans les Hybrides Producteurs directs, c'est moins la résistance au phylloxéra qu'aux maladies cryptogamiques. La première doit toujours passer au second plan, car nous avons pour dominer ce mal la ressource du greffage, lequel grève, il est vrai, d'une petite avance le budget du viticulteur, mais avance qui est bien vite récupérée.

Dès maintenant plusieurs variétés ont nettement établi leur supériorité sur celles qui furent les premières admises chez nous.

Si les meilleurs Hybrides connus jusqu'à ce jour ne sauraient avoir la prétention de détrôner, au point de vue de la qualité du vin, nos vieux Viniféras, ils ont toutefois sur eux l'avantage de posséder une résistance beaucoup plus grande aux maladies cryptogamiques, parfois une fertilité extraordinaire, souvent une grande précocité et la faculté de donner après les gelées encore une bonne récolte.

Les bons Hybrides actuels donnent avec moins de frais et d'une façon généralement régulière un produit courant qui vaut à peu près nos vins ordinaires et qui est accepté par le consommateur et le négociant.

En consacrant dans chaque vignoble un peu important une parcelle aux Hybrides, on s'assure tout au moins, dans les mauvaises années, la récolte indispensable. On pourrait leur réserver celles qui sont isolées, les plus éloignées de l'exploitation, celles qui paraissent vouées par leur exposition aux maladies cryptogamiques. Il serait bon aussi de consacrer un petit coin à l'étude des variétés nouvelles qui semblent les plus méritantes.

L'avenir des Hydrides. — L'hybridation, il faut le reconnaître, est loin d'avoir dit son dernier mot. L'avenir nous réserve peut-être cette variété idéale, à la fois résistante aux maladies et pourvue de toutes les qualités de nos meilleurs vieux cépages. Le chemin déjà parcouru par les Hybrides entr'ouvre en leur faveur d'heureuses perspectives. Si l'on songe que nos Viniféras sont le résultat de cultures et de sélections qui ont demandé bien des centaines d'années, on ne peut prétendre à ce que l'hybridation nous fournisse, au bout d'essais qui remontent à dix ou vingt ans, des sujets d'une aussi rare perfection. Mais il faut reconnaître que ce que l'on a déjà obtenu est fort encourageant. N'y a-t-il pas, en effet, plus de différence entre le Noah, par exemple, et le 4986 de Seibel, qu'entre celui-ci et notre Pineau de la Loire ; plus de distance entre le Clinton ou l'Othello et le Seibel 4643 ou le Seibel 1000, qu'entre ces deux derniers Hybrides et un Gamay ?

Il ne s'agit nullement d'ailleurs de remplacer nos Viniféras de premier choix par des Hybrides, mais seulement de cultiver, parallèlement à nos cépages de seconde catégorie, Groslot, Gamay, Folle-Blanche, Blanc Emery, etc., les meilleurs des Hybrides, dont plusieurs les valent, il faut le reconnaître, pour la régularité de la production et la qualité de leur vin.

Sans faire de réclame injustifiée en faveur des Hybrides, ce qui est bien loin de mon intention, il n'est pas douteux que le consommateur populaire qui s'est habitué au goût si spécial de l'Othello et même du Noah, ne se fasse au bouquet un peu particulier de ces nouvelles obtentions.

N'ayant pas d'idées préconçues à l'égard de ces « nouveaux venus » et sans nous « emballer » à leur sujet, ne les rejetons pas de parti pris.

Peut-être, après tout, l'Hybride est-il la réserve de l'avenir, car, il ne faut pas l'oublier, les races s'usent et dégénèrent, à moins que l'infusion d'un sang nouveau ne vienne les rajeunir. Pourquoi donc n'en serait-il pas de même des Viniféras, aussi vieux que les plus vieilles civilisations ? Multipliés depuis des siècles par le moyen exclusif des boutures, qui se contentent de prolonger la vie des individus, et non par le semis, qui renouvelle les générations, ils ne peuvent que décliner et déchoir avec le temps. Et de même que les races humaines anciennes ont trouvé un regain de vigueur dans l'infusion du sang des races barbares, de même on peut admettre que le croisement entre les races sauvages américaines et nos

Viniféras qui tendent à s'épuiser, les rajeunira et leur permettra de fournir une nouvelle et longue carrière.

La rapidité avec laquelle les nouveaux cépages se substituent aux anciens sera subordonnée aux difficultés que nous pourrons rencontrer dans la culture des Viniféras. Viennent, par exemple, des années aussi néfastes que 1915, où il était si difficile de se défendre du mildiou, les Hybrides qui se seront montrés résistants s'imposeront à l'attention. On passera sur leurs défauts pour ne retenir que leurs qualités. Il est donc sage de poursuivre des études attentives sur les Producteurs directs, afin d'éliminer ceux qui offrent un moindre intérêt et de conserver les meilleurs. Beaucoup de viticulteurs peuvent se livrer à ces expériences, assurément intéressantes et qui leur réserveront sans doute d'utiles surprises.

Les Hybrides de l'Anjou. — L'étude qui va suivre s'applique spécialement à l'Anjou. Dans le nombre infini des Hybrides on a choisi les numéros qui semblent se recommander plus spécialement à notre climat, à nos terrains et dont on a pendant plusieurs années étudié sur place l'adaptation. On y trouvera des variétés intéressantes ; mais ici comme ailleurs, on verra qu'à de très rares exceptions près, les cépages qui résistent le mieux au phylloxéra et aux maladies cryptogamiques sont ceux qui se rapprochent davantage du type américain, par conséquent, dont la qualité du vin laisse beaucoup à désirer, tandis que ceux qui donnent des vins meilleurs et plus fins, qui se rapprochent par conséquent davantage des Viniféras, restent une proie facile pour le phylloxéra et les maladies cryptogamiques.

Il est certain d'ailleurs que l'hybridation n'a pas dit son dernier mot.

La liste qui va suivre n'est nullement limitative, de même qu'elle n'a nullement la prétention d'être complète. Etablie d'après des observations encore de peu de durée faites en Anjou, soit en grande culture, soit dans des collections d'étude, elle n'a pas la prétention d'imposer d'une façon définitive les variétés qu'il convient d'adopter ou de déterminer celles qu'on devra éliminer. L'avenir montrera que tel cépage qui passe aujourd'hui pour digne d'intérêt sera remplacé avantageusement par un autre qui se montrera nettement supérieur à lui. N'oublions pas, en effet, que l'hybridation est en pleine voie d'expérimentation (1).

I. — LES PREMIERS HYBRIDES

CLINTON (noir)

Synonymes : *Plant Pouzin, Plant des Carmes.* — C'est un hybride naturel (*Labrusca* × *Riparia*, probablement). Introduit en France dès le début de la reconstitution, il a mal réussi en Anjou où il est généralement connu sous le nom de *Plant Pouzin* ou de *Plant des Carmes*.

Caractères. — Très vigoureux et rustique ; sarments grêles ; feuilles de Riparia ; raisins très nombreux, mais petits. Se fait de plus en plus rare en Anjou, il n'y a pas lieu de le regretter.

NOAH (blanc)

Origine : *Labrusca* × *Riparia*, né d'une graine de *Taylor* en 1869.

Caractères. — Bourgeonnement rosé, feuilles duveteuses, raisins à goût foxé, autant de caractères du Labrusca, port traînant.

Qualités. — Très fertile, très résistant au phylloxéra et aux maladies cryptogamiques ; vin très alcoolique.

Défauts. — A la maturité, les grappes s'égrènent facilement ; raisins et vin à goût foxé et très désagréable.

OTHELLO (noir)

Origine. — *Labrusca* × *Riparia* × *Viniféra.*

---

(1) Outre les cultures particulières d'Hybrides répandues un peu partout, l'Anjou possède deux champs d'expériences bien connus : C'est d'abord la *Station Viticole* de *Saumur*, où l'étude des Hybrides est organisée depuis les débuts de l'Hybridation, et la *Station de Belle-Beille*, à la porte d'Angers, dans une vigne appartenant à M. Paul Lorin et dirigée par MM. Moreau et Vinet, Directeurs de la Station Œnologique.

Il résulterait d'une graine de Clinton qui aurait été fécondée par le Black Hambourg, lequel est un raisin de table à gros grains.

Caractères. — Il possède les feuilles épaisses des Labrusca ; il exige des terres de bonne qualité, plutôt fraîches qu'arides. Il peut y vivre trente ans et plus.

Qualités. — Très fertile ; grappes grosses, à gros grains, vin coloré.

Défauts. — Raisins à pulpe épaisse, grasse, vin peu alcoolique, à goût plus ou moins fortement framboisé ; craint le mildiou et surtout l'oïdium, contre lequel il ne peut être défendu par le soufre, qui brûle ses feuilles. On peut, il est vrai, le traiter au permanganate de potasse.

Très répandu en Anjou, il tend de plus en plus à disparaître, pour être remplacé par des variétés plus récentes et meilleures.

II. — HYBRIDES COUDERC (1)

N° 28-112 (noir), dit *Le Bayard*

Origine. — *Emily* × *Rupestris.*

Caractères. — Feuilles petites, vert pâle, glabres, raisins et grains moyens, grappes lâches ; maturité de deuxième époque.

Qualités. — Assez résistant aux maladies.

Défauts. — Vigueur faible, coule et millerande ; craint le soufre ; vin médiocre, d'un noir violet ; variété peu recommandable.

N° 106-46 (noir)

Origine. — *Lincecumii* × *Rupestris* × *Vinifera.*

Caractères. — Bois rouge foncé, grandes feuilles ; raisins surmoyens à grains assez gros.

---

(1) Dans cette énumération, nous suivrons l'ordre des numéros par lesquels les variétés sont désignées.

Qualités. — Vigoureux ; résistant à la sécheresse ; assez résistant au phylloxéra et aux maladies cryptogamiques. Production satisfaisante. Vin à goût neutre, très coloré. Maturité de fin de première époque.

Défauts. — Craint beaucoup le calcaire, variété intéressante pour les terrains non calcaires.

N° 132-11 (noir), dit *Le Nouveau Bayard*

Origine. — Complexe.

Qualités. — Très vigoureux; très résistant aux maladies cryptogamiques; rendement très satisfaisant ; vin assez agréable.

Défauts. — Maturité tardive.

Convient bien mieux au Midi qu'à l'Anjou, où il a été introduit à cause de sa bonne réputation.

N° 146-51 (blanc-rosé), dit *Le Passe-partout*

Caractères. — Port érigé, feuilles petites, vert-luisant ; grappes petites, à gros grains rosés ; maturité de deuxième époque.

Qualités. — Vin quelconque, très convenable pour les coupages, convient en terres sablonneuses ou calcaires.

N° 162-5 (blanc)

Caractères. — Port érigé ; deuxième époque de maturité.

Qualités. — Vigoureux, feuillage très découpé ; résistance suffisante au mildiou et à l'oïdium ; raisins lâches, vin excellent, susceptible d'acquérir de la qualité à la suite d'une surmaturation, phénomène assez rare chez les hybrides.

Défaut. — Tendance au millerandage. Ce défaut une fois combattu et dominé par la sélection, cette variété serait intéressante pour l'Anjou.

N° 272-60 (blanc), dit *Le Pompon d'or*

Origine. — C'est un hybride complexe.

Caractères. — Feuilles vert-foncé, très découpées ; grappes à grains orés, petits, peu serrés. Maturité de fin de première époque.

Qualités. — Supporte assez bien le calcaire : après la gelée, nombreuses ouvelles lames. Vin assez alcoolique, à bouquet agréable.

Défauts. — Généralement peu vigoureux ; production faible, en raison es grappes trop petites ; craint le phylloxéra et l'oïdium tout autant qu'un inifèra.

C'est l'un des Producteurs directs les plus répandus en Anjou ; c'est un etit producteur de bon vin.

N° 503 (noir), dit *l'Oiseau bleu*

Origine. — *Petit Bouschet* × *Rupestris.* ·

Qualités. — Vigoureux, excessivement rustique ; résiste au phylloxéra, à mildiou, à l'oïdium, au calcaire.

Vin chargé, alcoolique.

Défauts. — Sa production, quoique régulière, est parfois jugée insuffi-nte, et lui fait préférer assez souvent l'Othello pour la consommation miliale.

N° 633 (noir)

Caractères. — Port et feuillage de Riparia ; grappes et grains moyens ; ige une terre généreuse.

Qualités. — Très fructifère. Maturité de première époque.

Défaut. — Craint un peu l'oïdium. Variété intéressante, notamment pour maturité précoce.

N° 4.401 (noir), dit *l'Oiseau-Rouge*

Origine. — *Chasselas rose* × *Rupestris.*

Qualités. — Vigoureux ; assez résistant au phylloxéra et au mildiou ; · appes nombreuses, vin agréable. Maturité de deuxième époque.

Défauts. — Craint le calcaire ; production irrégulière ; grappes petites à petits grains ; craint un peu l'oïdium ; assez coulard.

Plusieurs variétés : Sélection *Buffet*; à grains plus gros, est intéressante.
Le *Madone*. Serait, paraît-il, une sélection améliorée.
Le *Tank*, même observation.

N° 7120 (noir)

Origine. — *Rupestris* × *Lincecumii* × *Cinsault*.

Qualités. — Rustique, résistant aux maladies cryptogamiques ; débourrement tardif ; gros rendement ; bon vin.

Défauts. — Maturité un peu tardive, troisième époque, et par suite
arrive difficilement à mûrir en Anjou, sauf dans les années chaudes
comme 1919, 1921. Réussit mieux en Bourgogne. En somme, mérite d'être
essayé, mais prudemment.

Remarque. — Les numéros 2, 3, 8, du même Hybrideur, dont on di
grand bien, sont trop récemment introduits en Anjou pour qu'on soit fixé
sur leur valeur et leur avenir chez nous.

III. — HYBRIDES SEIBEL

N° 1 (noir)

Origine. — *Rupestris* × *Lincecumii* × *Cinsault*.

Caractères. — Feuillage vert-pâle ; grappes et grains de grosseu
moyenne ; maturité de deuxième époque.

Qualités. — Assez vigoureux ; vin assez droit, coloré.

Défauts. — Craint légèrement mildiou et oïdium, coule assez facilement
production irrégulière en Anjou, soit une bonne récolte sur deux; c'est là
son principal défaut.

N° 14 (noir)

Origine. — *Lincecumii* × *Vinifera*.

Caractères. — Rameaux traînants, grandes feuilles. Maturité de première
époque.

Qualités. — Fertile ; raisins magnifiques, à gros grains, assez résistants au phylloxéra ; vin droit de goût.

Défauts. — Craint assez le mildiou et l'oïdium ; redoute la pourriture : débourre de bonne heure, ce qui l'expose aux gelées, d'autant plus graves pour lui que les contre-bourgeons ne sont pas fructifères.

En somme, malgré ses qualités réelles, ne convient guère en Anjou.

N° 128 (noir)

Qualités. — Beau cépage, vigoureux, très fertile et à production régulière ; très belles grappes ; grains moyens ; vin droit, très coloré (teinturier). Maturité de première époque.

Défauts. — Craint le phylloxéra, demande a être greffé : résiste au mildiou et à l'oïdium ; production irrégulière.

Répandu dans le Baugeois et la région de Bazouges, où il donne satisfaction, surtout à titre de teinturier.

N° 156 (noir)

Origine. — *Rupestris* × *Lincecumii* × *Vinifera*.
Caractères. — Feuillage foncé, luisant.
Qualités. — Cépages vigoureux ; grappes et grains de grosseur moyenne ; craint peu le mildiou et encore moins l'oïdium ; débourre tard ; contre-bourgeons fructifères (fournissant des grappes après que les lames normales ont été détruites par les gelées). Maturité entre première et deuxième époque.

Vin très coloré, très droit, bon teinturier, convient aux coupages.

Il a fait ses preuves en Anjou, et sa culture mérite d'être encouragée. Franc de pied, il donne de bonnes récoltes dans les terres de vallée.

N° 880 (blanc)

Caractères — Feuillage léger ; grappes ailées, surmoyennes, à grains moyens, très serrés, de couleur rousse à la maturité ; celle-ci de première époque.

Qualités. — Résistance suffisante au mildiou et à l'oïdium ; débourrement tardif; contre-bourgeons fructifères. Production régulière; vin ayant de la qualité.

Défauts. — Manque un peu de vigueur dans les terres sèches et maigres; gagne beaucoup à être greffé. Assurément l'un des meilleurs Producteurs directs blancs ; mais le 4986 peut le remplacer avec avantage.

N° 1000 (noir)

Origine. — *Rupestris* ✕ *Lincecumii* ✕ *Vinifera*.

Caractères. — Très vigoureux ; rameaux érigés ; feuillage clair ; grappes assez grosses, grains surmoyens. Maturité de première époque tardive ; demande la taille longue.

Qualités. — Cépage vigoureux, même en terre maigre ; production surmoyenne et régulière ; débourrement moyen. Bien résistant à l'oïdium, un peu moins au mildiou (un sulfatage). Raisins sucrés ; vin alcoolique, droit de goût, assez fin, se rapproche du Gamay.

C'est un des Producteurs directs les plus recommandables pour l'Anjou, supérieur au Groslot et presque égal au Gamay. Assez répandu dans notre région, il a fait ses preuves notamment dans le Baugeois depuis vingt-cinq ans ; il prospère même en terrain très médiocre.

N° 1020 (noir)

Origine. — *Rupestris* ✕ *Lincecumii* ✕ *Aramon*.
Se rapproche du précédent par l'ensemble de ses caractères, mais lui est un peu inférieur. Un peu moins vigoureux, mûrit ses fruits un peu plus tard (deuxième époque). Réussit bien dans nos terrains d'alluvion.

N° 1077 (noir)

Origine. — *Rupestris* ✕ *Lincecumii* ✕ *Aramon*.
Caractères. — Vigoureux, bois érigé, maturité de deuxième époque.
Qualités. — Résiste suffisamment au mildiou et à l'oïdium ; production

élevée. N'émet presque pas de faux bourgeons, ce qui simplifie l'ébourgeonnage ; débourrement tardif. Vin très coloré.

Défauts. — Production un peu irrégulière ; ne donne après la gelée qu'une demi-récolte.

En Anjou, il est apprécié pour sa vigueur et la couleur foncée de son vin.

N° 2003 (noir)

Origine. — *Rupestris* $\times$ *Lincecumii* $\times$ *Herbemont.*
Qualités. — Gros producteur, belles grappes pruinées ; débourrement tardif ; fertile après la gelée ; maturité de deuxième époque tardive. Vin très coloré, mais grossier, acide et bon seulement pour les coupages. Résiste bien au mildiou et à l'oïdium.
Défauts. — Mauvais greffon; à cultiver franc de pied; exige de bons terrains.

N° 2007 (noir)

Origine. — *Rupestris* $\times$ *Lincecumii* $\times$ *Aramon.*
Caractères. — Gros producteur, demande la taille courte ; feuillage vert foncé ; grappes peu serrées, à gros grains.
Qualités. — Vin droit, coloré, bon goût ; relame bien après les gelées.
Défauts. — Craint assez le mildiou, moins l'oïdium; débourrage précoce; multiplication assez difficile. Reste quand même un cépage intéressant pour la région.

N° 2653 (blanc), dit le *Flot d'or*

Origine. — 28-112 $\times$ *Dattier de Beyrouth.*
Qualités. — Bien résistant à la sécheresse ; débourre tardivement. Maturité de deuxième époque. Belles et bonnes grappes de grains couleur jaune d'or, peu serrés, très gros. Vin alcoolique, très frais, agréable.
Défauts. — Coulard dans les premières années ; demande la taille longue. Aussi sensible aux maladies cryptogamiques que les Viniféras.

Très intéressant comme raisin de table.

N° 2859 (rose), dit *Le Bienvenu*

Origine. — *Terras n° 20* $\times$ *Seibel 2003*.
Caractères. — Feuillage luisant ; grappes moyennes, à gros grains lie de vin quand ils sont mûrs. Maturité de deuxième époque.
Qualités. — Très vigoureux ; très résistant aux maladies cryptogamiques ; bonne production ; débourrement tardif. Vin alcoolique, franc de goût, s'améliore en vieillissant.
Défauts. — Aoûte mal l'extrémité du sarment, ce qui nuit à sa multiplication ; maturité de ses grappes échelonnée.
En somme, mérite l'attention des viticulteurs.

N° 4121 (noir), dit *Plant du Métayer*

Origine. — *Seibel 52* $\times$ *Terras*.
Caractères. — Vigoureux. Feuillage clair, luisant, grappes nombreuses, moyennes, à grains moyens.
Qualités. — Production régulière ; haute résistance aux maladies cryptogamiques peut se passer de tout traitement.
Vin droit de goût, assez alcoolique ; acidité trop faible, mais qui se corrige par le coupage avec un vin d'hybride possédant de l'acidité en excès.
Débourrement tardif ; maturité de première époque.
Très peu cultivé en Anjou, mérite d'attirer l'attention, surtout des petits viticulteurs qui ne peuvent s'assujettir à traiter leur vigne ou ont des terres maigres à planter.

N° 4638 (blanc), dit *Le Bronzé*

Caractères. — Bois érigé, feuillage à reflets rougeâtres d'un aspect tout à fait caractéristique ; raisins de grosseur moyenne, très serrés, abondants.
Qualités. — Vin assez agréable.
Quelques plantation dans le Baugeois, où il donne un vin assez estimé.

N° 4643 (noir)

Origine. — *Seibel 29 × Danugue.*
Caractères. — Feuillage vert sombre, épais ; grosses grappes à gros grains ronds ; maturité de fin de première époque.
Qualités. — Vigoureux, qu'il soit franc de pied ou greffé ; ne craint pas la sécheresse ; raisins sucrés ; débourrement moyen ; production abondante, vin très agréable, de belle couleur, alcoolique, bien supérieur à notre Groslot.
Défauts. — Craint légèrement le mildiou et l'oïdium, à peu près comme le Groslot ; en année humide il lui faut deux traitements.

Mérite d'être cultivé en Anjou, comme il l'est dans le Beaujolais et même le Jura ; un bel avenir lui semble réservé. Entre lui et l'Othello, quand il s'agit de faire une plantation, il n'y a pas à hésiter.

N° 4681 (blanc)

Origine. — *Seibel 881 × Seibel 658.*
Caractères. — Port érigé; feuillage vert foncé, rappelant celui du lierre; grappes assez grosses, à grains moyens, très serrés ; production moyenne, greffé sur 93,5 ou 1202 donne davantage. Maturité fin de première époque.
Qualités. — Vigoureux, très résistant aux maladies cryptogamiques (les traitements cupriques lui sont nuisibles); débourrement tardif; production moyenne.
Défauts. — Vin très alcoolique, mais à goût très particulier, désagréable, mais qui s'atténue et même disparaît à la longue.

N° 4986 (blanc)

Origine. — *Seibel 405 × Seibel 2007.*
Caractères. — Bois érigé ; feuillage vert sombre, vigoureux, lobe terminal très pointu ; grappes surmoyennes, à beaux grains assez serrés,

rappelant celles du Chenin blanc. Maturité de première époque, avant le muscadet.

Qualités. — Bonne résistance au phylloxéra ; très résistant au mildiou et à l'oïdium (ne pas sulfater avant et pendant la floraison) ; après la gelée donne encore une récolte convenable.

Production abondante, plus grande quand il est greffé sur 93,5 ou 1202 ou 3309. Maturité précoce, mi-septembre à fin septembre.

Vin alcoolique, 10 à 12°, suivant les milieux, de goût agréable.

C'est le meilleur des hybrides blancs de Seibel ; il jouit partout d'une grande estime. Il convient parfaitement au climat de l'Anjou, et mérite d'être recommandé.

N° 4995 (blanc)

Origine. — *2510 × Couderc 272.60.*

Caractères. — Feuillage vert pâle, luisant ; grappes grosses, à gros grains.

Qualités. — Vigoureux, résiste bien aux maladies cryptogamiques (un ou deux traitements). Raisins sucrés, roux quand ils sont mûrs. Recherché pour la qualité de son vin, qui sans valoir le 4986 est bien supérieur au Noah, tout en étant un peut foxé. Degré alcoolique élevé ; réussit bien sur les coteaux.

Variété intéressante pour l'Anjou.

N° 5061 (blanc)

Origine. — *Seibel 29 × Seibel 38.*

Caractères. — Feuillage ample ; grappes assez grosses, à grains moyens. Maturité de deuxième époque.

Qualités. — Vigueur exceptionnelle, même en terre maigre. Gros producteur ; résistance suffisante au mildiou ! ne craint pas l'oïdium ; débourrement assez tardif.

Défauts. — Raisins à goût d'abord un peu foxé, qu'ils perdent à la maturité complète (Creuzé) ; vin commun, mais intéressant pour sa grosse production.

N° 5279 (blanc)

Origine. — *Seibel* 788 $\times$ *Seibel* 28, dit *l'Aurore*.

Caractères. — Rameaux traînants ; grappes très allongées, cylindriques, de bonne grosseur, à grains ronds, peu serrés. Débourrement moyen ou précoce.

Qualités. — Raisins dorés, très serrés, agréables au goût, bonne résistance au mildiou et à l'oïdium. Repousses fertiles après la gelée. Maturité très précoce, même avant le Chasselas. Mérite d'être suivi et sélectionné pour cette rare qualité.

Vin alcoolique, agréable.

Défauts. — Végétation exubérante ; peu productif, sujet au millerandage, défaut auquel il convient d'opposer la taille à long bois et planter 2 mètres au moins dans le rang.

Cépage intéressant, très apprécié dans l'Est, surtout comme raisin de table ; malheureusement, sa peau, très mince, en empêche l'expédition.

Remarque. — Il est quelques autres numéros de Seibel récents et dont on parle beaucoup, mais qui doivent rester encore en observation avant de les recommander aux viticulteurs de notre région, entre autres 5163, 5213, 5409 (raisins blancs excellents rappelant un peu le Muscat), 5308, 5145, 5586, 5154, 5860, 5412, 5163 et 5455 (ces deux derniers à raisins de table très bons).

IV. — HYBRIDES DE GAILLARD

N° 2 (noir), dit le *Noah noir*, ou *Abondance d'Auvergne*

Origine. — *Othello* $\times$ *Rupestris* $\times$ *Cordifolia* $\times$ *Noah*.

Caractères. — Bois érigé ; feuillage vert sombre ; peu producteur ; grappes petites, à grains moyens ; demande la taille longue.

Qualités. — Débourrement tardif, très résistant aux maladies crypto-gamiques, craint un peu l'oïdium. Maturité de première époque. Vin alcoolique ; bon vin de coupage, même avec le Groslot.

Défauts. — Vin foxé ; production assez peu abondante. Très répandu dans la partie Sud-Ouest du département.

N° 157 (blanc), dit le *Roi des Blancs*
ou *Madame Girerd,* ou *Le Séducteur*

Caractères. — Port semi-érigé ; feuillage vert-tendre, feuilles petites, minces ; grappes moyennes, à gros grains. Maturité de première époque.

Qualités. — Très grande fertilité, régulière ; relame bien après la gelée ; raisins serrés, rappelant à s'y méprendre le Chasselas. Vin léger, agréable, droit de goût.

Défauts. — Vigueur faible, réclame la taille courte; craint le phylloxéra, le mildiou et l'oïdium tout autant que nos Viniféras ; facile à défendre cependant, les parties de feuilles non atteintes se maintenant vertes ; demande généralement à être greffé sur un porte-greffe vigoureux, 1202, 93,5.

Ce cépage très intéressant, mais vraiment trop fragile, est avec le n° 2 l'Hybride le plus répandu en Anjou.

N° 194

Rappelle un peu le n° 2, mais lui est nettement inférieur. Il est moins productif et craint davantage l'oïdium.

V. — HYBRIDES DE MALÈGUE

N° 1647-8 (blanc), dit le *Vert doré*

Caractères.— Bois érigé, feuilles très petites, luisantes ; grappes petites, à grains moyens, abondantes ; maturité de première époque.

Qualité. — Débourrement tardif ; assez vigoureux, franc de pied et supportant assez bien le calcaire. Vin de 8 à 10°, bon goût.

Peu cultivé en Anjou, beaucoup plus dans la Loire-Inférieure.

N° 1995-4 (blanc), dit *Le Messidor*

Caractères. — Bourgeonnement duveteux ; feuilles grandes et épaisses ; grappes grosses, souvent ailées, grains surmoyens, dorés. Maturité de première époque.

Qualités. — Production inouïe ; tous les bourgeons sont fructifères ; demande la taille courte et ébourgeonnage sévère ; résiste bien aux maladies cryptogamiques (un sulfatage, un soufrage).

Vin agréable, non foxé, atteignant facilement 11° (1922). Il est encore prudent de l'étudier, mais il paraît intéressant.

VI. — HYBRIDES BERTILLE-SEYVE

N° 450 (blanc)

Origine. — *Seibel* 2003 $\times$ *Noah.*

Caractères. — Rappelle beaucoup le Noah ; port traînant ; feuilles larges, bourgeonnement rosé, raisins moyens, à gros grains.

Qualités. — Celles du Noah avec ses défauts, moins accusés ; les grains ne tombent pas à la maturité ; vigoureux et rustique ; vin alcoolique.

Intéressant, quoique inférieur à certains Hybrides de Seibel.

N° 608 (noir)

Origine. — *Seibel* 60 $\times$ *Othello* $\times$ *Rupestris.*

Caractères. — Ressemble à l'Othello, dont il a la fertilité, les grosses grappes, sans avoir le goût foxé. Malheureusement maturité de deuxième époque tardive. En 1921, a bien mûri ses fruits, mais en conservant toujours quelques grains verts.

En somme trop tardif pour l'Anjou.

N° 893 (noir)

Origine. — *Seibel 2003 × Auxerrois-Rupestris.*

Qualités. — Vigoureux, excessivement fertile, par suite demande un bon terrain et réclame la taille courte ; résistant aux maladies cryptogamiques ; débourrement tardif.

Doit être greffé sur 3309 ou franco-américain, donne des repousses fructifères après les gelées ; maturité de première époque.

Vin léger, à goût franc.

Peut devenir intéressant pour l'Anjou.

VII. — HYBRIDES CASTEL

N° 1008 (blanc), dit *Madame Castel*

Origine. — *Taylor × Terret Gris.*

Qualités. — Vigoureux, belles grappes, à très gros grains, vin alcoolique.

Défauts. — Vin un peu foxé, maturité de deuxième époque tardive.

Peu recommandable pour l'Anjou.

N° 1832 (blanc)

Origine. — *Noah × Rupestris × Othello.*

Caractères. — Ressemble au Noah, avec feuilles un peu plus petites, grains gros. Maturité de deuxième époque.

Défauts. — Vin à goût foxé, qui semble disparaître à la longue, surtout quand les grappes ont été envahies, à l'arrière-saison, par une sorte de pourriture noble. Cultivé en Anjou par quelques viticulteurs qui l'apprécient. Pourrait être intéressant si, avec le temps, le vin perd son goût foxé.

VIII. — HYBRIDES OBERLIN

N° 595 (noir)

Origine. — *Rupestris* × *Gamay*.

Qualités. — Vin très alcoolique (14-15°), très coloré (vin remède) ; vigueur trop grande, obligeant à une taille très longue et à planter à de grandes distances.

Défauts. — Débourrement précoce ; mais nombreuses repousses fertiles après la gelée. Grappes nombreuses, mais trop petites, défaut commun à tous les Hybrides Oberlin.

Très en vogue dans l'Est, n'est pas adopté en Anjou.

IX. — HYBRIDES JURINE

N° 580 (noir), dit *Fondard*, en Bourgogne

Origine. — *Mondeuse* × *Rupestris*.

Caractères. — Feuillage mince et découpé ; grains petits. Maturité un peu tardive.

Qualités. — Très résistant au calcaire, au mildiou et à l'oïdium ; production régulière.

Vin noir, un peu acide.

Assez cultivé en Anjou ; un des meilleurs hybrides anciens, mais se trouve dépassé par les plus récents.

X. — HYBRIDES CHEVALIER

N° 3401 (blanc)

Origine. — *Couderc 272-73* × *Elvira Triumph*.

Caractères. — Petites feuilles minces, grosses grappes, à grains moyens. Maturité de deuxième époque.

Qualités. — Très gros producteur ; relame après la gelée ; bonne résistance au mildiou.

Défauts. — Craint un peu l'oïdium ; raisins à goût herbacé, mais qui disparaît dans le vin, un peu acide, rappelant celui de la Folle-blanche.

XI. — HYBRIDES BACO

N° 1 ou 24-23 (noir)

Origine. — Folle-blanche × Riparia.

Caractères. — Vigueur excessive : feuilles de Riparia ; raisins assez longs, à grains petits.

Qualités. — Maturité précoce, grains très juteux, vin excellent, rappelant celui du Cabernet.

Défauts. — Son débourrement précoce, sa vigueur excessive exigeant une taille à grand développement et une plantation à des distances de plusieurs mètres sur le rang, l'ont fait écarter de la grande culture. Malgré ses grappes un peu trop petites, il est intéressant pour des cas particuliers.

N° 22 A (blanc), dit *Maurice Baco*

Origine. — *Folle-blanche × Noah.*

Caractères.— Feuillage de Noah. Maturité de fin de deuxième époque.

Qualités. — Résistance moyenne aux maladies cryptogamiques, douteuse au phylloxéra.

Belles grappes, à grains surmoyens ; raisins très sains, résistant bien à la pourriture ; excessivement fertile, contre-bourgeons fructifères.

Vin non foxé, quoique ses grains le soient un peu.

Défauts. — En raison de sa grande production s'épuise vite franc de pied dans les terres médiocres, ou bien doit être greffé sur 93,5 ou 1202 ou 41 B.

Très répandu dans le Nantais ; est appelé à remplacer partout la Folle-blanche, dont son vin se rapproche, avec plus d'alcoolicité.

N° 216 (blanc), dit le *Thômur*

Le plus précoce des Hybrides ; intéressant à ce point de vue. Bon vin de table ; mérite d'être essayé.

N° 7 A (blanc), *Chasselas Baco*

Très beaux et bons raisins à grains fermes, à bon goût, et très sains. C'est un beau raisin de table. Bonne résistance aux maladies cryptogamiques ; mais paraît manquer de vigueur et devra être greffé.

Une vigne américaine (*Vitis arizonica*)

CHAPITRE XI

MALADIES DE LA VIGNE

« De tous les végétaux cultivés, la vigne
est certainement celui qui a le plus
d'ennemis. »

Valéry Mayet, *Les Insectes de la Vigne.*

Les unes sont de nature physiologique.

D'autres sont d'origine parasitaire, soit végétale, soit animale.

Un troisième groupe comprendra, non pas des maladies à proprement parler, mais certains accidents de cause météorologique.

1° *Maladies d'ordre physiologique :*

La chlorose,
La coulure et le millerandage,
Le court-noué ou cottis,
Les broussins,
La maladie du pédicelle,
La filosité des grappes,
Le coup de pouce,
Le grillage et l'échaudage,
L'ercissement.

2° Maladies parasitaires d'origine végétale :

Organes principalement attaqués

Fruits, feuilles, rameaux.........	Oïdium. Mildiou. Anthracnose. Black-rot. Fumagine.
Fruits	Pourriture grise.
Tige et rameaux	Apoplexie.
Racines	Pourridié.

3° Maladies parasitaires d'origine animale :

Racines	Phylloxéra. Hannetons. Taupins.
Tiges et rameaux	Cochenilles. Tenthrèdes.
Feuilles et bourgeons...........	Pyrale. Cigarier. Eumolpe. Erinose. Acariose.
Feuilles et racines	Charançon sillonné. Peritélus. Ecaille martre.
Fleurs et fruits	Cochylis. Eudémis. Grisette.
Fruits	Guêpe.

3° Accidents d'origine météorologique :

Organes principalement attaqués

—

Sarments et souches.............   Vent.
Bourgeons ....   Gelée de printemps.
Grappes ....   Gelée d'automne.
Souches ....   Gelée d'hiver.
Feuilles, rameaux, grappes ....   Grêle.

I. MALADIES D'ORDRE PHYSIOLOGIQUE

La chlorose

Caractères de la maladie. — Autrefois, alors qu'on ne cultivait que des variétés françaises, cette maladie était rare. Parfois, au printemps, après des pluies abondantes qui dissolvaient une forte proportion de calcaire, la vigne jaunissait ; c'était un commencement de chlorose, mais chlorose passagère, dont avaient vite raison les chaleurs de l'été.

Depuis l'introduction des plants américains, le mal s'est beaucoup accru. La chlorose est due à différentes causes, dont la principale est la présence de carbonate de chaux dans le sol. Ce n'est pas tant d'ailleurs la quantité absolue de calcaire qui importe, que l'état physique sous lequel il se trouve.

La maladie se manifeste par une décoloration progressive des tissus. De vert foncé la feuille passe à une teinte vert-clair, puis jaunâtre, puis tout à fait pâle. Souvent, c'est par bandes, entre les principales nervures, que la décoloration se prononce. Les bords de la feuille roussissent, et elle finit elle-même par se dessécher.

Or, comme les feuilles dépourvues de chlorophylle deviennent impropres à assurer la nutrition, toute la plante souffre, s'étiole et dépérit: les grappes se développent mal, millerandent, ne mûrissent pas, et même

leurs grains tombent, les racines fonctionnent mal, et l'ensemble du cep
prend un aspect chétif, se rabougrit, puis meurt.

Circonstances qui favorisent la chlorose. — C'est surtout l'existence d'u
calcaire très divisé, ou facile à écraser, mêlé à un sable siliceux, avec u
sous-sol argileux et retenant l'eau dans la couche superficielle.

C'est ensuite l'humidité. Telle vigne qui ne chlorose pas en année sèche
souffre gravement de ce mal dans les années mouillées.

Au contraire, un sol à calcaire dur, compact, un sol mêlé d'argile qu
enrobe le calcaire, un sol qui s'égoutte bien est beaucoup moins chlorosant

Les variétés des porte-greffe qu'on doit employer pour planter une terr
calcaire ont la plus grande importance, les unes supportant mal même un
petite dose de calcaire, et d'autres s'accommodant d'une proportion beau
coup plus considérable de ce minéral.

Voici quelques indications qu'on peut donner à ce sujet :

Jusqu'à 15 % de calcaire : *Riparia Gloire, Riparia Grand Glabre* ;

Jusqu'à 25 % : *Solonis* ; *Solonis* $\times$ *Riparia 1616* ;

Jusqu'à 30 % : *Riparia* $\times$ *Rupestris 101* [14], *3309, 3306* ; *Rupestris du
Lot* ; *Rupestris Ganzin, Rupestris Martin* ;

Jusqu'à 40% : *Berlandieri* $\times$ *Riparia 157* [11] de Couderc ; *Rupestris* $\times$
Berlandieri 301 A ; *Rupestris* $\times$ *Berlandieri 219 A* de Millardet e
Grasset ; *Berlandieri* $\times$ *Riparia 420 A* ; *Berlandieri* $\times$ *Riparia 420 B*, d
Millardet et Grasset ; *Berlandieri* $\times$ *Riparia 33 et 34*, Ecole de Mont
pellier ;

Jusqu'à 50 % : *Mourvèdre* $\times$ *Rupestris 1202* ; *Aramon* $\times$ *Rupestris
Ganzin*; *Bourrisquou* $\times$ *Rupestris 601* et *603* de Couderc ; *Cabernet* $\times$
Rupestris 33 A ;

Jusqu'à 60 % : *Berlandieri 1* Rességuier ; *Berlandieri 2* ; *Berlandier
Laffont* ; *Chasselas* $\times$ *Berlandieri 41 B*, de Millardet.

Dans une plantation en terrain calcaire, il faut tenir compte non seule
ment du porte-greffe, mais aussi de l'action du greffon, car, parmi les
cépages français, les uns résistent mieux et les autres moins bien à l
chlorose.

Pour nous en tenir aux cépages cultivés en Anjou, nous dirons que parmi les plus résistants, on doit citer le Cabernet franc et le Cabernet Sauvignon, le Chenin, les Gamays, et parmi les moins résistants, le Chasselas, le Groslot de Cinq-Mars, la Folle-Blanche.

Traitement de la chlorose. — Comme pour les personnes atteintes d'anémie, le fer semble être le remède efficace contre la chlorose des plantes. Il est plusieurs façons de l'employer.

Premier procédé. — C'est le plus généralement usité ; il est connu sous le nom de *Méthode Rassiguier.*

Il consiste à badigeonner toutes les plaies de taille avec une solution de sulfate de fer concentrée (35 kilos de sulfate de fer pour 100 litres d'eau) ; pour effectuer cette opération, un chiffon roulé au bout d'un petit bâtonnet est le meilleur pinceau. Pour qu'elle soit efficace, il est essentiel qu'elle soit pratiquée presque immédiatement après la chute des feuilles ; à ce moment, la solution pénètre plus facilement dans les vaisseaux du bois, et ensuite les boutons, très peu développés, courent moins le risque d'être brûlés par la solution. D'ailleurs, il est préférable d'éviter de les toucher.

Il est prudent, quand on veut faire cette opération, de pratiquer la taille en deux temps : à savoir, enlever d'abord tout le bois inutile et tailler long les bois de taille, que l'on ne raccourcira qu'à la fin de l'hiver. De cette façon, il y a plus de chance que la solution ne coule pas jusque sur les boutons à conserver.

Second procédé. — Il consiste à semer à la volée dans les rangs de vigne le sulfate de fer réduit en poudre. Mieux vaut encore en déposer une poignée dans une cuvette creusée au pied de chaque cep. Cette dernière méthode est dispendieuse et longue, mais donne de très bons résultats. Il est encore préférable, car l'action est bien plus rapide, d'arroser le pied de chaque souche avec une solution de sulfate de fer à 250 grammes pour 5 litres d'eau par souche.

Troisième procédé. — Les remèdes qui viennent d'être indiqués sont surtout préventifs; celui dont il reste à parler est curatif. En été, au mois de juillet, on pulvérise sur les feuilles de la vigne chlorosée une solution de sulfate de fer à 500 grammes ou 1 kilo au maximum pour 100 litres d'eau. Dans les jours qui suivent l'opération, on voit reverdir tous les points de la feuille qui ont été touchés par les gouttelettes de la solution ferrugineuse ; c'est la chlorophylle qui s'est reconstituée, et le cep reprend de la vigueur. Il est bon de renouveler deux autres fois l'opération au cours de l'été, soit de quinze en quinze jours.

On peut d'ailleurs, pour diminuer la main-d'œuvre, ajouter à une bouillie bordelaise 100 grammes de sulfate de fer ; on traite ainsi mildiou et chlorose, et on en obtient un bon résultat.

Errichelli, en Italie, recommande comme moyen radical le procédé suivant : verser dans un sillon profond, creusé au pied de chaque cep, une solution de *perchlorure de fer* à 2 pour 1.000, puis combler la fosse avec de la terre.

Il faut ajouter enfin que des engrais magnésiens ont eu, au moins dans certains cas, raison de la chlorose.

Coulure et millerandage

On entend par *coulure* un accident qui consiste en ce que les fleurs n'étant pas fécondées ne « nouent » pas, ne forment pas de grains, se dessèchent et tombent. La Madeleine angevine, entre autres, y assez sujette.

Les *causes* de la coulure peuvent être une *constitution anormale* des fleurs, qui ne portent que des étamines, ou bien des *fleurs doubles* (chloranthie), par suite de la transformation des étamines en pétales ; d'autres fois, la végétation étant trop vigoureuse, par exemple à la suite de fumures exagérées, le cep produit trop de feuilles ou de bois, tandis que les fleurs avortent ; ou enfin, et c'est là le cas le plus fréquent, ce sont les intempéries, un refroidissement accompagné de pluie au moment de la floraison. Il faut se rappeler, en effet que, pendant toute cette période critique, la vigne demande une température moyenne oscillant entre 16 et 20° ; et de plus, il ne lui faut pas de pluie.

Le remède consiste, dans le *premier cas*, à faire le remplacement des pieds atteints de coulure ; dans le *second*, à pratiquer la taille longue et à pincer les branches fruitières à deux ou trois feuilles au-dessus des grappes au moment de la floraison, sans toucher aux branches à bois, et à répandre dans la vigne du superphosphate ; enfin, dans le *troisième*, à soufrer à ce moment, l'agitation de l'air produite par le soufflet aidant au décapuchonnage des fleurs et au transport du pollen d'une fleur à l'autre, en même temps que la poussière de soufre, en asséchant la fleur, trop mouillée, favorise la fixation du pollen sur le stigmate de l'ovaire.

Le *millerandage* est la coulure partielle de la grappe ; les grains restent petits, avortés ; parfois, les uns ont leur grosseur normale, tandis que les autres s'arrêtent dans leur développement.

C'est encore le résultat d'une fécondation de la fleur opérée dans de mauvaises conditions ou d'un trouble dans la végétation du cep.

L'*incision annulaire* pratiquée à la base de la branche fruitière y remédie souvent (voy. p. 81). Cette pratique est surtout recommandable pour les vignes d'espalier ou de serres.

Le Court-Noué ou Cottis

Sous ce nom, il faut entendre un état de dépérissement de la vigne, qui se manifeste par l'apparence chétive, rabougrie, des ceps, aux rameaux courts et aux nœuds très rapprochés, en même temps que les feuilles restent petites et à bords plus découpés, « en feuille d'ortie », comme on dit en Anjou, avec les grappes peu nombreuses, petites et mûrissant mal.

Il peut être dû à un sol peu propre à la culture de la vigne, trop crayeux, trop pauvre en fer.

Il peut dépendre d'une maladie parasitaire, due à la présence d'un Acarien et mérite alors le nom d'Acariose (voir Chap. XIII).

Il peut résulter de petites gelées de printemps, qui paralysent en quelque sorte le développement des bourgeons qui étaient en train de s'allonger.

On a dit qu'elle était le résultat d'une invasion de bactéries qui se ferait par les plaies de taille et que le sécateur aiderait à transporter d'un cep à l'autre. Le fait est douteux ; mais ce qui ne l'est pas, c'est que les boutures prises sur un cep atteint du mal l'ont en elles. Cette forme de Court-Noué est désignée par MM. Viala et Pacottet sous les noms de *Gelivure, Gommose, Maladie bacillaire, Mal Néro, Maladie d'Oléron.*

BROUSSINS

Ce sont des excroissances, des sortes de verrues, plus ou moins volumineuses, qui peuvent atteindre la grosseur du poing et davantage et qui se développent sur la souche et même sur les rameaux, à la suite d'une gêne, d'un arrêt dans la circulation de la sève.

Les *gelées* peuvent en être la cause. J'ai vu en Anjou, après un décorticage sévère, exécuté en plein hiver, pour la destruction des chrysalides de Cochylis, la jeune écorce vivante, n'étant plus protégée par le manteau des vieilles écorces, se fendre sur de nombreuses souches, sous l'action de fortes gelées, et les tissus sous-jacents faire hernie à travers ces déchirures.

Un *rognage* trop brutal, une *taille* mal appropriée à la vigueur du cep peuvent provoquer le même accident. La sève détournée de son cours, mal utilisée, engendre de nouveaux tissus, qui pour s'épancher au dehors rompent les couches superficielles.

Remèdes. — Il convient de raser les broussins avec un instrument bien tranchant et de badigeonner ensuite la plaie avec une solution de sulfate de fer à 35 %

LA MALADIE DU PÉDICELLE

Vers le temps de la véraison, on voit parfois le pédicelle de certaines grappes s'entourer d'un anneau brun plus ou moins large, en un point quelconque de son étendue. Le pédicelle se dessèche, l'évolution des grains s'arrête, toute la grappe se flétrit.

Cet accident, que l'on constate parfois en plein vignoble, s'observe surtout sur les ceps à raisins de table cultivés en serre ou en espalier. Certaines variétés y sont plus sujettes ; et on voit parfois tous les raisins d'un même cep en être atteints.

La cause ne semble pas microbienne, mais d'ordre physiologique. C'est un *trouble de la nutrition*, généralement provoqué par des changements brusques de température, et qui se porte surtout vers les variétés vigoureuses, celles dont le système circulatoire est très développé.

On ne connaît pas jusqu'ici de remède bien efficace, sauf toutefois pour les variétés cultivées en serre, où l'on peut régler convenablement la chaleur et l'humidité. Il est, dans tous les cas, recommandé de ne pas pratiquer des rognages trop brutaux, des épamprages trop sévères, qui entravent brusquement la circulation de la sève.

LA FILOSITÉ DES GRAPPES

Il arrive dans certaines années que les grappes florales, au lieu de former chacune une masse de fleurs serrée, s'allongent démesurément, leurs pédicelles acquérant une extension exagérée, et ont l'aspect de *fils* dépourvus de fleurs ou qui en portent seulement quelques-unes sur leur longueur ou à leur extrémité, laquelle se recourbe et devient une véritable vrille.

Cet accident est généralement dû à une température chaude, mais sans soleil, au moment de la floraison. Il se produit dans ces conditions une sorte d'étiolement, comparable à celui qui a lieu dans les caves où on a rentré des plantes alimentaires pour la saison d'hiver. La matière chlorophyllienne des feuilles ne fabriquant plus, par suite du manque de soleil, suffisamment de matière organique pour la formation des grappes, qui en exige beaucoup, les fleurs avortent, et leurs ramifications s'allongent démesurément.

Un excès de matières azotées dans le sol favorise encore cet accident; des engrais trop riches de ce principe pourraient donc le provoquer.

Le *remède* consiste à pincer, au moment voulu, l'extrémité des rameaux, c'est-à-dire à supprimer un certain nombre de jeunes feuilles, car, consommant plus qu'elles n'apportent à la communauté, elles sont autant de bouches inutiles ; l'économie de dépenses qui résultera de l'opération sera tout bénéfice pour les grappes.

En somme, on peut regarder la filosité comme due à un excès de vigueur végétative de la vigne et qu'il faut modérer au moment de la floraison.

LE COUP DE POUCE

On désigne sous ce nom un accident survenu aux grains de raisin, qui consiste en ce que leur surface se déprime comme s'ils avaient été meurtris, enfoncés avec le doigt. Le mal commence par une tache superficielle, légère, qui se déprime ensuite et qui brunit, si bien qu'on pourrait croire à une invasion de rot brun ; enfin, le grain se détache de son pédicelle et tombe.

C'est un peu avant la véraison, au moment de la formation des pépins, et alors que la pellicule est très mince, que le « coup de pouce » apparaît. Il semble dû à une luminosité trop vive ; aussi est-ce surtout dans les serres qu'il est plus commun, la réverbération du verre fournissant la condition nécessaire. Les chasselas blancs et muscats y sont plus prédisposés que les autres variétés.

En ombrant les serres, on évite cet accident.

LE GRILLAGE OU ÉCHAUDAGE

C'est un accident qu'on voit se produire au cours des étés très chauds et qui porte sur les grains plus directement touchés par les rayons solaires, un peu avant la véraison.

Le relevage des sarments par des journées brûlantes, qui expose tout d'un coup au soleil des grappes jusque-là bien abritées, un effeuillage trop généreux pratiqué à la même époque, le soufrage opéré par un temps trop chaud, en sont les causes habituelles.

Les grappes exposées aux ardeurs prolongées du soleil couchant sont généralement les plus atteintes. La surface des grains semble comme brûlée du côté le plus exposé aux rayons solaires. Ils ne tombent pas, en général, mais leur peau perd de son élasticité, le développement du grain se fait moins bien et la qualité de son jus s'en trouve diminuée.

Nous n'avons à notre disposition pour nous défendre contre cet accident que de supprimer pendant les trop grandes chaleurs toutes les opérations culturales ou d'accolage capables de le provoquer.

Les feuilles sont, elles aussi, parfois atteintes de grillage; il se caractérise par une teinte rougeâtre, suivie d'une dessication des tissus, soit sur les bords, soit le long de certaines nervures. Des brouillards intenses suivis de rayons de soleil brûlants semblent en être la cause.

L'ercissement

Dans les années très chaudes, dont l'été est brûlant, et au cours duquel la pluie fait défaut, il arrive que les grains de raisin, vers le moment où ils achèvent leur maturation, sont tout à coup arrêtés dans leur développement, parce que les parties végétatives du cep se trouvent en quelque sorte paralysées dans leur activité et n'y accumulent plus le sucre. Les raisins boudent, restent stationnaires; ils ne se flétrissent pas, mais, au lieu d'acquérir leur couleur normale, ils passent à une teinte vert-bleu ; c'est l'*ercissement*.

Les vins blancs donnés par les raisins ercis sont bien moins riches en alcool qu'ils ne devraient être, à la grande surprise des propriétaires, qui s'attendaient, après un été très chaud, à avoir des vins d'un haut degré alcoolique ; de leur côté, les vins rouges n'ont pas la riche couleur qu'ils promettaient et sont sujets à la casse.

Ces accidents n'ont pas été rares dans le Midi, au cours des grandes et chaudes années 1893 et 1906.

Sous le climat tempéré de l'Anjou, ils sont bien moins à craindre.

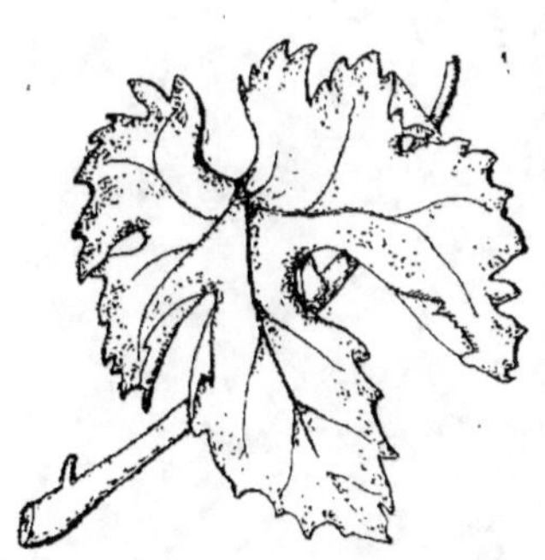

CHAPITRE XII

MALADIES PARASITAIRES VÉGÉTALES

OIDIUM

HISTORIQUE. — Le vignoble angevin a beaucoup à souffrir, et presque chaque année, de ce parasite végétal.

On l'y désigne sous les noms de *Maladie de la vigne*, le *Blanc*, le *Choléra*.

C'est un champignon du groupe des *Moisissures* ; son nom scientifique est *Erysiphe Tuckeri*, du nom de Tucker, l'observateur anglais qui l'a le premier signalé.

Observé pour la première fois en Angleterre, en 1845, dans une serre à vigne, sa présence fut constatée en France en 1847, à Suresnes, dans les serres de J. de Rotschild.

En 1850, les vignes des environs de Paris en furent envahies et ravagées.

En 1851, le mal était disséminé à travers tout le vignoble français et dans la plupart des autres climats viticoles. En 1852 et 1853, il causa un véritable désastre à tout le vignoble. De son fait, la production fut réduite à dix millions d'hectolitres.

D'où nous est venu ce parasite ?

Selon toute probabilité, c'est une importation américaine, bien que longtemps auparavant on ait signalé dans nos vignes une maladie du *blanc*, sans que nous sachions au juste ce qu'il faut entendre par là.

Des cépages américains introduits en France par des collectionneurs semblent bien avoir été les importateurs du mal.

ORGANES ATTAQUÉS. — Ce parasite attaque les feuilles, les rameaux, les grappes.

1° *Les Feuilles*. — Il s'y présente sous la forme de plaques blanchâtres, disséminées sur les deux faces, surtout la supérieure ; elles sont composées

Fig. 68. — Feuille atteinte d'oïdium à une période avancée.

Fig. 69. — Grains de raisin atteints d'oïdium, à une période avancée.

d'un feutrage de filaments très fins. Sous ces plaques, le tissu de la feuille devient noirâtre (fig. 68) et si elles sont étendues à presque toute la surface, la feuille devient cassante. Lorsque les toutes jeunes feuilles en voie de développement sont envahies, elles s'atrophient et se dessèchent. Des feuilles atteintes se dégage une forte odeur de moisi.

2° *Les Rameaux*. — Le mal commence par la base du bourgeon en voie de développement et s'étend de proche en proche vers son extrémité, à mesure qu'il s'allonge. On y voit des taches disséminées, blanchâtres, très peu épaisses, parfois confluentes et enveloppant tout le rameau, qui au-dessous d'elles se montre noirâtre, comme carbonisé.

3° *Les Grappes.* — Elles peuvent être atteintes aux moments les plus divers de leur évolution, depuis l'époque de la fécondation de la fleur, jusqu'à la véraison. Mais, à partir de ce moment, les grains perdent leur chlorophylle ou matière verte et sont désormais à l'abri du mal.

Une poussière blanchâtre recouvre plus ou moins complètement les grains qui sont comme *enfarinés* ; la pellicule s'épaissit et perd son élasticité ; ne pouvant plus dès lors se prêter à la poussée de la pulpe intérieure qui grossit, elle se fend, jusqu'à mettre à nu les pépins (fig. 69). Le grain se dessèche et durcit. Lorsque l'invasion porte sur des grappes de raisin blanc, si l'éclatement du grain est assez tardif, près de l'époque de la maturité, il s'y fait une concentration de sucre, par suite de l'évaporation d'eau, et le vin qu'on en obtient est plus riche en alcool. Il peut même être excellent et liquoreux, mais la perte de quantité est grosse. S'il s'agit de raisins rouges, la pellicule prend une teinte livide, le raisin mûrit mal et donne un mauvais vin ; si le temps devient pluvieux, le dommage est très aggravé, car la pourriture l'envahit.

Conséquences de l'Oïdium. — Le parasite n'envahit, il est vrai, que la partie superficielle des organes verts, dont les cellules épidermiques brunissent et perdent leur élasticité, d'où diminution des fonctions de respiration et de transpiration.

Les rameaux sont arrêtés dans leur croissance, deviennent buissonnants par développement des bourgeons axillaires, et tout le cep prend une apparence rabougrie. Les matériaux de réserve s'accumulent en quantité moindre dans les tissus et préparent mal le départ de la végétation suivante. En outre, la fructification diminue et la coulure s'accentue.

Les différentes sortes de cépages ne sont pas toutes également envahies. C'est ainsi que les chasselas et muscats le sont plus que le Pineau de la Loire.

On a cherché en Amérique des cépages résistant à l'oïdium, et c'est à l'importation de ces plants américains que nous devons l'introduction, chez nous, d'un mal qui s'est montré bien plus redoutable, le phylloxéra.

Description du parasite; son mode de multiplication. — De fines ramifications, semblables à des fils, s'étalent à la surface des parties vertes; c'est le *mycélium*. Celui-ci émet de courts *suçoirs* qui puisent leur nourriture dans les cellules sous-jacentes ; ces filaments donnent naissance à d'autres prolongements plus épais, qui s'en élèvent, se cloisonnent et deviennent des *conidies* ou *spores*, lesquelles se détachent facilement et que le vent emporte (fig. 70). Chaque spore, quand les circonstances de chaleur et d'humidité sont favorables, germe et émet un ou deux filaments mycéliens, point de départ d'une nouvelle tache.

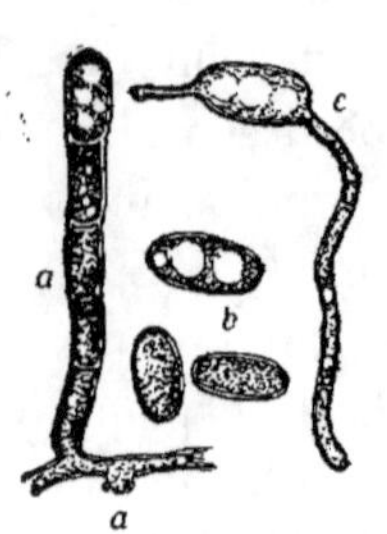

Fig. 70. — Reproduction de l'oïdium en été : *a*) Filament mycélien, avec un suçoir (a') ; il s'en élève un filament conidiophore, qui se cloisonne pour former autant de conidies ou spores; *b*) trois spores, dont la supérieure, prête à germer ; *c*) spore en germination, donnant un nouveau filament mycélien. (D'après Viala. *Les Maladies de la Vigne.*)

Pendant tout l'été, l'oïdium se multiplie par ce procédé, et on estime à une *vingtaine de jours* le temps nécessaire à une évolution complète.

Vers l'automne, en septembre-octobre, aux premiers froids, il se forme parmi les filaments mycéliens des corpuscules sphériques, d'abord jaune-citron et ensuite noirâtres, d'où partent, en rayonnant, de nombreux filaments crochus : ce sont les *périthèces*. Dans ces corpuscules se développent des spores, *spores d'hiver*, qui au retour de la chaleur, sont mises en liberté par l'éclatement des périthèces.

Outre ce mode d'hibernation de l'oïdium, qui assure sa reproduction au printemps, il paraît encore hiverner dans l'intérieur des bourgeons sous forme de simples filaments de mycélium, pour servir de point de départ aux invasions de printemps. A mesure que le bourgeon qui héberge le parasite grandit, le parasite s'accroît avec lui et parfois le dépasse et le recouvre d'une blanche efflorescence (Rvaz).

Conditions de développement de l'Oïdium. — La température la plus favorable à l'évolution de l'oïdium est environ 25° à 30° ; mais celle de 12 à 14° lui suffit ; à 45°, il est complètement arrêté dans son développement. L'humidité le favorise ; mais il n'est pas nécessaire que la pluie intervienne ; un état hygrométrique de l'air assez accusé lui suffit ; les grandes pluies, en lavant les vignes, seraient plutôt défavorables à son développement.

Les vignes mal tenues, encombrées d'herbes, sont bien plus envahies que celles qui sont maintenues en état de propreté.

TRAITEMENT DE L'OÏDIUM

On a cru d'abord que c'était l'abondance des engrais, qui rendant la vigne trop riche en sève, en quelque sorte pléthorique, favorisait l'invasion du mal, d'où la recommandation de peu graisser, de pincer, de rogner les rameaux, de pratiquer l'incision annulaire, d'entailler profondément le cep, dans le but de diminuer la vigueur de la vigne.

Contre ce mal, on a trouvé dans le soufre le remède efficace, qu'il soit à l'état pulvérulent ou sous forme de produits liquides.

1° **Soufre pulvérulent.** — Dès 1846, il fut employé par Kyle, jardinier à Layton, en Angleterre.

En 1850, sous la direction de mon vénéré maître, Duchartre, des expériences convaincantes furent entreprises à Versailles.

Jusqu'en 1862, l'oïdium n'avait fait en Anjou que des apparitions sporadiques et sans grande gravité ; mais cette année-là, il y sévit avec une intensité inquiétante. On fit appel à la science et au dévouement de M. de la Vergne, propriétaire dans le Médoc et membre de la Société d'Agriculture de la Gironde. Il donna, au cours du mois d'avril, des Conférences sur le Soufrage de la vigne, qui furent très suivies par les vignerons de l'Anjou. Elles eurent lieu sous le patronage de la Société Industrielle et Agricole, à Angers, avec démonstrations pratiques dans les jardins André Leroy, puis à Saumur, Chalonnes, Thouarcé.

Dès cette année 1862, 100.000 kilos de soufre entrèrent en gare d'Angers, et une fabrique de soufflets, destinés à répandre le soufre fut créée à Saumur ; 400 en furent vendus dès cette première année.

A titre de reconnaissance, la Société Industrielle conféra à M. de la Vergne le titre de « membre honoraire » et fonda les « Prix de la Vergne » décernés chaque année aux vignerons qui s'étaient le plus distingués dans le traitement de l'oïdium par le soufre.

Sous l'action du soufre, l'oïdium se flétrit, se dessèche, les spores se déforment ; et, suivant que la température est très élevée, 32 à 35°, ou qu'elle l'est moins, 20 à 25°, l'effet se produit immédiatement ou n'opère qu'au bout de quelques jours. Dans les régions méridionales, surtout en Algérie, il suffit, par les trop fortes chaleur, où le contact du soufre avec les grains pourrait les griller, de le répandre simplement sur le sol, au-dessous des ceps; les vapeurs qui s'en dégagent agissent efficacement sans causer de dommage aux grappes.

Malheureusement quelques spores ou filaments, échappant toujours au traitement, sont le point de départ d'une nouvelle invasion et nécessitent un nouveau traitement au bout de 20 à 25 jours.

Le soufre paraît agir directement par son contact avec les spores et surtout par son oxydation, qui donne de l'acide sulfureux.

Mais celui qui tombe sur le sol n'est pas perdu ; il favorise la vigueur des ceps, car, transformé en sulfate de chaux, il agit sur les sels de potasse, qu'il change en sulfate, puis en carbonate de potasse, qu'absorbent les racines après sa dissolution dans l'eau.

Dans les raisins rouges, il en accentue la couleur.

Pratiqué au moment de la floraison, le soufrage favorise la fécondation et s'oppose à la coulure, le coup de soufflet provoquant la chute des capuchons floraux.

Pour que le soufre agisse bien, il faut une température d'environ 25° et pas de pluie.

Répandu par les trop grandes chaleurs, il grille les raisins, qui prennent par place une teinte brune ; leur peau durcit, mais ne se fend pas.

Époque des soufrages. — On devra ne pas perdre de vue que si le soufre a sur l'oïdium une action curative certaine, il est très avantageux de l'employer à titre *préventif*, avant l'apparition du mal, les spores apportées par le vent se refusant de germer si elles rencontrent du soufre sur les feuilles où elles tombent.

Le *premier traitement* se fera donc de très bonne heure, quand les bourgeons atteignent dix à douze centimètres de longueur, et surtout dans une vigne habituellement envahie par le mal.

Le *deuxième traitement* aura lieu à la floraison ; c'est le plus important de tous, car c'est au moment où l'ovaire vient d'être fécondé, que la fleur, qui devient le fruit, est le plus sensible au parasite.

Un *troisième traitement* est fort utile, souvent nécessaire, un peu plus tard.

Dans les vignes que l'oïdium envahit facilement, il convient de répéter le soufrage tous les quinze jours à peu près.

Et surtout il faut faire le travail avec soin, pour en obtenir le maximum d'effet. Trop souvent il est pratiqué avec une certaine négligence et son efficacité est médiocre. L'extrémité de la lance doit être placée *au-dessous* du cep, et non pas à mi-hauteur, comme il arrive fréquemment; après quoi, un bon coup de soufflet faisant monter la poudre à travers toute la masse feuillue, une partie retombe en recouvrant le dessus des grappes, dont le dessous a été d'abord atteint.

Variétés de soufre ; leurs caractères. — Le soufre est utilisé sous trois formes : *sublimé, trituré, précipité.*

Les soufres sublimé et trituré sont tous les deux d'une grande pureté. Si la fraude n'y a pas ajouté de matières étrangères, ils doivent, quand on les brûle, ne laisser aucun résidu, et quand on en plonge dans l'eau une pincée qu'on retire aussitôt, ils ne doivent pas se mouiller. S'ils se comportent autrement dans ces deux épreuves, c'est qu'ils contiennent des matières étrangères.

Au microscope, le sublimé se montre sous forme de très petits grains sphériques, hérissés d'aspérités ; le trituré, qui résulte d'un broyage, a l'apparence de grains plats, très irréguliers, fragmentaires, plus volumineux. Ce dernier coûte moins cher ; il est moins fin que le premier, mais a l'avantage de ne pas renfermer, contrairement à lui, un peu d'acide sulfurique, lequel produit pendant l'épandage une cuisson aux paupières de l'opérateur. Moins onctueux au toucher que le sublimé, il est de teinte plus pâle.

On compte, en général, pour les trois soufrages avec le trituré, par hectare : 15 kilos, 30 kilos, 40 kilos ; et pour le sublimé : 15 kilos, 50 kilos, 60 à 70 kilos.

Pour obtenir une plus fine répartition du soufre on y ajoute souvent, dans des proportions variables, du plâtre, de la chaux, de la poussière de charbon très fine, de la cendre.

Le soufre *précipité* ou soufre noir est à un degré de finesse extrême, très favorable à son action sur l'oïdium ; mais il ne contient guère qu'un tiers de soufre, le reste de la masse étant représenté par des matières étrangères.

2⁰ **Les polysulfures alcalins.** — Ce sont des composés de soufre et de potassium ou de sodium (solutions de *foie de soufre* dans l'eau).

Sous le nom de *bouillie sulfo-calcique*, on entend une combinaison de soufre et de calcium.

Ces solutions peuvent remplacer les poudrages au soufre quand fait défaut la température qui est nécessaire à l'action du soufre pulvérulent. Elles laissent sur les feuilles un soufre très divisé, très adhérent, et leur substitution à la fleur de soufre est avantageuse dans les région septentrionales. Il est prudent de ne pas l'employer au moment de la floraison.

La solution s'emploie à la dose de 500 grammes à 1 kilo de polysulfure par 100 litres d'eau.

Il faut noter que ces solutions attaquant un peu le cuivre des pulvérisateurs, un lavage soigné des appareils s'impose après chaque opération.

3⁰ **Le Permanganate de Potasse**. — Préconisé en Bourgogne par Truchot, il offre l'avantage, en vertu de ses propriétés oxydantes énergiques, de tuer immédiatement par son contact le champignon de l'oïdium.

De plus, il permet de traiter contre l'oïdium des variétés de cépages qui ne supportent pas l'action du soufre, lequel fait tomber leurs feuilles; tel est notamment l'Othello.

A la dose de 125 grammes par hectolitre d'eau, avec addition de 3 kilos de chaux, pour augmenter son adhérence, il a raison de l'invasion la plus intense. Il faut se rappeler que le permanganate se dissout mal dans l'eau froide et qu'il est bien préférable d'employer l'eau chaude ; on devra veiller à ce que la dissolution en soit complète.

La difficulté de ce traitement est d'atteindre chaque grappe, d'arroser tous les grains malades ; le résultat dépend entièrement de la façon dont le traitement est exécuté. Quand il n'y a que quelques grappes malades, le procédé par trempage dans un petit récipient contenant la solution, donne d'excellents résultats.

A la différence du soufre, qui agit à la fois comme préventif et curatif, le permanganate n'a d'action que sur le mal déclaré. Aussi est-il recommandé de pratiquer un soufrage dans les jours qui suivent l'opération, car il est impossible qu'un certain nombre de spores n'aient pas échappé à son action.

On peut aussi l'employer en poudre, suivant cette formule : soufre sublimé, 65 ; chaux blutée, 20 ; permanganate, 15. Ce dernier devra être très finement pulvérisé. S'il y a du soleil, le soufre agit ; s'il fait défaut, le permanganate exerce quand même son action.

APPAREILS D'ÉPANDAGE

Les appareils à soufrer, les premiers employés en Anjou, ont été des *soufflets à deux mains*, qu'après les Conférences du comte de la Vergne on a fabriqués de suite à Saumur, et qui se sont répandus dans tout le vignoble.

Quelques viticulteurs se sont contentés, pour de petites étendues, de se servir d'une simple *pomme d'arrosoir*, qu'il fallait remplir de soufre à chaque instant et qui donnait un soufrage inégal et dispendieux.

Plus tard sont venues les *soufreuses* à dos d'homme ou *hottes*, d'un maniement facile et sur lesquelles il n'y a rien à dire de spécial pour l'Anjou. Enfin, dans quelques grands vignobles, on a recours aux appareils à grand travail, soit *les soufreuses à bât*, soit les *soufreuses à chariot* (fig. 71.)

Une maison d'Angers, Hégu, a fabriqué une soufreuse de ce dernier genre, qui se recommandait par sa simplicité, son bon fonctionnement et son bon marché. Il est regrettable que la fabrication n'en ait pas continué.

Un appareil à soufrer, quel qu'il soit, doit répandre le soufre sous forme d'une très fine poussière, également répartie, et qui pénètre à travers la masse feuillue du cep, de façon à en atteindre toutes les parties. En répandant le soufre par masses, on dépense beaucoup plus d'argent pour obtenir un résultat beaucoup moins bon.

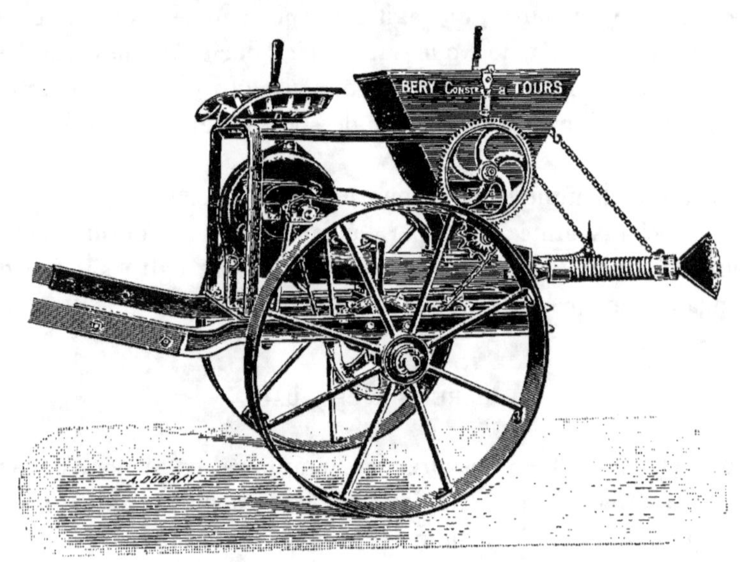

Fig. 71. — Soufreuse Béry, à grand travail.

MILDIOU (1)

HISTORIQUE. — Ce parasite de la vigne, *Peronospora*, ou mieux *Plasmopara viticola*, est un cryptogame, un champignon. Il paraît certainement nous être venu d'Amérique, où il est très répandu.

----

(1) L'orthographe véritable est *Mildew*. D'ailleurs, le mot *meldiew* était déjà employé en Angleterre au XVIIIᵉ siècle pour désigner une sorte de production sucrée ou *miellat*, qui recouvre parfois les feuilles des plantes.

Son invasion fut prédite dès 1872 par mon savant ami Maxime Cornu, professeur au Muséum d'Histoire naturelle de Paris.

Signalé en France pour la première fois par Planchon en 1878, il envahit rapidement tout le vignoble ; dix ans après son apparition, toutes les vignes françaises en étaient atteintes.

Apparu en Anjou en 1884, son invasion y est générale en 1886. Le vignoble angevin a eu beaucoup à en souffrir ; l'année 1910 en particulier a laissé de son passage néfaste un souvenir inoubliable, la plus grande partie de la récolte ayant été détruite.

ORGANES ATTAQUÉS. — Tous les organes verts, feuilles, bourgeons, jeunes sarments, grappes, peuvent être envahis. Beaucoup plus redoutable que l'Oïdium, qui est un parasite de surface, le Mildiou pénètre dans les tissus et dès lors, bien abrité, défie tout traitement.

1° *Feuilles.* — Il y apparaît d'abord sous la forme de taches assez peu visibles ; regardée par transparence, la feuille paraît légèrement décolorée, d'un moins beau vert dans la partie envahie; c'est la *tache d'huile.* Plus tard, du côté de la face inférieure, la tache se recouvre d'une *efflorescence* d'apparence saccharine, plus blanche que celle de l'oïdium, et qui est formée par l'ensemble des spores reproductrices (fig. 72).

Fig. 72. — Taches de mildiou bien visibles sur la face inférieure de la feuille.

A noter que la feuille n'est pas déformée, cloquée, comme dans l'érinose.

Ensuite, la tache brunit; le tissu de la feuille devenu plus fragile se déchire souvent, se troue. Si la feuille est plus largement atteinte, elle tombe toute entière.

Lorsque la feuille est devenue adulte, elle craint bien moins le mildiou. Il s'y décèle alors par de petites taches de couleur variée, sorte de *mosaïque* ou *points de tapisserie,* comme on les appelle, qui ne produisent pas

d'efflorescences blanches, mais dans lesquelles se forment en quantité des
œufs ou *spores d'hiver* ;

2° *Rameaux.* — Les jeunes pousses perdent leur couleur verte dans les
parties envahies ; elles se dessèchent et mûrissent mal leur bois ;

3° *Grappes.* — Suivant l'époque à laquelle elle les envahit, la maladie
porte des noms différents : *Rot gris,* c'est l'envahissement au moment de
la fleur. Les grains se recouvrent des filaments blancs du mycélium, se
dessèchent, noircissent et tombent sous forme de grains de tabac, accident
souvent désigné sous le nom de *coulure du mildiou* ; *Rot brun,* quand
l'envahissement se fait après la véraison ; alors les grains des grappes
blanches brunissent, ceux des grappes rouges deviennent livides. Il se
produit alors une sorte de ramollissement et de liquéfaction du grain, d'où
le nom de *Rot juteux,* qu'on lui donne parfois. Le mal peut commencer par
le pédicelle du grain ou bien débuter par le grain lui-même.

CONSÉQUENCES DU MILDIOU. — Elles sont très graves. Les feuilles
atteintes sont arrêtées dans leurs fonctions nutritives et respiratoires ; les
grappes dépourvues de feuilles ne peuvent pas mûrir. Si l'invasion se fait
après la véraison, la disparition des feuilles provoque l'accumulation de
matières azotées en quantité exagérée dans les grappes, point de départ
fréquent de la maladie de la *tourne.* Le vin des vignes mildiousées est
mauvais et sujet à ce grave accident. En somme, la récolte diminue en
quantité et en qualité.

DESCRIPTION ET MODE DE REPRODUCTION DU MILDIOU. — Le *Plasmopara
viticola* a pour point de départ, au printemps, une spore, qui a passé l'hiver
et qui, quand les conditions sont favorables, germe, c'est-à-dire donne
naissance à quelques filaments ou mycélium ; celui-ci produit de petits
ramuscules terminées par des renflements ou *macroconidies,* desquelles
sortent des spores mobiles ou *zoospores.* Lorsque celles-ci rencontrent un
stomate, orifice respiratoire de la feuille, que porte en nombre immense
sa face inférieure, elles germent et s'enfoncent dans les tissus de cette

feuille (1) : le mycélium s'y ramifie et produit de petites tubérosités ou suçoirs qui puisent leur nourriture dans les cellules (fig. 73).

Sous leur action, les parties atteintes de la feuille se décolorent, devien-

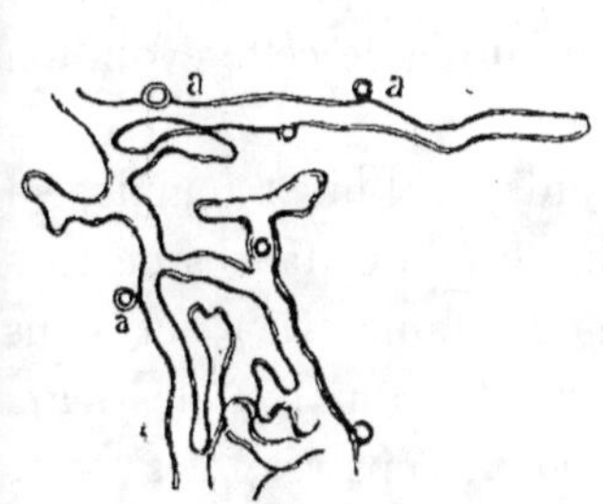

Fig. 73. — Filaments très grossis de mycélium de mildiou, avec ses suçoirs *a, a.* tel qu'il se présente dans le tissu d'une feuille.

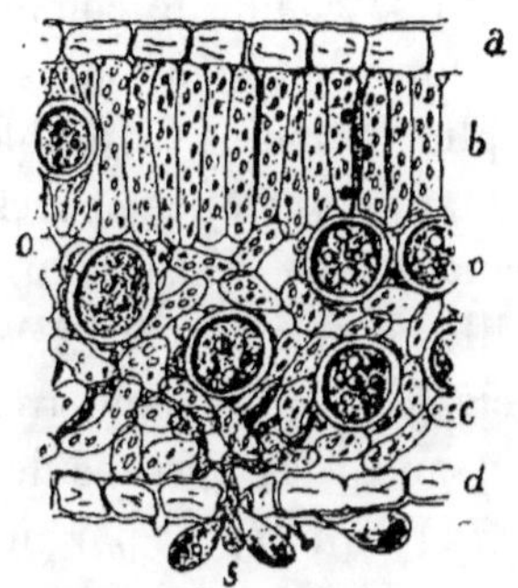

Fig. 74. — Coupe à travers une feuille atteinte de mildiou : *a)* épiderme de la face supérieure ; *b)* tissu en palissade; *c)* parenchyme lacunaire ; *o)* œufs d'hiver du mildiou ; *s)* stomate par où sortent des conidiophores.

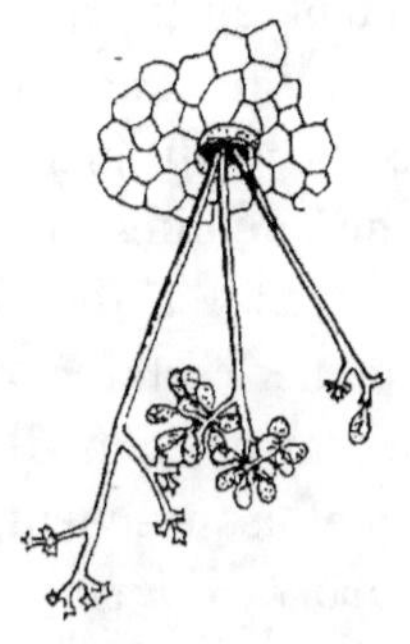

Fig. 75. — Un stomate de feuille, par où sort un bouquet de filaments ou conidiophores, les uns avec les conidies, les autres après que celles-ci s'en sont détachées.

nent jaunâtres (taches d'huile). Le mal ne va pas plus loin si les conditions de température sont défavorables. Mais si la chaleur et l'humidité sont suffisantes, ces taches se recouvrent, du côté de la face inférieure des feuilles, de taches blanches. Ces taches sont formées de fins bouquets ou

---

(1) Il n'y a pas bien longtemps qu'on sait que la spore du Mildiou envoie son germe dans la feuille par un des stomates de sa face inférieure, tandis que l'on croyait que la contamination s'opérait par la face supérieure, comme en fait foi cet extrait du Compte-rendu de la Session de 1911 de la *Société des Viticulteurs de France.* A la page 125 on lit ceci :

M. Maisonneuve. — Depuis les expériences de Millardet, est-on absolument certain que les spores du mildiou ne puissent pas pénétrer dans les feuilles par la face

conidiophores, chargés de spores ou *conidies,* et qui se font jour au dehors par les stomates (fig. 74 et 75). Ces conidies se détachent et, disséminées par le vent, sont le seul moyen de propagation du mal pendant tout l'été. Elles produisent des *zoospores* qui germent et se développent à leur tour, donnant un mycélium qui se comporte comme le précédent. Pour évoluer, il leur faut une température de 8° au moins et de 29° au plus; et suivant que les conditions sont plus ou moins favorables, la durée de cette évolution est de quelques minutes ou de quelques heures.

Ces spores sont incapables de résister aux froids de l'hiver ; mais, en automne, certaines feuilles sont marquées çà et là de petites taches de couleur variée, dont il a été parlé plus haut, (points de tapisserie), et dans lesquelles prennent naissance des corpuscules arrondis, qui sont les *œufs* ou *spores d'hiver* (fig. 74) ; protégés par une coque épaisse, ces œufs peuvent attendre, pour évoluer, le retour du printemps. Répandus sur le sol avec les feuilles, ce sont eux qui serviront à la première contamination du printemps suivant.

Conditions de développement du Mildiou. — Des pluies abondantes au printemps favorisent la germination des spores d'hiver, qui ont besoin, en outre, d'une température qui ne doit pas être inférieure à 11°, ni supérieure à 29°. Elles enfoncent dans le tissu de la feuille leur mycélium (*période de contamination*); celui-ci se ramifie en émettant de nombreuses et

---

inférieure ?... Si le Mildiou arrivait à pénétrer dans les feuilles par la face inférieure, est-ce que cela ne serait pas l'explication de l'insuffisance des traitements ? Je demande si on a des faits très précis établissant que les spores du Mildiou ne peuvent germer que par la face supérieure. Car autrement, nous devrions chercher à atteindre non pas seulement la face supérieure, mais aussi la face inférieure ; il faudrait porter la lance à l'intérieur des ceps.

M. *le Rapporteur* (M. Chappaz). — Personnellement je suis d'accord avec vous pour penser que le Mildiou doit germer sur la face inférieure des feuilles ; je n'ai pas d'indications scientifiques.

M. *le Président* (M. Prosper Gervais). — M. Couderc nous a affirmé qu'il croit à la possibilité, d'une façon exceptionnelle, de l'attaque du Mildiou sur la face inférieure de la feuille, d'où sa méthode du traitement à bec renversé. Ses observations confirment donc ce que MM. Chappaz et Maisonneuve disaient.

courtes tubérosités ou suçoirs, qui puisent le suc des cellules (*période d'incubation*), d'une durée de quelques jours à un mois, plus longue si le temps se maintient sec, plus courte si le temps est pluvieux ou chargé de brouillards.

Apparaissent alors les inflorescences blanches sous forme de petits bouquets émergeant des stomates de la face inférieure des feuilles et chargés de spores (*périodes d'invasion* (fig. 75).

Les mêmes phases se reconnaissent dans l'envahissement des grains de raisin.

En Anjou, on ne constate que bien rarement sa présence avant le 15 juin. Cela tient manifestement à ce qu'avant cette date, il y a chaque jour des abaissements de température au-dessous de 10° (Moreau et Vinet). Cependant les invasions de mildiou peuvent se renouveler quatre, cinq et six fois (année 1912). La durée de l'incubation, en Anjou, varie, suivant que la température est plus ou moins favorable, de trois à cinq jours à une douzaine et plus. Pour que les conidies se forment, il faut au moins une température qui ne descende pas, pendant la nuit, au-dessous de 12 à 13°, avec une forte humidité.

Un temps sec persistant, ensoleillé, prolonge l'incubation ou même arrête l'invasion, la maladie restant à l'état de *tache d'huile*.

Tandis que l'oïdium n'a besoin pour germer que de l'humidité de l'air, le mildiou réclame une goutte d'eau pluviale ou de rosée.

Enfin, pour que le mildiou se montre, il faut que la vigne soit en *état de réceptivité*. Elle est en cet état lorsque la température se refroidit et qu'il vient à pleuvoir ; et cet état se constate par un allongement moins rapide de ses rameaux, ce qu'il est facile d'observer à l'aide d'une planchette graduée contre laquelle on palisse un sarment.

Remarques et Aphorismes. — Si l'hiver a été doux, le mildiou apparaît plus tôt.

— Des pluies courtes mais fréquentes et une température élevée provoquent l'apparition du mildiou.

— La rosée le favorise plus que la pluie abondante.

— Les vignes situées au voisinage des champs cultivés et des prairies ou des bois sont plus sujettes au mildiou, en raison de l'humidité qui s'en dégage et d'un rayonnement nocturne plus intense.

— Un brouillard qui s'élevant du sol s'arrête à mi-hauteur d'un coteau, provoque l'apparition du mildiou dans la partie inférieure, tandis que la partie située au-dessus de lui reste indemne.

— Le brouillard et la rosée humectant les feuilles là où la pluie ne saurait pénétrer, sont plus à redouter que celle-ci.

— Si à la pluie s'ajoute un temps orageux, le mal progresse beaucoup plus vite.

— Un temps couvert favorise le mildiou ; un temps clair lui est contraire.

— Plus les tissus d'une vigne sont riches en eau, plus celle-ci est sujette à contracter la maladie.

— Pour ce motif une vigne qui pousse tendre, et par conséquent dont les tissus renferment plus d'eau, y est plus exposée.

— Pour la même raison une fumure azotée exagérée, en poussant trop à la végétation, favorise le mal, tandis que des engrais potassiques, qui concentrent plutôt les sucs cellulaires, n'ont pas le même inconvénient.

— Pour cela aussi, les feuilles jeunes prennent le mal plus facilement que les feuilles âgées.

— Un mauvais aoûtement du bois, des tailles longues ou tardives, toutes causes de diminution de la concentration des liquides cellulaires, favorisent la contamination.

— Par contre, les pincements précoces, en augmentant cette concentration, rendent cette contamination plus difficile.

— Une vigne grêlée est plus sujette au mildiou qu'une vigne saine et le mal s'y propage bien plus vite.

— Si le mildiou tombe sur une vigne grêlée, la récolte est immanquablement compromise, toutes les blessures faites par la grêle aux feuilles et au bois étant autant de portes d'entrée offertes au mildiou.

— La direction suivie par le mildiou dans un vignoble coïncide généralement avec celle des vents régnants.

— Tout traitement contre le mildiou pour être efficace doit être préventif ; il doit donc précéder la contamination.

— Quand le mildiou a pénétré dans les tissus, il est désormais à l'abri de notre atteinte.

— La première invasion étant la mère de toutes les autres, on a le plus grand intérêt à s'y opposer.

— Il y a donc nécessité de traiter dans les jours qui suivent le débourrement, s'il se produit un abaissement de la température en même temps qu'une menace de pluie.

— La contamination se fait par la face inférieure des feuilles, qui seule présente des stomates, lesquels sont autant de portes d'entrée pour le parasite.

— Les invasions de mildiou sont loin d'avoir toutes la même intensité. Certaines années il paraît beaucoup plus virulent et se jouer des traitements, ce qui a fait proclamer parfois la faillite des sels de cuivre (en Anjou, 1910).

— Tous les cépages n'offrent pas la même réceptivité au mal. Les cépages à feuilles duveteuses se défendent mieux que les cépages à feuilles lisses.

— Malgré quelques essais tentés pour immuniser la vigne contre le mildiou, la question de ce problème reste entière.

TRAITEMENT

Le traitement contre le mildiou est exclusivement préventif ; une fois l'ennemi dans la place, il n'y a plus rien à faire.

En Anjou, le mildiou ne se montrant pas généralement avant le milieu de juin, c'est dans les premiers jours de ce mois qu'il faut appliquer le premier traitement. Le second aura lieu vers la fin de la floraison, c'est-à-dire dans les derniers jours de juin. Il faudra s'efforcer d'atteindre et de mouiller les grappes, car l'invasion des pédoncules floraux est autrement grave pour la récolte que celle des feuilles.

Si le temps paraît favorable au développement du mildiou, il faut en intercaler entre ces trois traitements fondamentaux, soit sous forme de bouillie, soit sous forme de poudre.

Les pincements et rognages, en amenant plus rapidement les feuilles à l'état adulte, sont d'utiles adjuvants aux traitements.

Il est reconnu que les sels de cuivre constituent le traitement le plus efficace contre le mildiou (propriété découverte par Millardet). On les emploie à l'état de simple *solution*, ou mieux, combinés à des substances alcalines, sous forme de *bouillies*.

Solution de sulfate de cuivre. — Dose: 200 à 300 grammes de sulfate de cuivre ; eau, 100 litres. Elle a parfois l'inconvénient de brûler les jeunes feuilles, d'être peu adhérente et de ne pas laisser de traces apparentes après l'épandage.

Solution de Verdet neutre (acétate de cuivre). Dose : 600 à 800 ou 1.000 gr., eau 100 litres. Excellente solution, très active, très adhérente, ne brûlant .jamais les feuilles, n'engorgeant pas les appareils et de préparation très facile. Comme elle a l'inconvénient de ne pas marquer les feuilles, on lui ajoute 50 grammes de plâtre. Le seul inconvénient du Verdet, c'est qu'il coûte cher.

Bouillie bordelaise. — Pour notre région, généralement humide, la formule qui convient est : sulfate de cuivre, 2 kilos ; chaux grasse, 1 kilo ; eau, 100 litres. Faire fondre le sulfate dans 80 litres d'eau ; délayer la chaux en pierre dans 20 litres d'eau, tamiser et verser en remuant la dilution de chaux dans la solution cuprique et jamais inversement.

Cette bouillie est *basique* ou *alcaline*.

La bouillie *neutre* s'obtient de la même façon ; il suffit d'employer moins de chaux. On verse lentement l'eau de chaux dans la solution de sulfate, pour s'arrêter juste au moment où un papier de tournesol bleu plongé dans le mélange tend à perdre sa couleur bleue pour passer au rouge.

La bouillie *acide* s'obtient en ajoutant à une bouillie neutre environ 200 grammes de sulfate de cuivre.

On préfère généralement aux deux autres la bouillie alcaline, dont l'effet protecteur se fait sentir plus longtemps.

La bouillie acide aurait une action plus prompte, mais sa période de protection est plus courte ; en outre, elle expose à brûler les feuilles.

En réalité, il ne paraît pas y avoir, au point de vue de l'efficacité, de grande différence entre ces diverses formules.

Bouillie bourguignonne. — Si au lieu de chaux on emploie le carbonate de soude pour neutraliser le sulfate de cuivre, on a la bouillie bourguignonne. La formule généralement employée est celle-ci : sulfate de cuivre 2 kilos ; carbonate de soude à 90°, 1 kilo ; eau, 100 litres. Le carbonate étant souvent impur, il convient toujours d'essayer avec le papier de tournesol si la bouillie est neutre, la seule qui est à recommander. Quelquefois, si le temps est humide, elle brûle les jeunes feuilles ; pour éviter cet accident, on peut employer le bicarbonate de soude au lieu du carbonate.

On se sert avec la même utilité de la bouillie bordelaise ou de la bouillie bourguignonne. Si cette dernière est d'une préparation plus facile et engorge bien moins les pulvérisateurs, elle a l'inconvénient de ne pouvoir être employée que le jour même de sa préparation, car elle perd bien plus vite que la bordelaise sa propriété adhésive et son efficacité.

Bouillies adhésives. — L'échec des traitements aux bouillies cupriques est souvent dû à leur peu d'adhérence. Le pulvérisateur répand le mélange en fines gouttelettes sur les feuilles ; mais celles-ci sont plus ou moins duveteuses ou très lisses et le liquide n'arrive pas à les mouiller, mais coule à leur surface comme sur une feuille de chou, et tombe à terre.

Pour augmenter leur adhésivité, on peut ajouter aux bouillies de la *mélasse*, 200 à 250 grammes (bouillie sucrée Michel Perret) ; de la *colophane*, 500 grammes, dans une solution bouillante de carbonate de soude; de la *caséine*, 50 grammes, mêlés à 100 grammes de chaux grasse éteinte, en poudre, puis le tout étant mouillé d'un peu d'eau pour former une pâte, celle-ci est ensuite peu à peu délayée et versée dans 100 litres de bouillie bordelaise. Il est surtout recommandable d'ajouter à la bouillie de l'*adhésol* qui est une substance à base de bile et qui a la propriété d'amener la bouillie à s'étaler à la surface de la feuille comme un mince verni, qui persiste longtemps et ne s'écaille pas en se desséchant.

Bouillie de sulfate d'alumine. — Je ne cite que pour mémoire cette préparation, que le professeur Villedieu, de Tours, avait cru au cours de ses recherches sur l'action du cuivre en présence des spores du mildiou, devoir préconiser. Les essais que j'ai faits avec ce produit en 1924, à la Station viticole de Saumur, n'ont aucunement protégé contre le mildiou la portion de vigne traitée. Et il en a été ainsi, je crois, dans toutes les vignes ou on l'a expérimenté.

D'après ses recherches récentes M. Villedieu préconise une bouillie composée d'environ 2 kilos de sulfate de chaux, 400 grammes de sulfate de cuivre, 600 grammes de sulfate de magnésie, cette dernière simplement pour donner l'adhérence. Malgré la très faible proportion de cuivre, cette bouillie serait tout aussi efficace que la bouillie bordelaise à 2 kilos de sulfate de cuivre, d'après les expériences faites en Bourgogne au cours de l'année 1925.

Si les résultats obtenus par l'expérimentateur se confirment, il y aurait une grande économie réalisée dans le traitement du mildiou.

Bouillies combinées contre l'oïdium et le mildiou. — Bien que le traitement simultané employé contre ces deux maladies ne vaille pas les traitements alternants, on peut, en vue de l'économie de temps, les pratiquer. Les plus recommandables sont les suivants :

a) *Bouillie bordelaise au permanganate de potasse*. — Il n'y a aucun inconvénient à associer le permanganate au sulfate de cuivre. Il y en aurait à l'associer au Verdet, qui serait en partie décomposé, aux bouillies sucrées qui contiennent de la caséine, de la gélatine, de l'adhésol, de la saponine, toutes matières organiques qu'il attaque et décompose ;

b) *Bouillie au soufre mouillable*. — Le soufre mouillable s'incorpore facilement aux bouillies cupriques, à la dose de 2 kilos à 2 kilos et demi par hectolitre. On mêle intimement de la chaux épaisse avec le double de soufre sublimé, ou mieux de soufre précipité, et on verse le tout dans la bouillie cuprique. Un papier au tournesol ou à la phtaléine indique quand la dose est suffisante pour neutraliser la bouillie.

Le soufre incorporé à la bouillie reste mieux fixé sur les feuilles que le soufre pulvérulent, et son action est plus durable. Par contre, il diminue l'adhérence du cuivre, et de plus le soufre s'altère dans sa composition et passe à l'état de sulfure ;

c) *Bouillie aux polysulfures alcalins.* — Au lieu de la préparation précédente, un peu compliquée, il est plus simple de combiner la bouillie cuprique avec un polysulfure alcalin. On l'emploie dans les proportions suivantes : polysulfure de potassium ou de sodium, 1 kilo ; sulfate de cuivre, 1 kilo ; eau, 100 litres.

En présence du sulfate de cuivre, les sulfures alcalins se décomposent facilement pour donner du soufre.

Remarque. — D'une façon générale, on devra garder ces traitements, comme un adjuvant utile contre l'oïdium, mais qui ne dispense pas des soufrages classiques. Leur emploi réalise une économie de main-d'œuvre, mais au total il ne vaut pas, comme efficacité, l'usage séparé de la bouillie cuprique et du soufre en poudre.

Appareils d'épandage des bouillies cupriques. — Les vieux vignerons de l'Anjou se rappellent que le premier instrument employé pour répandre la bouillie cuprique n'a été autre chose que la simple balayette, utilisée comme font les maçons qui blanchissent un mur par aspersion.

Mais on ne tarda pas à employer les appareils qui se construisirent de tous côtés : pulvérisateurs à hotte, portés à dos d'homme, et de différents modèles, à pression intermittente ou à pression continue, pulvérisateurs à bât ou bien montés sur roues et à traction animale (fig. 76).

Comme ces divers appareils n'offrent rien de spécial en ce qui concerne l'Anjou, il n'y a pas lieu d'y insister davantage.

Poudres cupriques. — Un adjuvant très utile des bouillies, dans le traitement du mildiou, est fourni par les poudres à base de cuivre. Leur emploi se recommande en raison de la facilité de leur épandage, de leur pénétration bien plus parfaite que celle des liquides, de leur réelle efficacité et de l'économie de temps et d'argent.

La condition essentielle de la réussite, c'est la finesse du produit employé ; plus il sera en poudre impalpable, mieux il pénétrera et s'attachera aux diverses parties des ceps.

En outre, la poudre doit être répandue à la rosée, car étant donné son peu d'adhérence, la plus grande partie tomberait à terre sans être utilisée.

Il faut se rappeler que plus exposées à brûler les tissus de la feuille que

Fig. 76. — Sulfateuse Béry, à grand travail.

les bouillies, on doit éviter de les répandre aux heures les plus chaudes de la journée.

En somme, il convient surtout de les regarder comme un utile complément de traitement, à intercaler entre les épandages de bouillies.

Une bonne poudre doit contenir 8 à 10 % de sulfate de cuivre, répondant à 2 ou 2 et demi de métal de cuivre.

ANTHRACNOSE

Description et variétés. — Cette maladie n'est pas très commune en Anjou ; elle préfère les régions méridionales, humides et chaudes. Il est bon cependant de la connaître pour la traiter comme il convient, dans le cas où elle se montrerait chez nous.

Connue depuis longtemps, elle existe dans tous les pays d'Europe, aussi bien qu'en Amérique. Elle est due à un champignon, le *Manginia ampelina*. Son nom d'Anthracnose, qui signifie *charbon*, vient de la teinte noire qui borde les taches qu'elle dessine sur les feuilles, le jeune bois et les grappes.

Elle offre trois variétés : *ponctuée, déformante, maculée* (fig. 77).

La dernière offre seule un véritable intérêt.

Elle forme sur les différentes parties vertes et jeunes de la vigne de petites taches d'environ un à trois centimètres de diamètre, mais qui en se fusionnant, peuvent prendre une bien plus grande extension. Le tissu est comme rongé par un ulcère et les bords de la tache sont nettement dessinés, découpés, mais avec des contours irréguliers.

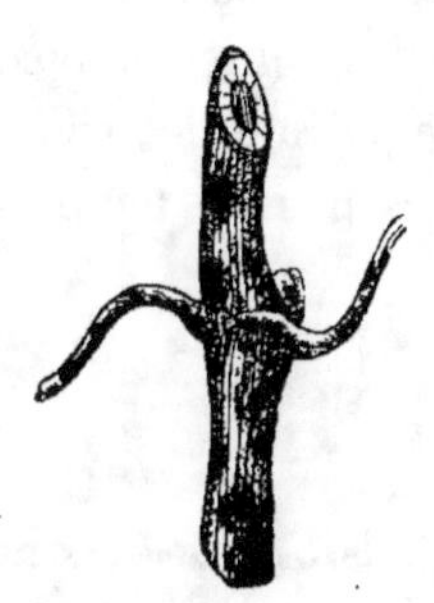

Fig. 77. — Fragment de sarment atteint de l'Anthracnose maculée.

Si le mal porte sur les jeunes sarments, chaque tache se montre légèrement rosée au centre, avec le bord noir. S'il attaque les feuilles, les taches, qui ne dépassent pas quelques millimètres, se dessèchent et se trouent; la feuille se montre alors criblée. Si ce sont les grains de raisin, les taches sont d'un gris rosé au centre, avec le pourtour noir ; ils se crevassent au fond et sont envahis par des bactéries qui décomposent la pulpe. Aussi, le vin provenant de vignes anthracnosées est-il défectueux et de mauvaise garde.

Conditions de développement de la maladie. — Le mal se montre dès le début de la végétation et surtout dans les vignes à sol humide, mal drainé, dans les plaines situées au voisinage des marais et dans celles qui ont leurs ceps trop rapprochés, taillés trop bas, qui sont, en somme, mal aérés.

Le champignon de l'Anthracnose forme dans les tissus un mycélium qui envoie, à l'extérieur, des filaments serrés et chargés de spores, accumulées surtout dans le cercle noir des taches. Le mycélium peut rester vivant pendant l'hiver et donner de nouvelles spores au printemps.

Traitement. — 1° Il faut avoir soin de brûler tout le bois de taille de la vigne malade ; 2° badigeonner au pinceau ou au pulvérisateur les souches et les coursons avec une solution qui contient pour 100 litres d'eau 3 kilos de sulfate de fer et 1 kilo d'acide sulfurique. Ce traitement devra être fait très peu de temps avant le débourrement.

BLACK-ROT

Historique et conditions de développement. — Observée pour la première fois par Prillieux, en 1882, et bien étudiée en 1885, par MM. P. Viala et Ravaz, cette maladie, qui a pour cause un champignon, le *Phoma uvicola*, est très grave. Mais, comme il lui faut, pour se développer, des conditions très particulières, elle a une aire d'extension assez limitée.

Elle demande surtout des temps pluvieux, avec une température assez chaude. Le Midi, après en avoir souffert, en est aujourd'hui presque indemne, mais la Gironde, au climat à la fois très humide et chaud, est sa patrie d'élection.

L'Anjou la connaît, encore qu'il n'ait pas en général beaucoup à en souffrir ; mais, souvent nos vignerons donnent le nom de black-rot au mildiou de la grappe.

Nature et évolution du parasite. — Il se montre d'abord sur les jeunes feuilles, sous forme de taches petites, rondes, de quelques millimètres à deux ou trois centimètres de diamètre, de couleur d'abord cendrée, puis rouge, puis brune. En dessus et en dessous de la feuille, ces taches sont piquetées de petits points noirs, pustuleux, ordinairement disposés en cercles. Enfin, la feuille se perfore dans les parties atteintes. Les grappes sont ensuite envahies, et c'est sur elles principalement que se porte le mal. Les grains semblent avoir reçu une meurtrissure ; puis ils prennent une teinte livide, se dessèchent et se rident, en se couvrant de points noirs. Le tout se passe en trois ou quatre jours ; le grain ne pourrit pas, il se dessèche.

Les éléments reproducteurs du redoutable champignon sont formés dans les points noirs ou pustules, développés sur les feuilles, les grappes ou les autres parties herbacées de la vigne. Les uns, *pycnides*, les autres, *spermogonies*, sont de petites poches, d'où s'échappent des spores arrondies pour les premières, en forme de bâtonnet pour les secondes. Ces éléments emportés par le vent disséminent le mal pendant l'été.

Sur les grains de raisin se forment d'autres sacs, *sclérotes*, remplis de spores, lesquelles résistent au froid de l'hiver, servent aux invasions de printemps, et si elles se trouvent en contact avec de l'eau de pluie pendant un jour ou deux, germent et enfoncent leur mycélium dans la feuille. Leur germination est, en effet, beaucoup plus lente que celle du mildiou.

A partir de ce moment, comme le champignon du mildiou, il est invulnérable en présence des traitements les mieux appliqués.

Il peut y avoir au cours de l'été plusieurs poussées, qui correspondent aux périodes pluvieuses. Il faut de quinze à vingt jours pour que le parasite parcoure son cycle évolutif complet.

Traitement. — Les procédés employés contre le mildiou conviennent au black-rot. Ils doivent être préventifs et appliqués de bonne heure, si l'on a des raisons de craindre l'apparition du mal. La bouillie doit contenir au moins deux kilos de sulfate de cuivre par hectolitre. Les jeunes feuilles se mouillant assez difficilement, il est très recommandé d'employer les bouillies à la caséine ou à la colophane ou les bouillies sucrées, à cause de leur plus grande adhérence.

Une bonne opération complémentaire consiste à recueillir et brûler les premières feuilles contaminées. Le rognage, par contre, qui favorise l'apparition de nouvelles feuilles, n'est pas à conseiller.

FUMAGINE

Les feuilles de la vigne se recouvrent parfois d'un enduit noir, rappelant la suie, d'ou le nom de *Fumagine* qui lui est donné. Ce n'est autre chose

que le mycélium noir d'un champignon, *Fumago varians*, qui croise en
tous sens ses filaments à la surface de la feuille.

Son développement est provoqué par des exsudations de la feuille même,
sous l'action de piqûres d'insectes, notamment de Cochenilles, ou bien des
sécrétions sucrées produites par ces mêmes insectes. La feuille enduite de
Fumagine offre un aspect désagréable, et les grappes qui en sont envahies
sont fort peu engageantes à manger.

Dans notre région, les vignes en plein champ sont assez rarement
atteintes de ce parasite sur de grandes étendues. Mais les treilles en sont
souvent envahies, et leurs raisins perdent alors toute valeur marchande.

Le *traitement* à opposer à la fumagine est celui de la cause qui l'a produite ; c'est aux insecticides qu'il faut avoir recours pour la prévenir.

Pourriture grise et Pourriture noble

Sous ce nom on désigne des altérations des grappes produites par un
Champignon, le *Botrytis cinera*, lequel, selon les circonstances, se montre
nuisible ou utile à la vendange.

Evolution du champignon. — Ce parasite attaque la vigne au défaut de
la cuirasse, c'est-à-dire au point d'attache des grains sur leurs pédicelles,
et aussi des bourgeons sur la tige ou des feuilles sur les rameaux, etc.

1° *Attaque avant maturité.* — Si le *Botrytis* attaque les raisins avant
leur maturité, il en arrête le développement, en amène la flétrissure et la
dessication (fig. 78). Les grains se recouvrent d'une moisissure blanche,
qui est formée de conidies ou organes reproducteurs du champignon
(fig. 79). Le mal passe facilement d'un grain à l'autre, et souvent des
portions considérables de la grappe, ou même leur totalité sont envahies
par la moisissure. Et quand on jette au pressoir ces masses de raisins
altérés, il s'en élève une poussière abondante, une « fumée », comme disent
les vignerons. La propagation se fait d'autant plus facilement que les
grains ont la peau plus mince et qu'ils sont plus serrés les uns contre les
autres. Souvent le Botrytis est accompagné d'une moisissure verte,
Penicillium, qui ajoute son dommage au sien.

D'après Müntz, à l'inverse des feuilles qui, sous l'action de la lumière,
fabriquent du sucre et des acides organiques, le Botrytis, avant la maturation des grappes, par un phénomène d'oxydation brûle le sucre et les

Fig. 78. — Fila-
ments fructi-
fères de Bo-
trytis.

Fig. 79. — Grappe de Pineau de la Loire
envahi par la pourriture grise.

acides et les transforme en eau et en acide carbonique. Il a calculé qu'un
hectare de vigne avait ainsi perdu en quinze jours 881 kilos de sucre et
8 kilos d'acide tartrique. La matière colorante des peaux s'est en outre
altérée, de rouge elle est devenue brunâtre, et cette matière altérée provoque

13

la formation d'une diastase, qui amène la casse du vin. Enfin, le tanin a en grande partie disparu.

Ainsi, sucre, matière colorante, tanin sont détruits par le Botrytis; donc, vin pauvre en alcool, en couleur, en tanin.

Par contre, ce vin contiendra un excès d'extrait sec et de glycérine. En somme, il sera mal équilibré.

Il sera prudent de vinifier ces raisins en blanc pour en faire des rosés. Dans tous les cas, si on fait cuver cette vendange, il faudra décuver promptement, pour éviter que le vin ne contracte un mauvais goût. En outre, on ne manquera pas d'employer l'acide sulfureux à la vendange et de soutirer fréquemment le vin obtenu.

2° *Attaque après maturité.* — Si le parasite attaque les grappes de vignes blanches, à maturité, notamment notre Pineau de la Loire, c'est la pourriture noble très désirée ; la peau des grains s'amincit ; par suite, leur eau s'évapore facilement, le grain se flétrit, se dessèche; le suc qu'il contient s'épaississant, sa richesse relative en sucre augmente par là même. Si cet envahissement du Botrytis se produit au bon moment, en fin de saison, le moût acquiert, en même temps que beaucoup de douceur, un parfum inestimable.

Dans le Sauternais on attend, avant de couper les grappes, que le Botrytis les ait envahies. En Anjou, un certain nombre de propriétaires ont la sagesse de suivre cet exemple et ils obtiennent par ce moyen des vins de qualité bien supérieure à celle de leurs voisins.

La condition favorable au développement de ce champignon est une certaine humidité atmosphérique accompagnée d'une température d'au moins 14 à 15°. Un temps sec en arrête les progrès.

Traitement de la pourriture grise. — Il est surtout *préventif*. Il consiste à bien aérer les vignes par une taille méthodique, à éviter dans celles qui sont élevées sur échalas de trop serrer les pampres, au moment de l'accolage. Un effeuillage modéré, fait opportunément, et qui met les grappes bien à l'air, est à conseiller. L'invasion des grappes par la Cochylis ou l'Eudémis favorisant largement la pourriture, on remédie, dans une certaine mesure, en combattant ces insectes, aux méfaits du Botrytis.

Comme traitement *curatif*, on peut recommander la poudre absorbante suivante : plâtre, 60 kilos ; sulfostéatite à 20 %, 40 kilos, dont on s'efforcera, à l'aide d'une soufreuse, de recouvrir les grappes malades.

APOPLEXIE DE LA VIGNE

Historique. — On entend sous ce nom un grave accident, souvent suivi de la mort des ceps. Çà et là, dans une vigne vigoureuse, un pied qui semblait sain voit brusquement ses feuilles se flétrir et retomber molles, comme si la vie s'en était retirée tout à coup.

Des causes différentes peuvent provoquer l'apoplexie, mais le plus souvent elle est de cause parasitaire. On la désigne souvent sous le nom de *folletage*, du mot provençal *foulletados*, qui signifie tourbillon, parce que les vignerons méridionaux attribuaient l'accident à des coups de vent chauds et desséchants.

En réalité, en effet, le mal peut être dû à un excès de chaleur et de sécheresse, les racines ne fournissant pas à la plante une quantité d'eau qui corresponde à l'activité foliaire. Alors, brusquement, toute la ramification ou seulement une partie se flétrit ; c'est le *folletage* proprement dit, lequel peut s'étendre en quelques heures à toute une vigne ou à une partie importante. On y remédie en taillant la souche comme en hiver ; la dépense exagérée étant supprimée, la plante peut revenir à la santé.

Cette sorte d'accident est rare en Anjou.

Il n'en est pas de même de l'apoplexie d'origine parasitaire. Connue depuis longtemps dans les pays orientaux, ce mal existait déjà en Anjou avant les vignes greffées ; il y est devenu bien plus commun depuis le renouvellement du vignoble par le greffage.

Description et développement de la maladie.

Les signes du mal. — Généralement le mal se montre très disséminé, rarement sous la forme de taches plus ou moins étendues.

Tous les cépages peuvent en être victimes. C'est surtout une question d'âge. Quand une vigne greffée atteint de 15 à 20 ans, elle devient sujette à cet accident, la proportion des pieds malades pouvant atteindre de 10 à 100 et davantage, pour 1.000 souches.

La souche tout entière peut être envahie ou seulement un bras, ou même une partie de bras ; le bois de deux ans et même d'un an peut être atteint. C'est ainsi qu'on voit de jeunes plants greffés déjà pris par la maladie et la transporter dans une vigne jusqu'ici indemne.

Le mal est souvent annoncé par une décoloration partielle des feuilles, prise à tort pour de la chlorose ; leur pourtour se flétrit, leur couleur verte passe au jaune brun le long des nervures ; le bois s'aoûte mal ; quelquefois le cep se rabougrit, et les grappes se dessèchent brusquement.

Il ne paraît pas y avoir de relation bien nette entre la sécheresse ou l'humidité et l'apoplexie de cause parasitaire. On dit généralement qu'elle augmente par les temps secs ; et cependant, en 1920, année humide, il y en eut en Anjou de très nombreux cas, tandis qu'en 1921, année de sécheresse, il y en eut moins, et beaucoup plus en 1922, qui cependant, fut plus mouillée que les deux précédentes (Moreau et Vinet).

Nature du mal. — Cette maladie est due à un champignon lignicole, du groupe des Polypores et qui a été bien étudiée par M. le professeur P. Viala. Il l'a appelée *Esca,* du nom d'*Ischa,* qui lui est donné en Orient et qui signifie « amadou », en raison de l'apparence que prend le bois du cep envahi par le mal.

Plusieurs espèces de champignons peuvent engendrer cette grave maladie ; tels sont *Fomes* ou *Phellinus igniarius, Stereum hirsutum, necator,* etc., (fig. 80).

Les tissus ligneux de la souche sont altérés, ramollis, et celle-ci devient facile à briser. Si on la fend en long, on voit que sa masse interne ressemble à de l'amadou, sorte d'amalgame des tissus dégénérés de la plante et du mycélium du champignon.

Le développement du parasite se fait très lentement. Une spore qui tombe sur une plaie de taille germe, s'insinue dans la souche ; elle peut encore y pénétrer par une fissure de l'écorce et surtout par la plaie qui succède à l'arrachage des gourmands, alors que les tissus sont tendres, non encore formés. Progressivement les tissus s'altèrent sous l'action d'une oxydase, sécrétée par le Champignon, sorte de diastase qui agit sur les matières tannoïdes du bois. Celui-ci brunit, est comme corrodé et délignifié. Alors le mycélium s'enfonce dans la partie altérée, et de proche en proche toute la masse du bois est envahie. Ce travail peut durer plusieurs années. Il arrive enfin un moment où tous les vaisseaux conducteurs de la sève se trouvent à peu près envahis, d'où arrêt de la circulation; il suffit alors d'une légère élévation de température pour que la transpiration des feuilles étant disproportionnée à la capacité des vaisseaux conducteurs, le cep soit frappé d'apoplexie, soit foudroyé, comme un homme dont un vaisseau du cerveau s'est brusquement rompu.

Fig. 80. — Segment de souche de vigne envahie par les champignons de l'apoplexie.

La présence du tanin favorisant la progression du mal, comme c'est vers l'âge de quinze ans que les tissus s'en chargent davantage, c'est dans les vignes greffées remontant à quinze ou vingt ans que le mal commence à se faire plus largement sentir. La maladie est contagieuse et peut se propager d'un cep à l'autre, notamment aux ceps de remplacement qui succèdent à une souche morte d'apoplexie.

Traitement. — Le champignon de l'Esca craignant le contact de l'air (anaérobie), il est de pratique courante en Orient (Syrie, Madère) de faire une incision à travers le bras atteint ou même la souche ; le mal est ainsi parfois guéri. Ou bien, s'il n'y a qu'une partie de malade, on retranche le bras atteint, puis on fait dans la souche un curetage pour enlever tout le bois malade. Si le mal n'est pas trop avancé, cette opération peut donner de bons résultats.

Bien préférable est le traitement indiqué par M. P. Viala, à savoir : toucher les plaies de taille, surtout les plus larges avec une solution arsenicale, arsénite de potasse ou de soude. En outre, il convient, dans les vignes qui ont de 15 à 20 ans, de pulvériser, à la fin de l'hiver, aussitôt après la taille, sur toutes les souches, une solution arsenicale. Celle qui a été employée par MM. Moreau et Vinet dans leur vigne d'expérience de Belle-Beille, à savoir : 1 kil. 350 d'acide arsénieux par hectolitre d'eau, l'a rendue presque complètement indemne.

Le commerce met en vente différents produits très recommandables : pyralion, pyrafolliol, etc. Le traitement peut se faire au pinceau, à manche coudé préférablement, ou bien au pulvérisateur. Chaque souche est mouillée de haut en bas et les plaies de taille sont spécialement visées. Il faut, pour traiter un hectare, environ 400 litres de la solution arsenicale.

Il est conseillé de faire le traitement deux années de suite, puis de le recommencer deux années après.

Il est très recommandé d'arracher soigneusement les ceps morts d'apoplexie, car ils pourraient communiquer la maladie au cep de remplacement.

Il n'est pas utile de décortiquer les ceps avant le traitement, au contraire, les vieilles écorces s'imbibent, de la solution comme une éponge et la retiennent au lieu de la laisser couler, comme ferait un tronc dénudé.

POURRIDIÉ

Nature de cette maladie. — Sous ce nom, il faut entendre une maladie des racines, qui noircissent, se ramollissent et pourrissent. Le cep se rabougrit, prend une forme en tête de saule, en même temps que les feuilles n'atteignent pas leur dimension normale.

Cette grave affection a pour cause des parasites végétaux d'espèces différentes, mais tous de la classe des Champignons, et qui vivent aux dépens des racines. Le plus fréquent d'entre eux est le *Dematophora necatrix*. Il forme sur les racines un feutrage de filaments bruns ; ces filaments se hérissent de renflements piriformes qui se partagent par de minces cloisons en très petits segments, dont chacun devient une *spore* (chlamydospores).

D'autre part, le parasite produit au collet des ceps de petits boutons noirâtres et durs ou sclérotes, qui portent de fines houppes, *conidies*, lesquelles donnent naissance à d'autres spores.

Le mal est contagieux. — De la racine le mycélium peut remonter le long du tronc et s'avancer jusqu'aux premières branches. Le mal gagne d'un cep à l'autre, le mycélium du Dematophora passant d'une racine malade à une racine saine. De proche en proche, le Pourridié s'étend ainsi, à travers la vigne, à la façon d'une tache phylloxérique, avec laquelle on l'a parfois confondu.

L'invasion peut se faire par les *greffes-boutures*, dans les pépinières. Le parasite forme alors sur l'écorce du sarment des taches noires comme du charbon, entourées d'un rebord plus clair, et effilées aux deux extrémités. Si d'un coup de greffoir on enlève l'écorce superficielle, on retrouve au-dessous d'elle la tache, mais plus claire ; si on pénètre plus profondément elle disparaît, à moins que le mal ne soit pas trop avancé. On peut ainsi affranchir les greffes du redoutable Dematophora à ses débuts. Il est donc très recommandé au triage des greffes-boutures de vérifier l'état du greffon et du sujet et d'éliminer tous ceux qui présentent les taches noires caractéristiques (Istvanffi).

Conditions de développement du Pourridié. — Un sol argileux, retenant l'eau, mal drainé ; des débris de végétaux, racines d'arbres fruitiers morts sur place ou incomplètement arrachés, et surtout du bois riche en tanin, tels que pieux de chêne, sarments enfouis dans le sol à titre d'engrais, sont les conditions favorables à son développement.

Traitement. — La maladie n'est pas curable. Il n'existe pas d'autres remèdes que d'arracher les ceps nettement atteints et ceux qui les joignent. De plus, il faut circonscrire la tache par un fossé d'un mètre de profondeur au moins, arracher avec le plus grand soin toutes les racines ainsi circonscrites, et mettre pendant quelques années en culture le terrain contaminé avant de songer à le replanter.

Une bonne opération, en outre, consiste à injecter profondément dans le sol, au moyen d'un pal, du sulfure de carbone (5 kilos par mètre carré).

Remarques. — D'autres espèces encore, ainsi qu'il a été dit plus haut, provoquent le Pourridié ; tels sont le *Dematophora glomerata* Viala, qui agit à peu près comme le précédent, mais qui se plaît dans les sols sableux, tandis que le *D. necatrix* ne s'y rencontre jamais ; le *Rœsleria hypogœa*, qui se développe sur les ceps dont la vitalité est très diminuée, comme par exemple dans une vigne phylloxérée, et encore l'*Agaricus melleus* (fig. 81), champignon comestible, dont le chapeau, ou ensemble des organes de fructification, d'assez large dimension, se montre au collet des ceps, tandis que le mycélium enveloppe les racines. Les fumures abondantes au fumier de cheval frais favorisent son développement.

On peut citer encore d'autres espèces, telles que le *Fibrillaria*, qui s'attaque à la vigne et à d'autres plantes.

Fig. 81. — Un des Champignons du
Pourridié développé au collet d'un cep.

CHAPITRE XIII

MALADIES PARASITAIRES D'ORIGINE ANIMALE

> « Aucune crise agricole n'a été aussi désastreuse que celle qui a été causée par le Phylloxéra ; mais on peut affirmer que l'énergie de la lutte n'a jamais été aussi grande. »
>
> P. VIALA. *Les maladies de la Vigne,* 1893.

1° Parasites qui s'attaquent principalement aux racines

LE PHYLLOXÉRA (*Phylloxera vastatrix* Planchon)

I L n'en sera question que pour mémoire (voir Chap. VIII, *La Crise phylloxérique*). Il est installé à demeure dans nos vignobles et le viticulteur a généralement renoncé à lutter contre lui. Seulement, tandis que la vigne française succombait sous ses piqûres répétées, la vigne américaine adoptée comme porte-greffe lui résiste victorieusement. Cette résistance tient surtout à ce que, sous l'action de l'irritation provoquée par la piqûre de l'insecte, il se forme dans la racine une couche de liège qui isole et protège ses tissus profonds, phénomène qui ne se produit pas aussi efficacement dans la vigne française.

Il suffira donc de rappeler quelques courtes notions sur la vie du Phylloxéra. C'est un puceron; d'un œuf, qui a passé l'hiver, caché sous une écorce, naît au printemps une femelle, qui grimpe sur une feuille, la pique et y pond dans des galles provoquées par sa piqûre un grand nombre d'œufs; les nouveau-nés se multiplient à leur tour et produisent d'autres galles (*génération gallicole*). Cette forme ne se rencontre guère que sur les vignes américaines. A l'automne, les gallicoles descendent sur les racines et s'y multiplient (*génération radicicole*) ; ce sont eux qui épuisent la plante par leurs multiples piqûres. Tous ces insectes sont sans ailes. En juillet, quelques-uns remontent, se transforment en nymphes, puis en insectes ailés, qui s'envolent et que le vent disperse (voy. p. 101). Ils pondent des œufs de deux grosseurs, des gros et des petits. Des premiers sortiront des femelles, des seconds des mâles. La fécondation s'opère. La femelle fécondée pond un œuf unique, qu'elle dépose sous une écorce; c'est l'*œuf d'hiver*, lequel sera le point de départ des générations multiples de toute l'année.

En Anjou, comme ailleurs, on a tenté, mais sans succès réel, de le combattre au moyen du sulfure de carbone, distribué dans les vignes au moyen d'un pal.

Bien peu de vignes françaises ont échappé aux attaques du phylloxéra. On en connaît cependant çà et là quelques morceaux qui, sans avoir reçu aucun traitement spécial, lui ont victorieusement résisté (1).

LES HANNETONS

Nous possédons en Anjou plusieurs espèces de cette famille. La plus connue et la plus redoutable est le *Hanneton commun* (*Melolontha vulgaris*, Fabr.) (fig. 82), qui nous revient avec une périodicité triennale assez régulière. Le hanneton se montre en mai et dévore les feuilles; la femelle pond en terre et en plusieurs fois un total de 50 à 80 œufs. Elle choisit pour sa

---

(1) J'ai déjà dit plus haut (page 102), que je possède une petite parcelle qui a ce privilège, dans ma propriété de Bellevue, à Corné.

ponte les terres les plus légères, les mieux travaillées, comme sont celles qui sont préparées pour les pépinières.

Les larves qui sortent de ces œufs et qui sont désignées sous les noms de *vers blancs, turcs, mans, meuniers,* etc., mettent trois ans pour atteindre toute leur taille, soit 4 à 5 centimètres; et pendant ces trois années elles se nourrissent des racines qu'elles trouvent à leur portée. C'est alors une grosse et grasse larve blanche, recourbée sur elle-même et armée de puissantes mandibules. Cette larve se transforme dans le sol en nymphe et celle-ci, un mois après, en insecte ailé.

Le mal que font ces insectes à l'état de larve est souvent considérable, surtout dans les pépinières de plants racinés ou dans les jeunes plantations de vignes.

Moyens de lutte. — Outre la chasse aux insectes adultes, qui donne de bons résultats, quand les cultivateurs de tout un canton s'entendent pour opérer avec

Fig. 82. — Hanneton et sa larve.

ensemble, on peut attaquer les larves, là où on les sait nombreuses, par des injections au sulfure de carbone, 25 grammes par mètre carré, distribués au moyen d'un pal. Le mois de février paraît être le meilleur pour cette opération.

L'épandage de naphtaline brute, à la dose de 500 kilos à l'hectare, en exhalant une forte odeur, écarte ces insectes des pépinières au moment de la ponte.

De la volaille lâchée derrière le laboureur ou le bêcheur dévore en grand nombre les larves qui ont été ramenées à la surface.

Quelques autres espèces de Hannetons se rencontrent encore dans les vignes, mais à l'état sporadique et sont par conséquent bien moins dangereuses :

Le *Hanneton vert des vignes* (*Anomala vitis* Fabr.), bien plus petit, paraît vivre une année et demie dans le sol à l'état de larve, et pendant ce temps-là s'y nourrit des racines. L'insecte ailé se montre en juin-juillet.

Abondant et rdoutable dans la région provençale, il est toujours peu dangereux en Anjou;

Le *Hanneton bronzé* (*Anomala œnea* de Geer), d'un vert métallique plus ou moins foncé et qui n'est peut-être qu'une variété du précédent, ne mérite guère que d'être mentionné.

Enfin, je signalerai seulement le petit *Hanneton de la Saint-Jean* (*Rhizotrogus solstitialis*), de couleur gris-jaunâtre, que l'on rencontre parfois assez communément et qui vole surtout au crépuscule.

Fig. 83. — Le taupin et sa larve (ver fil de fer).

LE TAUPIN DES MOISSONS (*Agriotes segetis*)

Tout le monde connaît ce petit insecte coléoptère répandu un peu partout. De couleur grise, de forme étroite et allongée (fig. 83), il offre cette curieuse particularité qu'une fois tombé sur le dos, ses pattes sont si courtes qu'il ne peut pas se relever, mais alors il se lance en l'air, comme sous l'action d'un ressort et retombe sur ses pattes. Il n'est nuisible que par sa larve, qui vit de trois à cinq ans dans le sol. Longue et étroite, de couleur jaune clair, d'où son nom vulgaire de *ver jaune*, sa peau est si résistante qu'il est impossible de l'écraser entre les doigts et qu'il faut pour la tuer la couper avec l'ongle, ce qui justifie le nom de *ver fil de fer*, qu'on lui donne souvent.

Elle s'attaque aux racines de diverses espèces, notamment à celles des jeunes plantations de vigne et aux bourgeons cachés dans la butte dont on protège pendant les deux premières années les boutures et les greffés.

Moyens de lutte. — 1° *Pièges-appâts* ; on répand sur le sol ou on enfouit légèrement en terre des trognons de salade, des tranches de pomme de terre; les larves, qui en sont friandes, viennent les manger; on vérifie de temps en temps les appâts et on tue les larves;

2° Le *crud d'ammoniaque*, produit de la fabrication du gaz d'éclairage et qui est un engrais, répandu à la dose de 1.000 kilos par hectare, empoisonne les vers jaunes.

2° Parasites qui s'attaquent principalement aux sarments.

LES COCHENILLES

La vigne, en pleins champs, mais surtout en espaliers, est souvent attaquée par des Cochenilles. Ce sont des insectes hémiptères, dont les femelles enfoncent leur rostre aigu dans les tissus de l'écorce et en sucent la sève.

Les vignes de l'Anjou ont à souffrir de deux espèces principales : la *Cochenille blanche* et la *Cochenille rouge*.

1° **Cochenille blanche** (*Dactylopius vitis*, Nied.)

Cette espèce, dont la femelle mesure 4 millimètres de long et le mâle 1 millimètre, reste libre pendant toute sa vie. La femelle, de couleur grisâtre, ressemble à un minuscule cloporte (fig. 84, le dessin du bas) ; son dos de forme ovalaire, est une carapace marquée de lignes transversales. Le mâle, de couleur jaunâtre, seul a des ailes et ressemble à un puceron.

En mai-juin, ponte des œufs à la face inférieure des feuilles. Les petits qui en sortent piquent les tissus et se nourrissent de la sève de la plante et du suc des grains de raisin. Pendant l'hiver ils se cachent sous les écorces ou sur les grosses racines.

Outre le dommage direct que cause cette Cochenille, elle a l'inconvénient de provoquer la fumagine.

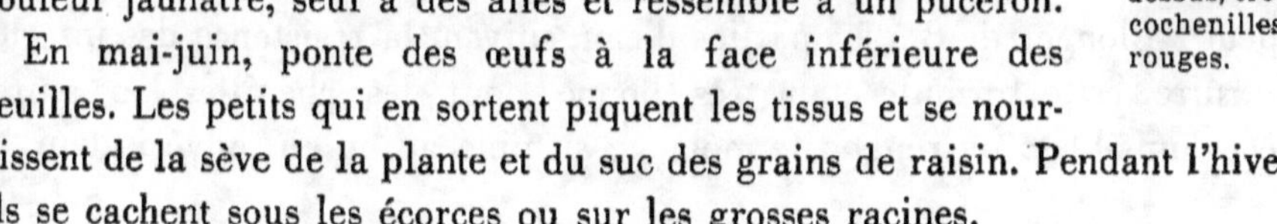

Fig. 84. — En bas, une cochenille blanche. Au dessus, trois cochenilles rouges.

2° **Cochenille rouge** (*Pulvinaria vitis*, Lin.)

Appelée encore *Pou de la vigne, Kermès rouge, Gallinsecte de la vigne,* cet hémiptère se multiplie parfois avec une extrême activité, de façon à recouvrir de ses nombreux bataillons des sarments entiers. Pendant tout l'été, les jeunes, sortis des œufs pondus en mai, et assez semblables à des pucerons, circulent sur les sarments et les feuilles. A l'automne, les femelles, longues de 4 à 5 millimètres, se fixent pour toujours et prennent la forme d'un petit bouclier rougeâtre, sous lequel s'accumule une sécrétion cotonneuse qui abritera les œufs et les petits (fig. 84). En octobre, les mâles, d'un beau rouge, ailés et plus petits que les femelles, meurent, leur corps, en forme de bouclier, continuant à protéger la jeune couvée.

Sous l'action des multiples piqûres des Cochenilles, les rameaux se dessèchent, la production fruitière diminue et le cep finit par mourir. Cet accident n'est pas rare pour les pieds de vigne palissés contre les murs.

Moyens de lutte. — Il y a un traitement d'hiver et un traitement d'été.

En *hiver,* tailler sévèrement les rameaux atteints, brûler les parties enlevées, brosser les surfaces couvertes de Cochenilles avec un pinceau rude imbibé d'une solution de sulfate de fer à 50 % ou de l'eau acidulée avec de l'acide sulfurique à 4 %.

Au *printemps* et à l'*été*, on peut traiter les parties atteintes avec : huile de pétrole 100 grammes, savon noir 40 grammes, eau 150 litres. Le savon est fondu dans l'eau bouillante, le pétrole est ensuite versé lentement, en agitant sans arrêt. On obtient ainsi une masse crémeuse jaune; pour l'emploi on peut l'allonger de 8 à 15 parties d'eau, suivant la résistance des insectes à détruire, cette formule étant très bonne pour les chenilles ou autres espèces nuisibles; on répand le mélange au pinceau ou au pulvérisateur.

LES TENTHRÈDES

Assez souvent, en faisant la taille, on voit que sur le bois de deux ans, qui s'est desséché sur la branche à fruit, la moelle est percée d'un petit trou rond qui conduit dans une logette, allongée suivant l'axe du sarment et dans laquelle est cachée une petite larve, au dos de couleur verdâtre et au ventre grisâtre. Vers la fin de l'hiver, celle-ci se chrysalide et s'enveloppe d'un cocon blanc, mince et transparent ; au milieu du mois d'avril, j'ai vu l'insecte, métamorphosé, prendre son vol.

C'est un hyménoptère, du groupe des tenthrèdes. Il ne commet aucun dégât, car sa larve ne s'enfonce pas dans les parties vivantes, mais reste dans le bois mort pour s'y abriter pendant la saison d'hiver et y accomplir sa métamorphose.

Je n'ai d'ailleurs parlé de cet insecte que parce que des vignerons mal renseignés ont cru y voir la larve et la chrysalide de la Cochylis.

3° Parasites qui s'attaquent principalement aux feuilles.

LA PYRALE (*Tortrix pilleriana* Schiff)

Ce papillon existe en Anjou, mais il n'y est pas très commun et ses dégâts y sont à peu près négligeables, contrairement à ce qui a lieu en Bourgogne et surtout dans le Midi, où sa chenille détruit parfois un tiers ou la moitié de la récolte. Il y a lieu

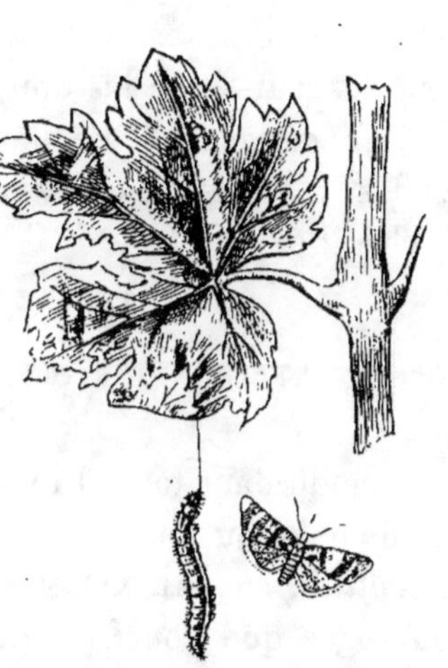

Fig. 85. — La Pyrale. Papillons et chenilles, dont quelques-unes cachées dans un fourreau de soie sur une feuille.

toutefois de toujours redouter son extension. Il fait actuellement des ravages sérieux dans une région circonscrite de la Loire-Inférieure. De là il pourrait bien nous arriver.

Le papillon est un peu plus grand que celui de la Cochylis (fig. 85) ; les ailes antérieures sont rougeâtres et coupées par trois bandes brunes, les postérieures grisâtres. Il apparaît au commencement de juillet, pond, à la face supérieure des feuilles, ses œufs groupés par petites plaques, qui en comptent jusqu'à 150. L'éclosion se fait vers le milieu de juillet. Jusqu'au printemps suivant, les larves resteront sans manger. Au mois d'avril, elles commencent leurs dégâts ; protégées par une petite trame soyeuse, elles dévorent les feuilles.

En juin, elles ont atteint une longueur de 3 centimètres : elles s'abritent alors sous quelques feuilles réunies par des fils de soie et se transforment en chrysalides. Le papillon en sort en juillet.

Moyens de lutte. — 1° *Echenillage.* Dès la ponte, on procède à l'écrasement des œufs avec les doigts et plus tard des jeunes chenilles.

2° *Echaudage.* — Pendant l'hiver, on répand sur les souches et les échalas, à l'aide de cafetières spéciales, de l'eau à 80°, pour ébouillanter les chenilles.

Le Cigarier ou Attélabe (*Rhynchites betuleti* Fab.)

Répandu dans toute l'Europe, cet insecte coléoptère est depuis longtemps connu en Anjou sous les nom de *Bécan, Pécan, Chalibert, Philbert, Rouleur de feuilles, etc.* Au XVe et au XVIe siècle, il faisait de tels dommages en Bourgogne que l'on fit contre lui des prières publiques.

Description de l'insecte. — Il appartient à la famille des Charançons. Sa taille va de 4 à 7 millimètres; son corps orné de riches couleurs, vertes, bleues, rouges à reflets métalliques, est arrondi en dessus et en arrière et se prolonge en avant par un rostre ou long bec recourbé, sur les côtés duquel s'insèrent de longues antennes coudées. Toute la surface du corps est marquée de fines ponctuations qui, sur le corselet et les élytres, sont disposées en lignes régulières. Sous les élytres ou ailes cornées est une paire d'ailes membraneuses qui permettent à l'insecte un vol facile. Les pattes sont terminées par une paire de solides crochets.

Le mâle et la femelle sont à peu près de même taille, mais le premier se reconnaît facilement à l'existence d'une forte épine qui part de chaque côté du corselet et se dirige en avant. Il paraît y avoir plus de mâles que de femelles; dans une vigne de Doué-la-Fontaine, nous avons compté 30 mâles pour 20 femelles.

Au printemps, seconde et parfois première quinzaine d'avril, on voit quelques individus ronger déjà le parenchyme des jeunes feuilles, tout en respectant leurs nervures, ce qui fait que la feuille prend l'aspect d'une dentelle. Dans la première quinzaine de mai, l'accouplement a lieu, et le travail bizarre du Cigarier commence.

Seule la femelle s'y livre. Mère prévoyante, elle commence par inciser avec l'extrémité de son long bec le pédoncule d'une feuille, d'où diminution de la circulation de la sève, demi-flétrissure et plus grande souplesse de la feuille, ce qui la rend plus facile à rouler. De son bec et de ses pattes, le Rhynchite roule un premier lobe, puis ayant piqué de son bec le cigare commencé, il se retourne et dépose un œuf dans le trou qu'il a pratiqué. Il reprend son travail d'enroulement, mais en sens inverse, et recommence le même manège jusqu'à ce que la feuille toute entière ait pris la forme d'un cigare. Elle se trouve donc enroulée non pas suivant une spire continue, mais discontinue. Et le cigare entièrement fabriqué, se balance au vent, nid original de toute une couvée. Les œufs que contient chaque cigare sont en nombre très variable.. On en trouve depuis un seul jusqu'à seize. Chaque femelle peut d'ailleurs en

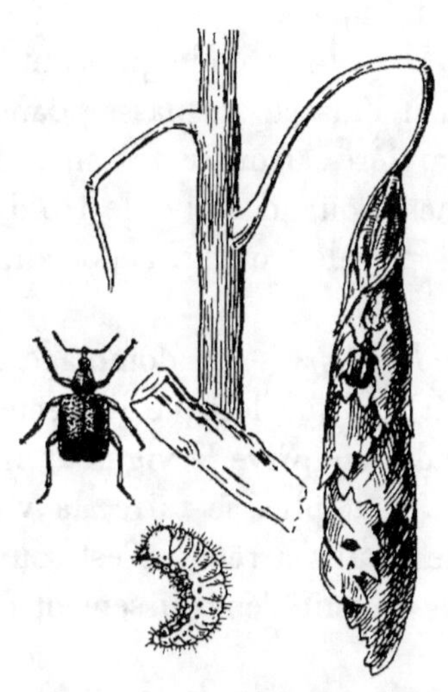

Fig. 86. — Le Cigarier. L'insecte adulte, sa larve, feuille roulée en cigare.

confectionner plusieurs; la preuve en est que l'on compte dans une vigne donnée beaucoup plus de cigares que l'on ne voit d'insectes.

Les œufs ont la forme de petites perles sphériques, blanches, transparentes. Au bout de quelques jours, ils prennent une teinte jaunâtre, indice du début de la formation de la larve, laquelle éclôt une dizaine de jours après la ponte, soit vers la première ou la seconde moitié de juin, un peu plus tôt, un peu plus tard, suivant l'époque de la ponte. Cette petite larve enfermée dans le cigare y trouve sa nourriture et grossit. Puis, le cigare prend une teinte feuille morte, se dessèche et tombe au souffle du vent. Vers le milieu de juillet, la larve a atteint tout son développement; grasse et ronde, elle abandonne son rouleau, dont elle perce la paroi et s'enfonce à quelques centimètres en terre, s'y creuse une logette du volume d'un pois, lisse et polie à l'intérieur, rugueuse à l'extérieur, et s'y change en nymphe. Celle-ci a cinq millimètres de long; elle est blanche; peu à peu les reliefs du corps de l'insecte se dessinent et la couleur devient foncée, puis d'éclat métallique.

Dans la seconde quinzaine d'août, la transformation est complète. Cependant l'insecte va passer dans le sol tout l'automne et l'hiver, à moins que l'arrière-saison se faisant très chaude, le Cigarier monte sur le cep et se cache, quand arrive le froid, dans une fissure d'écorce, sous la mousse, où on peut le trouver, engourdi, au cours de l'hiver.

Dégâts. — Le dommage causé à la vigne par le Cigarier ne devient sérieux que lorsque l'insecte se montre très nombreux. Si son étrange industrie prive la vigne de la moitié de ses feuilles, l'élaboration de la sève ne peut plus se faire, la vigueur des ceps est diminuée et la maturation des fruits arrêtée. C'est souvent par périodes plus ou moins éloignées que se produit l'envahissement des vignes par le Cigarier.

Moyens de lutte. — 1° *Ramassage des insectes et des cigares.* Ce procédé très primitif a été employé de tout temps. Avec un entonnoir ou un sac de toile largement ouvert, on peut, en secouant les ceps l'un après l'autre, recueillir un certain nombre d'insectes, et d'autant plus facilement que dès qu'on les touche, ou les dérange, ils font le mort et se laissent tomber. Le procédé est assez long d'ailleurs et laisse échapper beaucoup d'entre eux.

Plus efficace est le ramassage des cigares achevés ou en voie de fabrication. Des femmes, des enfants passent dans les vignes, détachent les rouleaux, les jettent dans un panier ou dans un sac et les brûlent ensuite. Ce procédé, qui pour donner des résultats intéressants doit être répété au cours de l'été, la fabrication des cigares allant du 10 mai à la fin de juin, est sans action sur l'année en cours, puisque le mal est fait. C'est donc un traitement purement préventif, fait en vue de l'année suivante.

2° Traitements insecticides: — La Commission de la Cochylis nommée par la Société Industrielle et Agricole d'Angers (voir *La Cochylis*), a entrepris de déterminer dans la lutte contre ce parasite l'*efficacité* des insecticides, leur *mode d'action*, l'*époque* et le *nombre* des traitements. Elle a pris comme champs d'expériences le Clos de la Grande Raimbaudière, à M. le Dr Monprofit, commune du Champ, et le clos de Malygratte, à M. de Crozé, à Montreuil-Bellay.

Les bouillies à l'*arséniate de plomb* (arséniate de soude, 500 gr.; acétate de plomb, 1.500 gr.; eau, 100 litres) ou à l'arséniate de fer (arséniate de soude, 150 gr.; sulfate de fer, 300 gr.; eau, 100 litres) employées à deux reprises, à quinze jours d'intervalle, ont donné des résultats excellents (1).

L'*acétate de pyridine* (un litre et demi d'une solution à 10 %; bouillie bordelaise, 100 litres) vient ensuite au point de vue de l'efficacité.

La *nicotine* titrée (un litre et demi par hectolitre d'eau) s'est montrée un un peu moins efficace.

La bouillie bordelaise employée seule n'a produit presque aucun effet.

Les substances dont il vient d'être question agissent comme *insecticides internes*, en empoisonnant les insectes qui attaquent les feuilles qu'on a traitées, et aussi comme *insectifuges*, notamment la pyridine, car on retrouve les charançons plus nombreux sur les parcelles voisines non traitées. L'application d'un seul traitement est généralement insuffisante. Le premier devra se faire à l'apparition des premiers cigares et le second quand on constate que de nouveaux cigares se forment.

A noter que le second traitement contre le Cigarier (deuxième quinzaine de juin) combat en même temps la Cochylis; et en mélangeant l'arséniate de plomb à une bouillie bordelaise on traite en même temps utilement contre le mildiou.

---

(1) *La lutte contre le Cigarier au moyen des insecticides* (*Bull. Soc. Indust. et Agric. d'Angers*, juin 1909, p. 100). — *Traitement contre le Cigarier*, en 1910. — *Ib.*, juillet 1910, p. 152.

La conclusion très nette de la Commission a été qu' « à l'aide des insecticides, nous sommes en mesure de limiter les dégâts commis par le Cigarier au point de les rendre à peu près inoffensifs ».

Eumolpe ou Gribouri (*Adoxus vitis* Fourc.)

Encore appelé *écrivain*. C'est un petit coléoptère voisin des Chrysomèles, long de 5 à 6 millimètres, large de 3; sa couleur est brune. Il pond à la fin de juin ses œufs sur le collet des ceps, d'où les larves, qui en naissent une quinzaine de jours après, s'enfoncent dans le sol et gagnent les racines, pour y passer l'hiver dans les sillons qu'elles y creusent.

Très anciennement connu, cet insecte marque la feuille de la vigne de traces qui sont bien faites pour attirer l'attention. En avril mai, il se nourrit du parenchyme des feuilles, en y découpant, comme à l'emporte-pièce, d'étroites bandes disposées en tous sens et qui rappellent la forme des

Fig. 87. — L'Eumolpe ou Ecrivain : l'insecte adulte, grossi trois fois, sa larve, feuille entaillée par l'insecte.

caractères hiéroglyphiques, d'où le nom d'*écrivain* (fig. 85). Il attaque également les jeunes rameaux et plus tard les grains de raisin eux-mêmes, que ces entailles arrêtent dans leur développement. En général, cependant, le dommage causé par ces incisions ne va pas bien loin.

Plus sérieux est celui que les larves accomplissent sur les radicelles, où elles tracent des sillons comme l'adulte sur les parties aériennes. Si elles sont en nombre suffisant, elles amènent la pourriture des radicelles et par suite un affaiblissement du cep, qui peut finir par en mourir. Et si le mal prend une grande extension, s'étendant d'un cep à l'autre, il en résulte une tache qui rappelle dans une certaine mesure les taches phylloxériques, mais de forme plus irrégulière.

Moyens de lutte. — Le matin, quand les insectes sont engourdis, on approche doucement des ceps, car au moindre choc l'insecte se laisse tomber à terre, et on secoue vivement chaque pied au-dessus d'un large entonnoir en métal auquel un sac est attaché. De temps en temps on plonge celui-ci dans l'eau bouillante.

Le traitement à l'arséniate de plomb, employé contre le Cigarier, doit produire sur cette espèce, phytophage comme lui, le même effet toxique ; en traitant l'un, on traite l'autre.

ÉCAILLE MARTRE (Chelonia ou Arctia caja Lin.)

Ce grand papillon de nuit aux ailes teintées de riches couleurs, les antérieures café brûlé, les postérieures d'un beau rouge avec grandes taches bleu boncé (fig. 88), donne de grosses chenilles de couleur noire, recou-

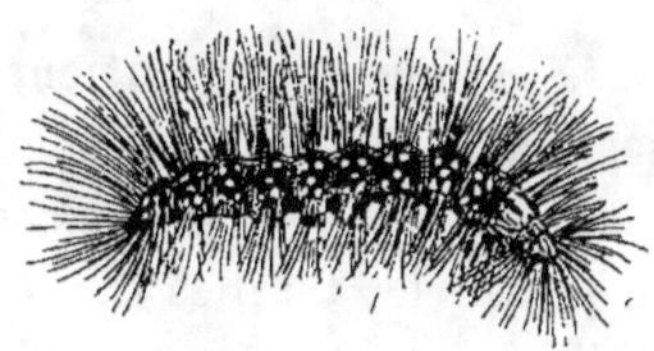

Fig. 88. — L'Ecaille martre et sa chenille.

vertes de longs poils roux. Ces chenilles se montrent au printemps où on les voit souvent courir sur le sol; elles montent sur les souches et dévorent feuilles et bourgeons. Si elles sont abondantes, le dégât devient sérieux.

Moyen de lutte. — Ces chenilles commettant leurs dégâts le jour, on les fait ramasser et écraser par des femmes ou des enfants.

NOCTUELLES

Ces papillons nocturnes, dont le principal est celui des Moissons (*Agrotis segetum* Schiff.), de 4 centimètres d'envergure, aux ailes antérieures brunes, aux ailes postérieures grises, donnent des chenilles à peau nue, grisâtre, appelées communément *vers gris*.

Nés à la fin de l'été, les vers passent l'hiver dans le sol, à une douzaine de centimètres de profondeur. Au retour de la chaleur, longs de 4 centimètres, ils montent sur les ceps, dévorent les bourgeons, coupent les jeunes rameaux. Le jour, ils se cachent immobiles dans le sol, enroulés sur eux-mêmes.

Moyens de lutte. — La chasse, la nuit, à la lanterne, est bien peu pratique pour un vignoble de quelque étendue.

L'injection de sulfure de carbone au pied des ceps avec un pal est efficace et pratique quand l'invasion est importante.

ÉRINOSE (*Phytoptus vitis* Duj.) (1)

L'*érinose* est due à un acarien, voisin de ceux qui produisent la gale chez les animaux; son corps est plus allongé et il est pourvu sulement de deux paires de pattes. Les organes buccaux sont disposés en stylet et lui servent à piquer les feuilles (fig. 89). Cette piqûre, qui est toujours faite à la face inférieure, y provoque la formation d'un feutrage de poils blanchâtres et une boursouflure dont la saillie est toujours du côté supérieur de la feuille. Une même feuille peut en porter un grand nombre (fig. 89, C).

Ce parasite n'est pas dangereux. Mais beaucoup de vignerons confondent les taches qu'il produit avec celles du mildiou. Cependant la distinction en est des plus facile. Les taches de mildiou sont bien plus blanches, comme farineuses et ne produisent jamais de boursouflures des feuilles.

---

(1) Ce nom d'*érinose* vient du mot *erincum*, donné à un champignon que l'on croyait être la cause de cette altération de la feuille.

L'existence de ce petit parasite peut être négligée étant donné son inocuité. Tout au plus pourrait-il être nuisible dans les pépinières de vigne

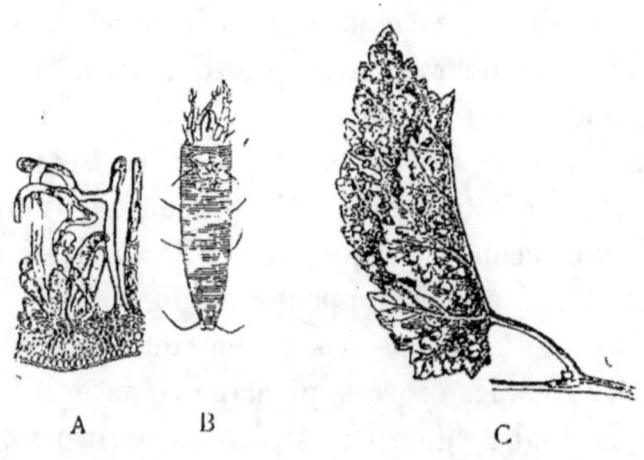

Fig. 89. — A, Lambeau de feuille avec feutrage de poils produits par l'acarien B ; C, feuille atteinte d'érinose.

quand il s'y montre avec une extrême abondance. Dans tous les cas, des soufrages en ont facilement raison.

Acariose

L'acariose est parfois désignée à tort sous le nom de *court-noué*, parce que les ceps qui en sont atteints ont l'apparence de ceux qui sont affectés de ce dernier mal.

C'est une maladie parasitaire, due à un acarien microscopique, voisin de celui de l'érinose. Elle se manifeste au début de la végétation par une forme caractéristique des feuilles. Celles-ci restent d'une petitesse anormale, en même temps qu'elles sont très épaissies, avec leurs bords repliés en cuiller ; les entre-nœuds des sarments sont raccourcis ; sous l'effet de cet arrêt de la végétation, des gourmands sortent de tous côtés de la souche et des bras. Souvent le mal s'étend sur une surface importante de la vigne. Tout cela ne dure qu'un temps. Le cep reprend sa vigueur et il ne lui reste rien, en apparence, de la maladie dont il a souffert; le mal s'est réduit à un arrêt temporaire de la végétation, sauf toutefois que les grappes « coulent » fortement et ne rapportent presque rien. Si le printemps est froid, le mal s'accentue; s'il est chaud, le mal disparaît.

L'acarien en cause est le *Phyllocoptes vitis* ; ce sont ses piqûres qui amènent l'arrêt de la végétation et la déformation des feuilles. Souvent, en juillet-août, il y a une seconde attaque, qui porte sur les jeunes feuilles des bourgeons axillaires, qui se développent à ce moment.

Fin de septembre, les acariens descendent du feuillage sur la souche, pour y passer l'hiver sous les écorces, principalement à la base des bras.

Traitement. — Le mal se guérit très bien en pulvérisant sur la vigne taillée, deux ou trois semaines avant le départ de la végétation, une solution à 3 % de polysulfure alcalin, par exemple, le « foie de soufre », dont on arrose copieusement les parties voisines de la taille. A ce moment, en effet, les acariens ont quitté leur retraite d'hiver pour envahir les bourgeons qui vont grossir.

4° **Parasites qui s'attaquent principalement aux bourgeons.**

LE CHARANÇON SILLONNÉ (*Otiorynchus sulcatus* Fab.)

Ce Charançon a 10 ou 12 millimètres de long; il est noir, marqué de petites taches grisâtres. Lorsqu'il est très abondant (on a trouvé jusqu'à 40, 50 et 60 insectes par souche), il fait de graves dégâts.

Il apparaît dans la deuxième quinzaine de mai. Il est essentiellement nocturne; caché dans le sol pendant le jour, il grimpe le soir sur les souches et en dévore les bourgeons et les feuilles. Mais il produit un tort encore plus grave en attaquant les racines, grosses ou petites, ce qui amène le rabougrissement du cep et même sa mort (fig. 90).

En 1904, les vignes de Montjean et de la Pommeraye, surtout celles qui

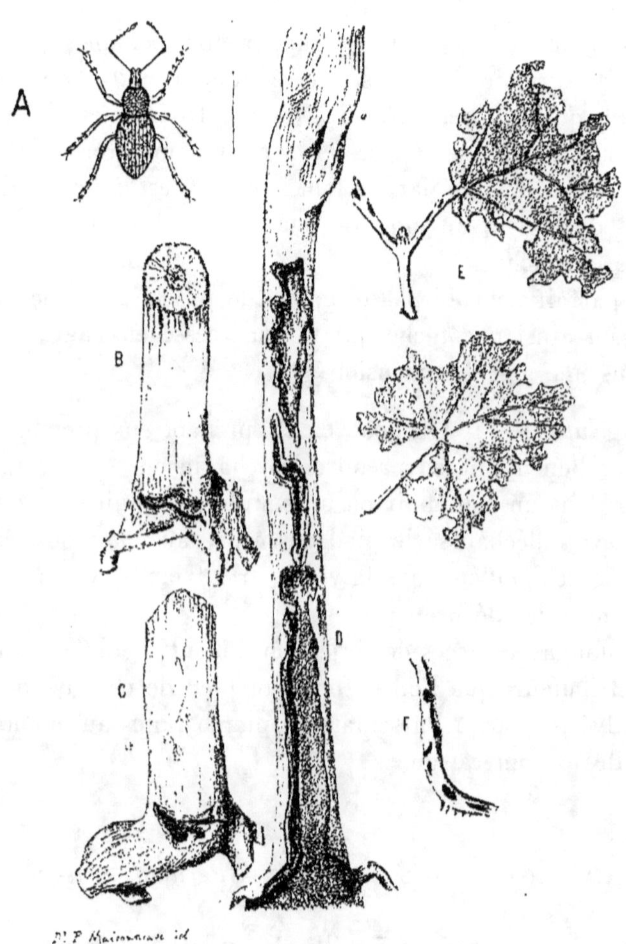

Fig. 90. — Le Charançon sillonné et ses dégâts. A, l'insecte
adulte ; B, C, D, ceps profondément rongés par l'insecte ;
E, feuilles rongées et découpées ; F, jeune racine portant
la trace des morsures du charançon.

sont situées en coteaux pierreux voisinant avec des terrains envahis par les
genêts, dépérissaient sous la morsure de ce charançon; il s'y produisait des
taches comparables à celles du Phylloxéra.

Une Commission dont je fus le rapporteur, nommée par la Société Industrielle et Agricole d'Angers, alla étudier le mal sur place. Fin juin, au pied de chaque souche, on trouva de 8 à 15 insectes et parfois davantage. Des souches arrachées avec leurs racines montrèrent de longues et larges morsures, en faisant parfois tout le tour. C'est là le travail des larves, qui du mois de février au mois de mai se nourrissent de l'écorce des racines et de la souche.

L'insecte parfait ne vole pas et gagne de proche en proche d'un cep à l'autre, faisant ainsi une tache qui va sans cesse en s'agrandissant et qui prend parfois une grande extension.

Moyens de lutte. — 1° On peut, en s'y prenant aux premières heures de la nuit, ou de bon matin, surprendre les charançons sur les feuilles et les faire tomber dans un entonnoir ou un simple parapluie renversé;

2° Après avoir déchaussé le pied des ceps, au mois de février ou de mars, on lâche des poulets dans la vigne; très friands de ces larves, ceux-ci les recherchent et les dévorent;

3° On emploie avec succès des injections au sulfure de carbone au moyen d'un pal distributeur, que l'on enfonce au pied de chaque souche;

4° Des pulvérisations à l'arséniate de plomb faites au moment opportun sur les feuilles en ont raison.

La grisette des bourgeons (*Peritelus griseus*)

C'est un petit charançon de 7 millimètres de long, grisâtre, avec petites taches noires.

Il est nocturne. Au printemps il grimpe le soir sur les rameaux et dévore l'intérieur des bourgeons, tout en respectant les écailles extérieures. Assez commun, ses dégâts sont rarement très étendus, mais il nuit plus ou moins, par cette destruction des bourgeons, au développement normal des ceps. Le jour, il se retire dans le sol. Un traitement à l'arséniate de plomb appliqué de bonne heure aura raison de l'insecte.

5° **Parasites qui s'attaquent aux fleurs et aux fruits**

LA COCHYLIS (*Cochylis ambiguella* Hüb.)

Cet insecte, connu depuis longtemps en Anjou sous le nom de *Teigne de la vigne*, s'étant depuis quelques années multiplié d'une façon inquiétante,

Fig. 91. — Le papillon de la cochylis grossi.

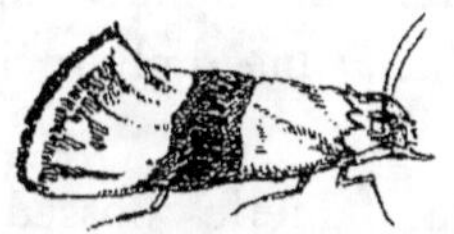

Fig. 92. — Le même, vu de profil.

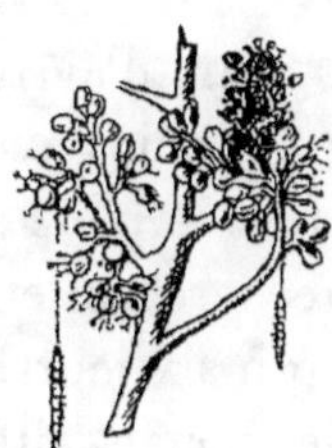

Fig. 93. Grappe florale attaquée par des chenilles de la cochylis.

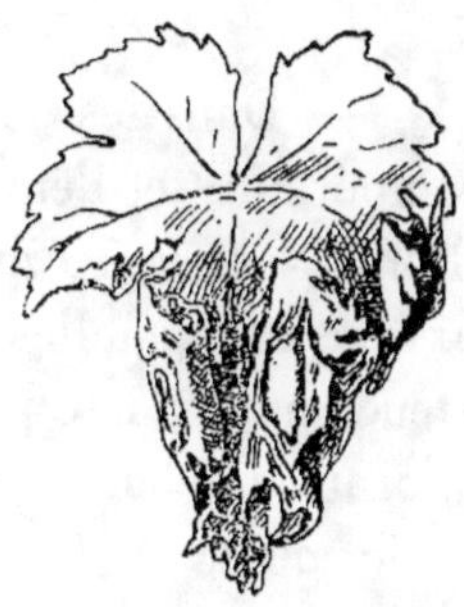

Fig. 94. — Chenilles chrysalidées sur une feuille.

la Société Industrielle et Agricole d'Angers et de Maine-et-Loire décida, en 1907, d'entreprendre contre lui une lutte méthodique.

Elle nomma une Commission composée de M. L. Moreau, ingénieur agronome, directeur de la Station œnologique d'Angers, de M. E. Vinet, professeur à l'Ecole supérieure d'Agriculture et de moi-même. Une somme de mille francs fut mise à sa disposition.

Nommé président de cette Commission, je fus prié de faire l'inventaire des travaux publiés jusqu'ici sur la Cochylis et de relever tous les procédés qui avaient été employés pour la combattre. Un séjour à Villefranche (Rhône), pour consulter la bibliothèque si complète réunie par M. Vermorel sur la Vigne et ses maladies, me permit de publier dans le

Bulletin de la Société une *Etude sur la Cochylis ; Biologie et Traitements.*
Elle servira à ce résumé.

Description de l'insecte. — La Cochylis est un papillon du groupe des
Microlépidoptères, de la famille des Tortricides (fig. 91 et 92) ; sa longueur est d'environ 8 millimètres et son envergure, ailes déployées, de
13 à 15 millimètres; corps jaune pâle; ailes antérieures traversées vers leur
milieu d'une large bande noire oblique; ailes postérieures grisâtres. Le
mâle se reconnaît à des ailes postérieures plus claires et son abdomen plus
aminci.

Biologie. — Dans les derniers jours d'avril ou les premiers de mai, suivant la température et l'état plus ou moins avancé de la vigne, apparaissent
les papillons; vers le 10 mai a lieu le plein vol. Les mâles, d'abord aussi
nombreux que les femelles, les recherchent et les fécondent, puis meurent;
leur existence ne dépasse pas cinq à six jours. Les femelles pondent sur les
boutons floraux ou leur pédicelle, jamais ailleurs; chacune d'elles vit une
vingtaine de jours.

De nombreuses dissections m'ont prouvé que la femelle possède un
appareil ovigère formé de huit tubes, dont chacun peut contenir 25 à
30 œufs plus ou moins développés, soit un nombre total d'environ 216,
mais tous ne sont pas nécessairement pondus.

Les œufs pondus sont aplatis, de forme lenticulaire et non pas
sphériques, comme beaucoup le croient, et sont à peine visibles à l'œil nu.
Ils éclosent au bout de dix à douze jours. Les premières larves ou chenilles
apparaissent trois semaines environ après le vol des premiers papillons.
A sa naissance, la chenille est grosse comme un fil (1 millim. 5 de long,
0 millim. 3 de diamètre). Elle s'enfonce dans le bouton floral et en ronge
l'intérieur. Réunissant ensuite plusieurs d'entre eux avec des fils de soie,
et cachée au milieu d'eux, elle les dévore en grand nombre; une demi-
douzaine de larves peuvent ainsi détruire une grappe florale entière
(fig. 93). Parfois elle se loge dans le pédoncule même de la grappe,
laquelle se flétrit alors dans tout son ensemble. Elle se forme généralement
avec des parcelles végétales un cocon ou plutôt un manchon tapissé de soie

et ouvert à chaque extrémité, dans lequel elle peut se retourner bout pour
bout et faire saillir la partie antérieure de son corps, ce qui lui permet de
marcher avec son étui protecteur. Et ces détails ont leur importance, car

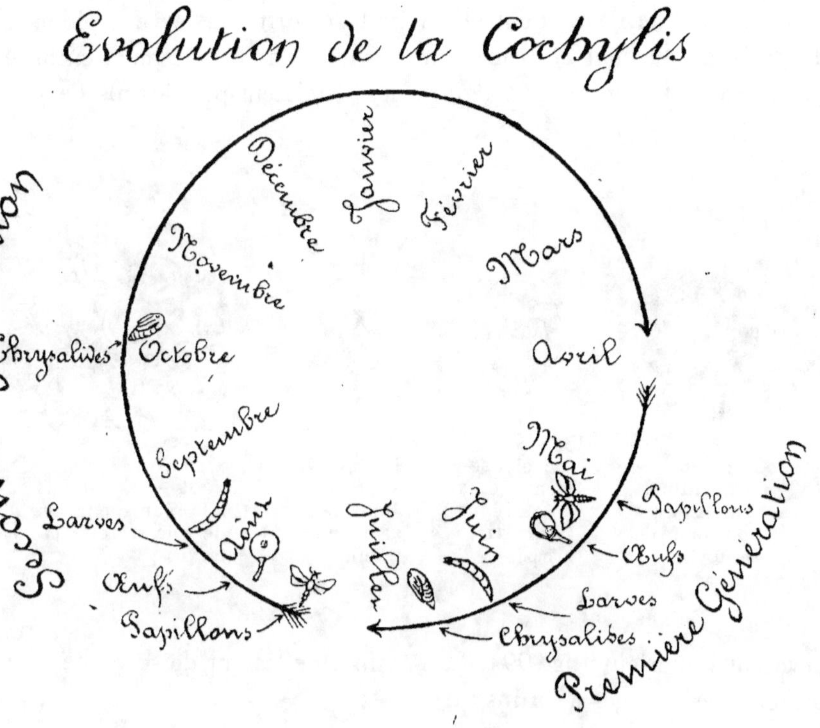

Fig. 95. — Les deux générations de la Cochylis.

c'est le moment de sa vie où elle est le plus facile à atteindre, en même
temps qu'elle est le plus sensible à l'action des insecticides.

En juin, elle atteint toute sa taille, cherche alors un abri quelconque pour
se chrysalider : grappe florale, feuille, motte de terre (fig. 94).

Dans les premiers jours de juillet, transformation de la chenille en
papillon (fig. 95).

Une seconde génération commence : ponte sur les grains de raisin (fig. 96). Il est facile de suivre le développement de la larve dans l'œuf (fig. 97) ; après son éclosion, la larve s'enfonce aussitôt dans le grain (fig. 98). Dans un cas scrupuleusement observé par moi, après s'être un peu éloignée de l'œuf, dont elle venait de sortir, la larve a piqué la peau du grain et, au bout de trois heures, elle y était entièrement enfoncée. Les larves passent d'un grain à l'autre, les réunissent par des fils de soie et en

Fig. 96. — Un grain de raisin avec un œuf de cochylis.

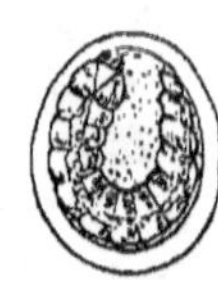

Fig. 97. — Développe- ment de la larve dans l'œuf (très grossie).

Fig. 98. — La larve s'enfonce dans le grain de raisin.

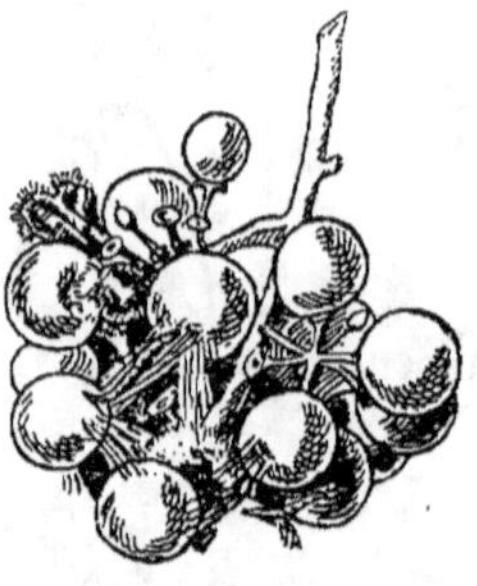

Fig. 99. — Grains de rai- sin réunis par des fils de soie sécrétés par les larves.

dévorent l'intérieur (fig. 99). Le besoin qu'elles ont de se cacher leur font préférer les cépages à grains serrés.

Echelonnement des éclosions. — Il s'en faut que les papillons d'une même génération, soit de printemps, soit d'été, se montrent tous en même temps, même lorsque les conditions atmosphériques sont le plus favorables. La métamorphose des chrysalides en papillons s'échelonnent sur une durée de trois ou quatre semaines, si bien qu'on trouve souvent des papillons de la deuxième génération en même temps que des larves de la première. J'ai du reste constaté le même fait pour des chrysalides qui me furent envoyées de l'Aude, et dont les métamorphoses coïncidèrent avec celles des chrysalides de l'Anjou. Mais, d'une façon générale, les évolutions dans le Midi précèdent d'une quinzaine de jours celles de l'Anjou (L. Moreau).

Une importante conclusion pratique découle de ces observations, à savoir la nécessité de renouveler les traitements insecticides à une dizaine de jours de distance.

La cause de ces échelonnements peut être, au moins dans certains cas, une nutrition plus ou moins active. J'ai observé qu'en deux jours une larve avait doublé de taille, tandis qu'une autre avait triplé, d'où une avance pour celle-ci, qui lui aura sans doute permis de se métamorphoser en papillon plusieurs jours avant l'autre.

La nature des cépages influe aussi sur l'évolution ; les larves apparaissent quelques jours plus tôt dans le Gamay que dans le Chenin, le premier fleurissant plusieurs jours avant le second (Moreau et Vinet).

Les chenilles retardataires sont généralement de plus petite taille que les autres, et aussi les papillons qu'elles donnent; j'ai constaté que cette différence atteignait un et deux millimètres.

Différences entre les deux générations. — Il en est de même pour les chenilles et les papillons de première et de seconde génération; ils ne sont pas de taille identique. Les larves de la seconde sont plus petites que celles de la première ; même différence pour les papillons ; la différence porte sur un ou deux millimètres.

En outre, la vie des papillons de la génération d'été est plus courte que celle des papillons de la génération de printemps.

Enfin, et ceci est de grande importance, les femelles de la seconde génération m'ont toujours montré moins d'œufs que ceux de la première, soit 100 à 110 au lieu de 200 environ.

Hibernation ; troisième génération. — En septembre, les larves arrivées à toute leur taille (fig. 100), quittent les grappes et cherchent un abri pour l'hiver, sous une écorce ou dans une fente d'échalas. En octobre, soigneusement enveloppées d'un cocon de soie, elles se chrysalident et passent ainsi tout l'hiver (fig. 101, 102, 103).

Quelquefois, quand l'automne est très chaud, il se fait une troisième génération de papillons, mais qui meurent sans se reproduire.

Conditions de vie. — Les papillons de Cochylis sont crépusculaires ; cachés le jour sous les feuilles, ils commencent à voltiger au soleil couchant. La lanterne à la main, j'ai constaté, que c'est entre le crépuscule et 10 heures du soir, que les Cochylis volent le plus et qu'elles se prennent dans les pièges à vin.

Fig. 100. — Larve à son complet développement (grossie au double).

Fig. 101. — Chrysalides dans leur cocon sous une écorce.

Fig. 102. — Chrysalide dont le cocon a été ouvert.

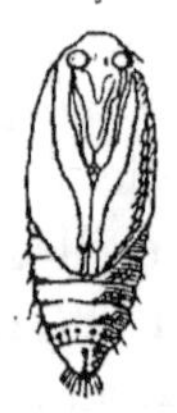

Fig. 103. — Chrysalide grossie quatre fois.

Le papillon ne se nourrit pas ; il se contente de sucer quelques gouttelettes de rosée ou de sécrétion sucrée.

Son vol est peu soutenu et saccadé.

Le froid de l'hiver n'a pas d'action sur sa chrysalide, qui est protégée par son cocon et cachée sous les écorces. On sait d'ailleurs que les insectes résistent parfaitement à de grands froids. L'humidité leur est plus défavorable, car elle favorise le développement de moisissures, qui les envahissent et les pénètrent.

La grande chaleur de l'été peut leur être funeste, soit que les papillons ne trouvent pas l'eau nécessaire, se dessèchent et meurent, soit que cette sécheresse ne leur permette pas de mûrir complètement leurs œufs, qui alors ne sont pas pondus, comme je crois l'avoir montré, après les grandes chaleurs de 1911. Des faits de ce genre peuvent servir à expliquer l'inégalité d'abondance de la Cochylis d'une année à l'autre et même dans deux vignes peu éloignées. Ils contribuent à nous montrer que les faits de la nature que nous sommes tentés de regarder comme des anomalies, sont régis en réalité par des lois qui, trop souvent, nous restent inconnues.

Une série d'étés secs et chauds feraient assurément plus pour nous débarrasser de la Cochylis que tous nos insecticides et tous nos piégeages. C'est ainsi que l'été de 1921 (l'année du grand vin !), la chaleur sèche ayant duré plusieurs mois consécutifs, il n'y a pas eu en 1922 (l'année de la grande abondance !) d'apparition sérieuse de Cochylis. Les 11 et 12 juillet 1921, la température a monté à 41° (d'après les indications d'un thermomètre placé dans une souche de vigne) ; et brusquement, tandis que les jours précédents on capturait de nombreux papillons, ils ont disparu, manifestement tués, au moment du plein vol, par cette excessive chaleur (Moreau et Vinet). Le même fait s'était produit en 1911 (23 et 24 juillet, 41°).

Cette action ne s'est pas fait sentir aussi vivement sur l'Eudémis, confirmant ainsi que c'est bien une espèce plus méridionale.

Généralement, par contre, les années humides favorisent le développement de la Cochylis.

On rencontre des Cochylis dans tous les terrains, sur les vignes en coteau et sur celles en plaine, quel que soit le mode de taille adopté et la direction donnée aux vignes, quoique la répartition de ces insectes soit bien loin d'être régulière entre deux ténements peu éloignés l'un de l'autre. Les variations constatées ne semblent pas obéir à des lois fixes. Tous les cépages peuvent être envahis, les Gamays et Groslots, de préférence aux Cabernets, sans doute parce que leur maturité est plus précoce.

Si les vendanges se font très tôt, beaucoup de Cochylis, encore dans les grappes, passent au pressoir, et l'année suivante l'invasion est moins forte.

Si la vigne manquait à la Cochylis, la destruction du parasite serait-elle assurée ? Pas absolument, car il peut se nourrir des fruits de quelques autres espèces végétales, tels que ceux de la ronce, du groseillier à petits fruits, du prunellier, etc.

Ennemis naturels de la Cochylis. — Quelques oiseaux insectivores peuvent détruire un certain nombre de Cochylis, soit sous la forme papillons, soit sous la forme larves, mais seulement en proportions très restreintes. Bien peu de nos petits oiseaux chanteurs se risquent à établir leurs nids dans des vignobles sans cesse parcourus par le vigneron, qui laboure, sulfate, soufre, écime et taille. Quant aux oiseaux qui, comme les hirondelles et les martinets, consentent à descendre des hauteurs des cieux pour rendre tout en volant visite à nos vignes, ils ne peuvent faire que buisson creux, les Cochylis étant en repos et bien cachées pendant le jour et ne recommençant à voltiger qu'au moment où ces rois de l'air vont se coucher.

« Donnez-moi une douzaine d'engoulevents et je débarrasserai la commune de toutes les Cochylis », a dit un vigneron émerite et que j'aime bien. Mais ce pince-sans-rire est coutumier de pareilles boutades, ce qui ne l'empêche pas d'ailleurs de faire un vin justement célèbre dans les deux hémisphères.

Dans le monde des insectes, nous avons aussi quelques auxiliaires, tels que les Calosomes, Carabes, etc. J'ai vu des araignées emporter des larves de Cochylis. C'est très bien, mais trop rare pour que le remède soit efficace.

Mais en première ligne, parmi les défenseurs de nos vignobles contre la Cochylis, je placerais sans hésiter la Chauve-Souris, pour l'avoir vue à maintes reprises parcourir à la tombée de la nuit les rangs de ceps, afin de happer au vol les petits papillons qui voltigent à cette heure-là. On y reviendra d'ailleurs plus loin.

On a escompté enfin l'action de parasites végétaux abondamment répandus dans la nature et notamment dans les vignes, tels que l'*Isaria*, sorte de moisissure qui, enveloppant et pénétrant les chrysalides, les tueraient sur place. Il n'est pas rare, en effet, de voir des chrysalides, cachées sous les écorces, envahies et momifiées par ce champignon. De là l'idée de propager artificiellement ce parasite en vue de l'envahissement de notre ennemi. Les tentatives faites dans ce sens et auxquelles un professeur de la Faculté de Bordeaux, originaire de l'Anjou, M. Sauvageau, a largement contribué, n'ont pas donné les résultats espérés.

Organisation de la défense. — Si les anciens vignerons de l'Anjou avaient eu déjà à se plaindre des méfaits de la Cochylis, il paraît bien probable qu'ils n'avaient jamais eu autant à en souffrir qu'en 1907. Il est d'ailleurs assez délicat d'apprécier exactement dans une récolte déficitaire la part qui revient à la Cochylis et celle qui est due au mildiou et à l'oïdium lorsqu'ils sévissent en même temps.

La Commission de la Cochylis, pour apprécier exactement l'intensité du mal et se renseigner sur les traitements qui lui avaient été jusqu'ici opposés se livra à une enquête tant en France qu'à l'étranger. Trente-quatre professeurs d'agriculture départementaux y répondirent; des notes vinrent d'Allemagne, d'Autriche, de Suisse, d'Italie, d'Espagne et de Portugal; treize journaux viticoles et agricoles ont, à notre demande, sollicité des renseignements de leurs lecteurs.

Les résultats de cette vaste enquête furent très contradictoires. Notre Commission pensa dès lors qu'il n'y avait qu'à procéder méthodiquement et expérimentalement pour être fixés d'une façon précise tant sur certains points restés obscurs de la biologie de la Cochylis, que sur les traitements à lui opposer.

Année 1908. — Trois champs d'expériences furent créés : à Beaulieu, chez M. Hamon, pour la région du Layon; à Juigné-sur-Loire, chez M. Lemonnier, pour les vignobles des coteaux de la Loire; à Saint-Florent-le-Vieil, chez M. Fleury, pour la région du Muscadet.

Une grosse difficulté dans la lutte contre la Cochylis vient de la résistance que la constitution même de la larve oppose aux agents qui pourraient lui être nuisibles. Sa peau est protégée par une couche cornée ou chitine qui la défend efficacement. C'est ainsi que j'ai observé qu'une larve enfermée dans un flacon saturé d'acide sulfureux n'en parut pas incommodée, et qu'une autre placée dans de l'eau-de-vie à 55° y resta vivante pendant une heure et demie.

Dans les expériences faites en pleine vigne, la Commission prit toutes les précautions pour se mettre à l'abri des causes d'erreur pouvant provenir de la nature des cépages, de la variété des porte-greffes, de l'âge de la plantation, de la vigueur et de l'état de santé des souches.

Elle décida d'organiser la lutte contre la Cochylis sous la forme de trois traitements répondant à chacune des saisons d'hiver, printemps, été.

I. — Traitements d'hiver.

A. Procédés mécaniques. — *Décorticage* (1). — Ce travail permit tout d'abord de constater que les chrysalides sont réparties en nombre très inégal sur les souches.

Le meilleur et le plus simple instrument pour la décortication est un fort couteau de poche ou une solide curette à lame plate et pointue ; travail long, plus facile quand les souches sont imbibées d'eau; un ouvrier décortique à l'heure de cinq à dix souches. A noter en passant que le décorticage peut être dangereux dans notre région septentrionale; les vignes privées de leurs grosses écorces protectrices, s'il survient de grands froids après l'opération, le bois peut geler, se fendre et l'année suivante se couvrir de broussins. Une de mes vignes a eu à souffrir d'un pareil accident.

Résultats. — Le décorticage s'est montré efficace ; la diminution des Cochylis a été d'environ moitié, 40 à 57 %, d'après la numération faite au mois de septembre suivant sur des grappes prises dans une partie décortiquée comparée à celle des larves prises sur une partie non décortiquée. Ainsi, malgré la facilité qu'ont les papillons de printemps et d'été à se déplacer et à pondre leurs œufs plus ou moins loin du lieu où s'est accomplie leur métamorphose, l'effet du décorticage s'est fait nettement sentir. Le décorticage se montre d'autant plus efficace d'ailleurs que la vigne traitée est plus éloignée de toute autre restée sans traitement.

B. Procédés physiques. — 1° *Flambage*. — Il se pratique avec la lampe de soudeur ; il a été préconisé par M. E. Lepage, qui l'avait vu employer dans le Midi. Un brossage énergique, fait en même temps, aide beaucoup à l'opération. La température sous l'écorce ne dépasse pas 70 à 75°, de sorte que le bois n'est pas exposé à brûler.

---

(1) Ce procédé de traitement n'est pas nouveau ; on le voit déjà recommandé, au milieu du XVIIIᵉ siècle, dans notre Anjou, par Bidet.

2° *Ebouillantage.* — On opéra avec une petite chaudière multitubulaire à vapeur, inventée par M. Bonneau, serrurier à Angers, donnant sous une pression de 8 à 10 kilos une température intérieure de 170 à 180°. Cette chaudière, montée sur roues et munie de deux tuyaux de caoutchouc manœuvrés chacun par un ouvrier, traite ainsi deux rangs à la fois. Le jet de vapeur est assez puissant pour détacher et faire voler des lambeaux d'écorce, ce qui augmente l'efficacité du travail. Dans les premiers essais, il fut constaté que la température, à deux centimètres de l'orifice de sortie, n'étant plus que de 70 et même 60°, était insuffisant pour tuer les chrysalides à travers l'écorce, et le résultat fut nul (*voir page 244*).

M. Bonneau modifia son appareil et mêla, par un dispositif très simple, de l'eau à la vapeur. Le refroidissement à la sortie fut bien moins considérable, et à trois ou quatre centimètres de l'orifice la température était encore de 80 à 90°. L'eau presque bouillante, vigoureusement chassée par la vapeur d'eau, s'insinue entre les écorces et atteint les Cochylis qu'elle échaude.

Résultat. — Le résultat fut excellent. La mortalité des chrysalides s'éleva de 94 à 100 %. Le nombre des souches traitées en dix heures fut d'environ 2.800. Le prix de revient fut de 80 à 100 francs l'hectare (en 1908).

C. Procédés chimiques. — Différentes substances, sulfate de fer, chaux, lysol, liquide Laborde (chaux vive, huile lourde, soude caustique, sulfure de carbone, eau), pyraline, pyridion, etc., ont été essayés en badigeonnage, sur les souches, mais sans succès réel.

II. Traitement de printemps.

A. Procédés mécaniques. — 1° *Extraction des larves.* — Le procédé le plus simple, celui qui s'est imposé tout d'abord et jadis largement pratiqué en Anjou, consistait à extraire des mannes « la teigne », au moyen d'une simple aiguille piquée dans un bouchon, pour ensuite l'écraser entre les doigts. Mais lorsque la chenille tombait à terre, on ne s'en préoccupait pas, dans la persuasion où on était qu'elle ne pouvait pas remonter sur la souche. C'étaient généralement des femmes que l'on chargeait de ce travail. Chaque ouvrière pouvait visiter en un jour dix à douze ares (1).

2° *Ecrasement des larves.* — M. Bacon, alors directeur de la Station viticole de Saumur, a préconisé l'écrasement entre les doigts des larves logées entre les boutons des grappes florales. Ce procédé serait efficace, mais le temps qu'il demande a empêché de l'adopter.

B. PROCÉDÉS CHIMIQUES. — Pour être réellement efficaces, ces traitements doivent être faits à la date opportune, de telle façon que les larves soient soumises à l'action des insecticides au moment où elles sont le plus fragiles, c'est-à-dire à leur naissance et alors qu'elles ne sont pas encore protégées par leur abri soyeux. Nombre d'échecs tiennent à ce qu'on n'agit pas au moment opportun, soit trop tôt, et les pluies lavent les bouillies insecticides avant qu'elles aient produit leur effet, soit trop tard, et les larves déjà écloses se sont mises à l'abri.

L'opération doit être faite une quinzaine de jours après l'apparition des papillons, ceux-ci ne vivant guère qu'une quinzaine de jours et les œufs mettant dix à douze jours pour éclore.

Les insecticides essayés par la Commission ont été l'*arséniate de plomb*, la *nicotine*, le *chlorure de baryum*.

a) *Arséniate de plomb.* — Particulièrement efficace s'est montré l'arséniate de plomb, soit d'après la formule de MM. Capus et Feytaud (arséniate de soude 300 gr., acétate de plomb 500 gr., glucose massé 1 kilo, eau 100 litres) ou encore, formule à laquelle nous nous sommes arrêtés : arséniate de soude 300 gr., acétate de plomb 900 gr., bouillie bordelaise 100 litres. Un léger effeuillage préalable favorise l'opération. *Chaque grappe doit être visée avec soin*, sans se préoccuper de mouiller les feuilles.

----

(1) GUILLORY. *Calendrier du Vigneron*, 1868.

Ce traitement a l'inconvénient de ne pouvoir être employé après la floraison, par crainte d'empoisonnement pour les personnes qui mangeraient les grains qui en auraient reçu.

Résultat. — La mortalité des larves a été de 88 et même de 93 %, c'est-à-dire qu'elle a été presque totale.

La Commission a constaté que si parfois l'arséniate de plomb n'agit pas sur les larves de façon radicalement mortelle, certaines d'entre elles n'ayant pas absorbé une dose de poison suffisante pour en mourir du coup, elles dépérissent, subissent un arrêt de développement, restant petites, chétives, de couleur jaunâtre, avec des mouvements bien plus lents; elles arrivent difficilement à tisser leurs cocons, rarement leur métamorphose arrive à s'accomplir, et les dégâts qu'elles commettent sont à peu près nuls. Le poids de 100 larves de ce genre, recueillies dans une vigne traitée deux fois à l'arséniate de plomb, pesées à la balance de précision, par MM. Moreau et Vinet n'atteignait que 228 milligrammes, tandis que le poids moyen de trois lots de larves normales prises dans une vigne témoin atteignait 662 milligrammes, soit près de trois fois plus.

Le traitement à l'arséniate de plomb employé en *temps opportun*, répandu avec le *soin voulu* et *deux fois* à quinze jours de distance, donne des résultats certains et absolument satisfaisants.

Du danger pour les ouvriers et les consommateurs. — Les accidents causés par l'emploi de l'arséniate de plomb, poison violent, sont excessivement rares et toujours évitables, moyennant quelques précautions élémentaires, telles que lavage des mains avant le repas, abstention de la cigarette pendant le travail, de peur de souiller le papier avec les doigts mouillés d'arséniate.

Quant aux vins provenant des grappes traitées, ils ne renferment que des traces insignifiantes et inoffensives d'arsenic et de plomb, comme on en trouve dans des vins de vignes qui n'ont reçu aucun traitement (Moreau et Vinet).

Il pourrait en être autrement si les vignes étaient traitées à l'arséniate de plomb après la défloraison.

b) *Nicotine.* — Elle a été employée en dilution dans de l'eau ou mêlée à la bouillie bordelaise, dans la proportion suivante : nicotine titrée à 100 gr. par litre, 333 gr., soit un tiers de litre; eau ou bouillie bordelaise 100 litres (1).

Résultat. — La mortalité des larves a été de 51 %. Si l'opération a été précédée du décorticage, on arrive à une mortalité de 66 %.

c) *Gaz sulfureux.* — On a aussi essayé contre les chenilles de la première génération, l'action du gaz sulfureux, obtenu par combustion du soufre et distribué avec un soufflet spécial. Sous l'action de ce traitement, les chenilles se laissent tomber, mais ne meurent pas et continuent leurs ravages ;

d) *Echaudage des grappes florales.* — Une pulvérisation avec de l'eau chaude à 50° sur les mannes florales, avec l'appareil Bonneau, a produit sans causer de brûlures à la vigne, une appréciable diminution des larves. Le procédé est délicat à employer; j'ai constaté qu'il y avait des fleurs brûlées lorsque le jet était un peu trop chaud, alors même que la main pouvait encore le supporter.

III. Traitement d'été.

Il se réduit à l'emploi de la *nicotine*, l'arséniate de plomb étant prohibé à cette époque et le chlorure de baryum, comme la pyridine, ayant donné des résultats très insuffisants.

Le traitement à la nicotine en été, doublant celui de printemps, a obtenu une mortalité de 88 %; c'est le chiffre que nous avait fourni au minimum le traitement de printemps à l'arséniate de plomb.

Poudrage à la chaux. — Il ajoute certainement une action utile aux autres traitements.

---

(1) Actuellement, l'Etat fournit la nicotine à un titre cinq fois plus élevé, soit 500 grammes d'alcaloïde pur par litre ; il faudra donc en employer cinq fois moins, soit 66 grammes de la solution, pour 100 litres de bouillie bordelaise.

CONCLUSIONS

De ces expériences de la Commission on peut tirer ces conclusions générales;

a) Il serait illusoire de penser qu'il est possible d'arriver pour ainsi dire tout d'un coup à la destruction totale et définitive de la Cochylis;

b) Il paraît impossible qu'un seul traitement suffise pour limiter dans une large mesure les dégâts de l'insecte;

c) Si des causes naturelles peuvent arrêter le mal, nous ne savons ni dans quelles circonstances, ni dans quelle mesure; il appartient donc au viticulteur de chercher à se défendre par ses propres moyens;

d) Etant donné la grande importance qu'il y a à traiter au moment voulu, il est nécessaire que les viticulteurs soient prévenus de l'époque opportune par un avis émané de la Station œnologique;

e) Il faut ajouter que tant que les vignerons d'une même région ne s'entendront pas pour traiter sans exception toutes les parcelles du vignoble, la lutte contre la Cochylis sera en grande partie illusoire, et à recommencer à nouveaux frais chaque année.

C'est déjà ce qu'écrivait très sensément en 1759, un de nos compatriotes, Bidet : « Dans l'instant que le vigneron en aura tiré un cent (de vers coquins), dans sa vigne, il en rentrera mille de la vigne voisine. Il n'y aura qu'une loi générale, une Ordonnance de Police, sous peine d'amende, qui pourra ranger les vignerons à ce devoir. »

La question actuelle de la Cochylis

Voilà près de vingt ans que la Commission nommée par la Société Industrielle et Agricole d'Angers a entrepris la lutte contre la Cochylis et a bien mis la question au point. Tout ce qui a été fait depuis dans les différentes régions viticoles de la France n'a pas beaucoup avancé la question, et chaque année l'insecte continue à prélever une bonne part de notre récolte. C'est que, d'un côté, les traitements efficaces qu'on peut lui opposer demandent une main-d'œuvre nombreuse et coûteuse, qu'il est plus difficile que jamais d'obtenir, et que, d'un autre côté, il n'y a pas plus d'entente entre les viticulteurs pour organiser la lutte commune qu'au XVIIIᵉ siècle, du temps de Bidet.

Toutefois, pour compléter cette étude, il y a lieu de signaler quelques autres procédés qui s'ajoutent à la liste de ceux qui viennent d'être passés en revue :

1° *Pièges lumineux.* — Employés depuis un assez grand nombre d'années et parfois sur de vastes étendues, notamment en Champagne ; ce sont des phares ou lampes électriques d'une grande intensité, que l'on dispose dans les vignes et dont l'éclat attire les papillons, lesquels s'y heurtent et tombent dans un bassin rempli de liquide, où ils se noient. Par malheur, beaucoup échappent à l'attraction lumineuse ou bien viennent des vignes voisines et se répandent dans celle qui a organisé la défense ;

2° *Pièges-appâts.* — En 1914, l'Union des Viticulteurs de Maine-et-Loire nomma une délégation de trois membres : MM. Massignon, Hamon et moi pour aller étudier dans le Bordelais un nouveau moyen de lutte, les pièges-appâts. Ce sont de petits récipients en verre ou en terre vernissée que l'on suspend aux fils de fer de la vigne, au nombre de 200 à 400 par hectare et que l'on remplit aux trois quarts d'un liquide vineux quelconque mêlé d'eau et additionné de mélasse. Son odeur attire les papillons qui y tombent et s'y noient.

Après une série de conférences que je fus chargé de faire dans différentes régions de l'Anjou viticole, le procédé y a été très largement expérimenté.

Les résultats qu'il donne sont incomplets. Enormément de papillons sont détruits, mais il en reste toujours assez pour assurer la multiplication de l'insecte, si bien que le procédé a été généralement abandonné.

Il n'est plus guère conservé que dans quelques vignobles pour s'assurer de l'époque et de l'intensité du vol des papillons, en vue de préparer les moyens de défense. A ce titre l'opération est des plus recommandable;

3° *Badigeonnage des souches au sulfate de fer.* — La Cochylis se retirant à l'automne sous les écorces des ceps, si l'on supprime ces écorces, on détruit par là même la retraite de l'insecte. C'est d'ailleurs ce but que se propose le décorticage. Mais celui-ci est très long à exécuter et très dispendieux. On arrive au même résultat par des badigeonnages du tronc des ceps avec une solution de sulfate de fer à 35 ou 50 %, qu'on peut même rendre plus efficace en y ajoutant un litre d'acide sulfurique pour 100 litres. L'opération se fait au pinceau, ou mieux au pulvérisateur, lequel doit être verré ou plombé à l'intérieur. Le travail est exécuté en hiver, avant le départ de la végétation, pour éviter de brûler les boutons.

Ce liquide tue directement beaucoup de parasites et détermine la chute plus ou moins rapide des vieilles écorces, c'est-à-dire les retraites d'hiver des insectes;

Au lieu de sulfate de fer, on peut employer l'*acide sulfurique* dilué dans dix parties d'eau :

4° *Savon pyrèthre.* — Employé depuis quelques années, cet insecticide est aujourd'hui d'un usage assez répandu. C'est un mélange, formé de fleurs de pyrèthre de Dalamtie, 2 kilos ; savon de Marseille, 2 kilos 500 ; eau, 100 litres.

Pour le préparer, on fait fondre le savon à l'avance dans 50 litres d'eau, on ajoute ensuite les fleurs de pyrèthre bien broyées et on complète pour l'usage à 100 litres d'eau. On trouve d'ailleurs dans le commerce des solutions toutes préparées.

Cette solution agit comme insecticide externe, c'est-à-dire par contact. Il est donc nécessaire que la pulvérisation atteigne les larves; grâce au savon, les boutons floraux sont mouillés, pénétrés du liquide, lequel arrive ainsi à imbiber la peau du parasite et à le tuer.

Quelques observateurs ont reproché à ce mélange de provoquer la coulure.

Applicable contre la première génération de la Cochylis, il ne l'est plus contre celle d'été, alors que les larves sont cachées dans les grains de raisin (1) :

---

(1) Cependant, des expériences récentes instituées par M. Chappaz, en Champagne, seraient de nature à modifier cette affirmation.

5° *L'aérotherme*. — Un appareil d'invention récente, l'aérotherme
(fig. 105), d'un maniement facile, agit comme la petite chaudière Bonneau,
dont il a été question plus haut, mais avec cette différence que c'est non pas
de la vapeur, mais de l'air chaud qui en sort. On règle facilement sa tempé-

Fig. 105. — L'aérotherme

rature de sortie. La chaleur est produite par la combustion d'essence
renfermée dans une hotte que l'ouvrier porte sur le dos. La distribution se
fait par le moyen d'une sorte de chalumeau qu'il tient à la main. Le
travail est plus rapide qu'avec la cafetière employée pour l'échaudage de
la pyrale. Mais n'ayant pas expérimenté l'appareil, je n'ai pas d'opinion
personnelle à son sujet et sur les résultats qu'on en obtient.

Il convient de signaler, dans le même ordre d'idées, le pulvérisateur à auto-compression qui projette les liquides insecticides à une température chaude, comme celui qu'ont récemment employé dans leurs essais à la Station entomologique de Paris; MM. Trouvelot et Willaume. Je crois qu'il y a lieu de poursuivre les recherches de ce côté.

Conclusion pratique

Comme conclusion de cette étude sur la Cochylis, l'un des plus redoutables fléaux de la viticulture, si on me demandait ce qu'il convient de faire pour la combattre, je croirais devoir répondre :

1° *En hiver*, tenir très propres et très lisses la souche et les bras des ceps, par un traitement au sulfate de fer ou à l'acide sulfurique dilué;

2° *Au printemps*, faire à dix jours d'intervalle deux traitements à l'arséniate de plomb (le plus efficace de tous) ;
ou bien au savon pyrèthre ;
ou bien à la nicotine titrée,
en visant le plus possible les grappes florales;

3° *A l'été*, après un léger effeuillage, faire un traitement avec la nicotine titrée et mieux encore, un second à huit jours d'intervalle.

Le premier traitement de printemps et celui d'été devront être pratiqués quinze jours après le plein vol des papillons, au sujet duquel on sera exactement renseigné au moyen de quelques pièges-appâts dont on fera chaque jour le contrôle, du 1ᵉʳ au 15 mai, du 1ᵉʳ au 15 juillet.

EUDÉMIS (*Eudemis botrana*, Schif)

C'est un papillon très voisin de la Cochylis, mais un peu plus petit; il a les ailes supérieures marbrées de diverses couleurs, les inférieures grisâtres. La chenille est verdâtre, au lieu d'être rosée comme celle de la Cochylis, et sa tête est blonde, au lieu d'être noire; ses mouvements sont beaucoup plus vifs; quand on la touche, elle se tortille comme une anguille. La chrysalide est plus effilée, plus pointue en arrière, de couleur plus foncée; son cocon est plus blanc, d'une soie plus pure, tandis que celui de la Cochylis est plus grossier et mêlé de parcelles étrangères.

L'Eudémis a régulièrement trois générations par an, la Cochylis deux. Tandis qu'une chaleur tempérée et un peu humide convient à la Cochylis, l'Eudémis préfère les expositions chaudes et les climats secs. La première est plus septentrionale, la seconde plus méridionale. Aussi est-ce dans les treilles exposées au soleil que celle-ci se montre tout d'abord.

Jusqu'en 1911, son existence était inconnue ou du moins problématique en Anjou. A cette date, M. Gilles Deperrière, alors directeur de la Station viticole de Saumur, me communiqua des échantillons que je reconnus être des Eudémis. C'est la première fois qu'elle fut officiellement reconnue dans notre région. A cette même date, je constatai et signalai trois foyers différents en Anjou, elle s'y trouvait même déjà en telle quantité, que j'ai compté jusqu'à dix œufs sur un même grain de raisin. Chaque grain se trouvant percé d'un seul trou, cela prouve que la larve, comme celle de la Cochylis, ne s'y enfonce pas directement au sortir de l'œuf, mais qu'elle peut s'éloigner plus ou moins loin avant de pénétrer dans un autre grain de raisin pour s'y cacher et s'en nourrir.

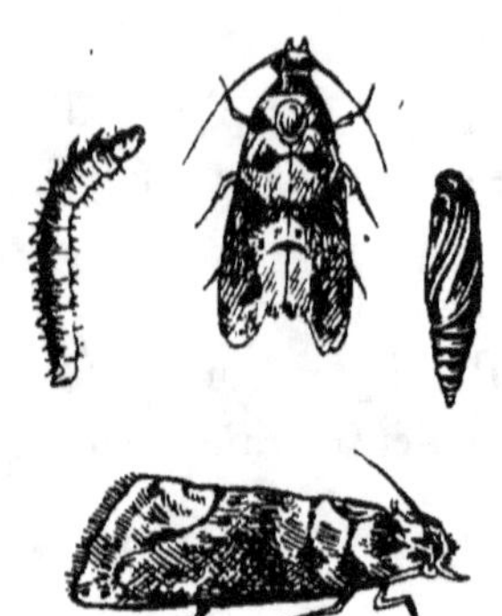

Fig. 106. — Le papillon de l'Eudémis vu de dos et de profil. A gauche, sa larve grossie du double, à droite, sa chrysalide .

Depuis 1911, l'Eudémis a fait de grands progrès en Anjou et s'est dans bien des vignes largement substituée à la Cochylis. C'est ainsi qu'à la Station viticole de Saumur on ne trouve plus actuellement que de l'Eudémis; à Belle-Beille près Angers, dans la vigne de M. P. Lorin, qui sert de champ d'expériences à MM. Moreau et Vinet, la substitution rapide de l'Eudémis à la Cochylis est tout aussi nette.

En voici la progression. Tandis qu'en 1914 on capturait pour 100 papillons, 93 Cochylis et 7 Eudémis, en 1909, 80 Cochylis et 20 Eudémis, en 1920, 17 Cochylis et 83 Eudémis, on a capturé en 1922 au total 13 Cochylis contre 3.333 Eudémis.

Les dégâts causés par l'Eudémis étant identiques à ceux de la Cochylis et ses dates d'apparition étant sensiblement les mêmes, les traitements à lui opposer ne diffèrent pas et il n'y a pas lieu d'y insister.

Les Guêpes (*Vespa vulgaris* et *Vespa germanica*)

Si dans les vignobles proprement dits les Guêpes ne causent généralement pas un dommage appréciable, il n'en est pas de même dans les ceps

Fig. 107. — La guêpe germanique et la guêpe commune.

cultivés en treilles, en vue d'obtenir des raisins de table. Lorsque la fin de l'été est chaude, ces insectes deviennent très abondants et arrivent à détruire toute la récolte d'un espalier; si elles ne dévorent pas entièrement tout le contenu des grains, les bessures qu'elles leur font facilitent le travail de destruction des mouches et de décomposition des bactéries de la pourriture.

Moyens de lutte. — 1° Destruction des nids que ces insectes construisent en terre et qui comptent plusieurs milliers d'insectes. Pour cela y verser, le soir, quand les guêpes sont rentrées, ou le matin de bonne heure, avant leur sortie, du pétrole, ou y enfoncer une forte boulette de coton imbibée de sulfure de carbone; les insectes sont promptement asphyxiés;

2° Suspendre aux espaliers des flacons à goulot étroit, à moitié pleins d'un liquide sucré qui les attire, et d'où ils ne peuvent plus sortir dès qu'ils y ont mouillé leurs ailes;

3° Protéger les raisins par des sacs en crin ou en papier, procédé un peu minutieux, mais très efficace.

LES OISEAUX ET LA VIGNE

Les oiseaux doivent-ils être placés parmi les espèces utiles à nos vignobles, ou bien parmi les déprédateurs ?

Les services que les petits oiseaux rendent à la vigne ne sont pas contestables. La plupart d'entre eux, linots, traquets, fauvettes, mésanges, etc., se nourrissent d'insectes et de larves et en portent à leurs couvées. Ce sont des aides naturels que nous devons respecter et protéger. Malheureusement il s'en faut que le nombre de ces charmantes créatures soit proportionné à l'étendue de nos vignes et, d'autre part, aux innombrables bataillons d'insectes qui les attaquent. Soit que les oiseaux ne s'y sentent pas suffisamment abrités, soit que les travaux continuels dont ces cultures sont l'objet les en écartent, il est constant que très peu d'entre eux y nidifient, si bien que si nous comptons sur ces auxiliaires pour débarrasser nos vignobles des Cochylis, Eudémis, Ecrivains, Cigariers, Pyrales, etc., qui y pullulent, nous attendrons longtemps.

Et que l'on ne s'imagine pas, comme certains le prétendent, que ce sont les traitements empoisonnés, sulfate de cuivre, arséniate de plomb, soufre, ou autres drogues répandues aujourd'hui à profusion dans nos vignes, qui en écartent les oiseaux. Il serait facile de prouver qu'il n'en est rien. Dans les premières années du XVᵉ siècle, les charançons de la vigne se multiplièrent tellement en Bourgogne, qu'une chasse générale fut ordonnée contre eux; vers le milieu du même siècle, on fit des processions solennelles pour obtenir du Ciel la cessation du fléau. Vers le milieu du XVIᵉ siècle, une sentence d'excommunication fut portée contre les insectes malfaisants qui depuis des années ravageaient les vignes. Au XVIIᵉ et au XVIIIᵉ siècle, nous voyons d'autres nombreux exemples de l'intervention ecclésiastique en vue de conjurer le désastre.

Ces faits montrent tout au moins qu'à une époque où l'on n'employait aucune drogue insecticide et où la bouillie bordelaise était inconnue, les

Fig. 108.

petits oiseaux se montraient complètement insuffisants dans leur rôle d'épurateurs du vignoble.

Sans donc exagérer, ainsi que quelques écrivains ont tendance à le faire, les services que les petits oiseaux chanteurs rendent à la viticulture, c'est un devoir pour nous de les protéger et de respecter leurs couvées.

Si les petits oiseaux défendent dans une certaine mesure nos vignobles contre les insectes déprédateurs, il en est malheureusement parmi eux que nous sommes obligés d'inscrire sur la liste des malfaiteurs.

J'ai vu à plusieurs reprises un petit carré de vigne si consciencieusement visité par les grives et les merles qu'il n'y restait pas une grappe, pas une seule, qui ne fut entièrement ou aux trois quarts dévorée.

Non moins redoutable est l'Étourneau, ravissant oiseau, quand dans les airs il effectue en bandes immenses son vol capricieux, mais aussi détestable quand à l'automne il rend visite au nombre de quelques centaines aux grappes bien mûres. Le temps de courir à l'endroit où l'on a vu la troupe s'abattre comme une trombe, et le sol se montre jonché de grains de raisin dans toute la longueur des rangs qu'elle a choisis comme but de ses déprédations.

Si l'on veut reculer l'époque de la vendange dans l'espoir d'obtenir une maturité plus parfaite, le morceau de vigne ainsi réservé devient le point de mire des bandes d'étourneaux, et lorsque les vendangeurs arrivent, trop souvent la vendange est faite.

J'ai mené contre ces pillards, pour en avoir trop souffert, une active campagne, et je ne regrette nullement d'avoir contribué à faire prendre contre eux un arrêt de condamnation, ainsi que le prouve cet extrait des comptes rendus de la session des *Viticulteurs de France*, tenue à Paris en 1911 :

M. LE PRÉSIDENT. — Je mets aux voix le vœu qui m'est remis par M. Maisonneuve, et qui est ainsi rédigé :

« Etant donné que les étourneaux causent aux vignobles de certaines régions des dégâts énormes en dévorant et surtout en faisant tomber les grains mûrs;

« Emet le vœu :

« *Que les propriétaires soient autorisés à les chasser par tous les moyens en leur pouvoir, y compris les coups de fusil.* »

Le vœu, mis aux voix, est adopté.

Les pouvoirs publics ont tenu compte de ce vœu émis par la *Société des Viticulteurs de France* et d'autres associations agricoles ou conseils municipaux ; et aujourd'hui il est loisible de tirer, au nez des gendarmes, et sans avoir à redouter un procès-verbal, les étourneaux, qui jusque-là étaient protégés par les lois internationales et déclarés intangibles.

La Chauve-Souris protectrice de la vigne

Quoiqu'il ne s'agisse plus maintenant d'un oiseau, encore que ce soit un être pourvu d'ailes, je dirai que la chauve-souris joue dans la protection de nos vignes un rôle bien autrement efficace.

Animaux crépusculaires, comme le sont aussi la plupart des parasites les plus dangereux de la vigne, Cochylis, Eudémis, les chauve-souris se trouvent dans les meilleures conditions pour leur faire la chasse. Maintes et maintes fois je les ai vues voler à la tombée de la nuit au-dessus des ceps, allant et venant inlassablement, rasant dans toute leur longueur les rangs pour happer au passage Cochylis et Eudémis, dont l'activité se révèle à l'heure vespérale et qui viennent à point pour satisfaire leur formidable appétit. Ne nuisant en rien à une récolte, contrairement à tant d'oiseaux qui prélèvent sur nos biens, pour leur usage personnel, une large dîme, la chauve-souris joue dans la nature un rôle exclusivement utile.

Il est bien regrettable que ce petit mammifère ailé ne soit pas plus nombreux dans nos campagnes. Et cependant, malgré les services désinté-ressés qu'il rend aux cultivateurs, il n'en continuera pas moins à rester pour beaucoup un objet d'horreur et de répulsion. En tout cas, pour le viticulteur, la vie de la chauve-souris doit être sacrée.

L'Appareil Bonneau pour l'échaudage de la Cochylis (*voir page* 229)

CHAPITRE XIV

ACCIDENTS
DUS AUX ACTIONS ATMOSPHÉRIQUES

ILS peuvent avoir pour cause : le *vent*, le *froid*, la *chaleur*.

I. — LE VENT

Suivant sa violence, il produit dans la vigne des dégâts d'importance variable. Un vent fort peut casser des rameaux, surtout les faire éclater à leur base, alors qu'ils sont encore tendres. On a vu des tempêtes, des cyclones briser des ceps. Si au vent vient s'ajouter l'action de la pluie, les dommages sont bien plus considérables. Ce sont toujours les plus beaux brins, ceux qui ont le mieux poussé et qui sont le plus chargés d'inflorescences qui se rompent de préférence. Une partie de la récolte pendante peut être perdue, en même temps que des pièces nécessaires à la taille suivante sont détruites.

Le vent est surtout à redouter pour les jeunes greffes, qu'il arrive assez souvent à décoller.

Le *remède* ne peut être que préventif; il consiste à palisser le plus tôt possible les jeunes brins, dès qu'ils ont la longueur voulue; et ceci s'applique tout spécialement aux jeunes greffes.

II. — **LE FROID**

GELÉES

Leur classification. — Elles peuvent se produire en trois saisons, d'où leur classification naturelle en :

1° *Gelées de printemps*, qui atteignent les jeunes bourgeons;

2° *Gelées d'automne*, qui portent sur les grappes;

3° *Gelées d'hiver*, qui nuisent à la souche même.

1° Gelées de printemps

En Anjou, nous avons à les redouter jusqu'au 20 mai, d'où ce dicton populaire :

> C'est point les bourgeons d'avril
> Qui remplissent le baril.

Elles sont plus à redouter si le mois de mars a été chaud et par suite le débourrement précoce. En effet, une température quotidienne de 8° de moyenne amène le débourrement. Si l'année précédente a été chaude, surtout en fin de saison, le bois s'étant mieux aoûté et les réserves nutritives s'étant accumulées en plus grande quantité, le débourrement est plus précoce.

Mécanisme des gelées de printemps. — La gelée de printemps peut être due : 1° à un simple rayonnement du sol par temps clair : c'est la *gelée blanche*; 2° à un refroidissement général de l'atmosphère et du sol : c'est la *gelée noire*.

a) **Gelée blanche.**

C'est un simple effet de rayonnement; il se produit surtout lorsqu'après des temps pluvieux la nuit est très claire, le ciel sans nuage et la lune brillante. La chaleur emmagasinée pendant le jour dans les ceps et dans le sol, ne se trouvant arrêtée par aucun écran, rayonne vers les espaces célestes. Cette émission de chaleur est assez forte pour abaisser à 0° ou 1° la température du sol et des ceps.

Comme la lune brille alors d'un vif éclat, c'est à elle que le vigneron attribue les méfaits de la gelée, d'où le nom qu'on lui donne dans nos campagnes de *Lune rousse*, c'est-à-dire qui « roussit les boutons ». Bien entendu, la lune n'est pour rien dans cet accident.

Si l'on place un thermomètre au ras du sol et un autre à un mètre au-dessus, on constate que la température est plus basse dans le premier que dans le second, preuve que le sol est plus froid que l'atmosphère.

Si l'air est calme, les effets du rayonnement sont plus intenses. Si l'air est agité, l'allée et venue des couches d'air réchauffant les ceps à mesure qu'ils perdent de leur chaleur, ils ne gèlent pas.

Pour cette raison, les baguettes à fruits ou tirettes qu'on laisse libres de toute attache pendant la période où ces gelées sont à craindre sont bien moins sujettes à geler que les boutons portés par les coursons ; en effet, d'une part, elles se trouvent à un niveau plus élevé, et elles sont, d'autre part, soumises à l'action tempérante de la moindre brise.

Le mal causé par la gelée blanche est dû moins à la gelée même qu'au dégel trop brusque qui lui succède. Si, après une nuit de gelée blanche, le temps se couvre, il ne se produit pas de mal, tandis qu'il en va autrement si le soleil se lève dans un ciel clair. Bien entendu, cette observation ne saurait s'appliquer à des gelées intenses, qui par elles-mêmes désorganisent les tissus.

L'action de la gelée se fait sentir de façon très différente sur les bourgeons d'une même vigne et l'explication n'en est pas toujours facile à saisir. C'est que, au facteur « froid », s'ajoute le facteur « biologique ». Ainsi un bourgeon qui s'est développé rapidement et qui par là même est plus tendre, plus riche en eau, est plus frappé qu'un autre à croissance lente. Un bourgeon vigoureux, bien constitué, résistera à — 4°, pendant qu'un autre, maigre et chétif, gèlera dans le même espace de temps à — 2°.

Des boutons plus riches en sucre résistent mieux que des boutons plus riches en eau. Le moindre abri qui protège un bouton peut le préserver de l'action de la gelée.

On reconnaît facilement, immédiatement après le passage de la gelée si les boutons sont irrévocablement perdus; il suffit avec un canif bien coupant d'en débiter quelques-uns par tranches successives; si l'on y voit dans le centre un point noir, c'est que le bouton est gelé et détruit.

La gelée blanche fait sentir ses effets plutôt sur les bas-fonds que sur les coteaux, en général plus aérés. Il est de ces terres dont on dit que « la vigne y gèle de peur ».

Une vigne plantée sur une terre légère, poreuse, qui perd vite son eau, craint plus la gelée blanche qu'une vigne venue dans une terre forte, qui garde mieux les eaux pluviales.

Pour la même raison, les vignes exposées au nord, qui par conséquent ne voient pas le soleil du matin, souffrent moins des gelées blanches que celles qui regardent le sud et surtout le levant.

Les gelées blanches ne tuent pas la vigne, mais elles diminuent la récolte et détruisent les formes de taille.

b) Gelée noire ou Gelée à glace.

Elle est due à un refroidissement général de l'atmosphère et du sol. Elle n'est malheureusement pas rare en Anjou. Le 16 avril 1921, elle a détruit la moitié et, dans certains vignobles, les trois quarts des boutons à fruits d'une qualité que l'on n'obtient que tous les cent ans.

Lorsqu'au mois de mars ou d'avril, la température vient à tomber à — 5° ou au-dessous, les jeunes bourgeons sont grillés et noircissent, d'où ce nom de *gelée noire*.

Les effets en sont beaucoup plus redoutables que ceux de la gelée blanche, la désorganisation des tissus étant bien plus profonde.

Contrairement aux gelées blanches, elle fait sentir ses effets funestes plus sur les coteaux que sur les bas-fonds et elle peut se produire très tardivement. La période dite des « saints de glace », vers le milieu du mois

de mai, est toujours redoutable pour la vigne. Ces gelées ont été à craindre
de tout temps en Anjou. Témoins ces quelques vers, extraits d'une composition qui date de l'année 1527 (1) :

> J'estays grand bourgeon en avril,
> Mais en mai vint une gelée
> Qui si rudement m'assaillit
> Que je n'ai que demi-année

Moyens de défense contre les gelées. — Qu'il s'agisse de gelées
blanches ou de gelées noires, les moyens de défense sont à peu près les
mêmes, seulement moins efficaces contre ces dernières.

Ils sont d'ordre physiologique, cultural, chimique et physique.

1° *Procédés physiologiques.* — Etant donné que plus un cépage débourre
tard, moins il est exposé aux gelées de printemps, tout moyen qui retardera
le débourrement de la vigne contribuera à la préserver des gelées. Dans ce
but, on fera choix de cépages à débourrement tardif. Malheureusement, ce
sont généralement les mêmes qui mûrissent tardivement leurs grappes,
lesquelles sont alors exposées aux gelées d'automne. Triste alternative pour
le malheureux viticulteur !

Pour la même raison, on taillera le plus tard possible. Ceci est surtout
à recommander quand l'hiver se poursuit doux et pluvieux, comme fut celui
de 1923. La sève se portant d'abord aux extrémités, les bourgeons du
sommet des sarments sont déjà développés, alors que ceux de la base, les
seuls à conserver, sont encore endormis. On peut ainsi gagner quelques
jours, sans prétendre d'ailleurs que le moyen soit toujours d'une efficacité
absolue.

Il est, dans le même ordre d'idées, d'une pratique judicieuse de faire la
taille en deux temps : à l'automne, on nettoie les ceps de tous les bois
inutiles, les sarments utiles étant taillés à leur tour, une fois passée la
période des gelées. On ne doit pas oublier qu'une année chaude favorise au

---

(1) Extrait des *Dictons joyeux des vins* (de la Possonnière) *de Madame de la Guyonne,
de l'année 1727.* — Duc DE LA TRÉMOÏLLE, *Une succession en Anjou au XVe siècle.*

printemps suivant un débourrement hâtif. Il est constaté, par ailleurs, qu'une taille tardive est favorable à une abondante récolte.

On se rappellera aussi que les pleurs de la vigne, en coulant sur les boutons, favorisent les effets de la gelée.

Dans les régions où les gelées sont plus à craindre, on élève la vigne en *hautains*, de façon à éloigner le plus possible du sol les branches fruitières, les bourgeons qui en sont les plus rapprochés étant les plus atteints par la gelée.

2° *Procédés culturaux.* — Il faut éviter de labourer les vignes pendant la période où les gelées sont à craindre, car on augmente par la formation de grosses mottes la surface de rayonnement; si le sol est plombé aussitôt après le labour, le danger se trouve très atténué. Le thermomètre, en effet, a montré un écart de 4° entre une terre fraîchement labourée et une terre émottée et plombée. Donc : labourer très tôt, avant les gelées, ou très tard, quand elles ne sont plus à craindre.

On doit tenir la vigne propre d'herbes, car par leur transpiration et évaporation, elles produisent du froid ; en outre, elles augmentent la surface rayonnante du sol; elles l'assèchent; or, un sol imbibé d'eau perd moins vite sa chaleur et résiste mieux au refroidissement.

3° *Procédés chimiques.* — Le badigeonnage en hiver des souches et coursons avec une solution de sulfate de fer (10 kilos pour 150 litres d'eau), retarde le débourrement, en même temps qu'il nettoie les ceps des vieilles écorces qui abritent les parasites.

4° *Procédés physiques.* — Ils consistent à protéger les ceps contre le rayonnement et le dégel trop rapide, mais ils sont tous plus ou moins sujets à la critique, surtout quand il s'agit de grandes exploitations ; ces installations sont toujours coûteuses et on hésite à les entreprendre pour un mal aléatoire.

Les principaux sont des écrans : toiles d'emballage rabattues sur les ceps au moment critique; paillons de diverses formes ; cartons bitumés; larges poudrages de chaux ou de poussières inertes. Dans certains vignobles du Saumurois, notamment, on a pendant un temps planté des amandiers pour servir d'écrans naturels. En effet, ces arbres protègent les ceps qui en sont voisins, mais leur présence présente par ailleurs assez d'inconvénient pour qu'on ait renoncé à leur emploi comme para-gelée.

Dans le même ordre d'idées rentre la production de *nuages artificiels*, qui formant un écran momentané interposé entre ciel et terre, s'opposent soit à l'action du rayonnement, soit à l'action du froid atmosphérique. C'est un vieux procédé, déjà connu des Carthaginois et des Romains et préconisé au XVII⁰ siècle, par Olivier de Serres. Bien appliqué, il peut être efficace pour des gelées qui ne dépassent pas — 3° ou — 4° et notamment les gelées blanches. On les prépare avec des matières combustibles humides, foin, paille, feuilles, balles de blé et qu'au moment voulu on arrose de coaltar, de façon à produire une épaisse et abondante fumée. On dispose les brûlots autour de la vigne à protéger, à des distances de quinze mètres environ. Le commerce vend d'ailleurs des foyers tout préparés au goudron de houille ou de produits résineux, que l'on dispose à l'avance autour de la vigne et qu'on allume au moment voulu. Il est d'ailleurs facile d'en confectionner soi-même avec de petites caisses de bois que l'on remplit de résines impures.

On doit allumer les foyers avant l'apparition de la gelée, quand dans la nuit la température se rapproche de 0°. Pour éviter de fâcheuses surprises et une interruption trop tardive, on a recours à des avertisseurs électriques actionnant une sonnerie qui prévient le vigneron au moment opportun, ou encore à des allumeurs automatiques qui allument d'eux-mêmes les brûlots quand la température tombe à 0°.

Ce procédé est surtout applicable dans les pays de grands vignobles et efficace quand il est généralisé. Il l'est beaucoup moins quand il s'agit de protéger une vigne isolée, la moindre saute de vent portant le nuage de fumée en dehors de la parcelle à protéger.

Un autre procédé consiste à pratiquer une *pulvérisation* d'eau sur les souches gelées avant que ne se fasse sentir l'action du soleil ; cette eau les réchauffe lentement et les sauve du désastre. Mais on comprend que ce moyen, d'ailleurs très efficace, est d'une application difficile, sinon impossible, dans les vignobles d'une assez grande importance.

Enfin, un procédé qui ne manque pas d'originalité a été assez récemment proposé. Comme il est établi que la gelée ne se produit pas quand l'air est agité, parce que dans ces conditions la rosée ne peut pas se former, et que s'il n'y a pas de rosée, il n'y a pas de gelée, on a proposé d'installer dans les vignes de puissants ventilateurs qui seraient actionnés par les forces électriques empruntées au voisinage (1). Quand l'électrification des campagnes se sera généralisée, elle trouvera là à s'employer.

Prévision des gelées. — Il est intéressant de savoir qu'il existe d'ingénieux appareils capables de prévenir la veille le vigneron du temps qu'il fera le lendemain matin et de l'avertir de se tenir prêt à intervenir. Tel est le *phagoscope*, dont le principe est établi sur la comparaison des données fournies par deux thermomètres, dont le réservoir à mercure de l'un est directement exposé à l'air et celui de l'autre est enveloppé d'un linge mouillé. Consulté le soir, il indique s'il y a menace de gelée pour le lendemain matin.

Soins à donner aux vignes gelées. — Il est nécessaire d'entourer de soins éclairés une vigne qui a gelé et non pas l'abandonner à elle-même, comme le font trop de viticulteurs découragés. L'ébourgeonnage sera sévèrement fait, de façon à ne laisser que les pousses destinées à remplacer celles qui ont gelé et ménager tous les bourgeons qui pourront, l'année suivante, se porter à fruit; l'accolage devra se faire avec un soin spécial, en raison de la fragilité plus grande de ces sarments poussés tardivement.

GELÉES D'AUTOMNE

Au mois d'octobre 1912, les 5, 6 et 7, eurent lieu d'assez fortes gelées. L'été avait donné peu de chaleur et la vendange, dans les régions du Centre et de l'Ouest, était encore sur souches. En Anjou, dans bien des localités, elle était incomplètement mûre. L'effet fut différent sur les grappes mûres et sur celles qui étaient en retard.

---

(1) CHAVERNAC. *Progrès agricole et viticole*, février 1911.

Il faut remarquer que la gelée se fait d'autant plus durement sentir sur telle ou telle partie d'une plante que les sucs qu'elle contient sont plus riches en matière aqueuse; voilà pourquoi les feuilles gèlent les premières, ensuite les raisins encore verts (à — 2° ou — 3°), tandis que les raisins bien mûrs, riches en sucre, peuvent résister jusqu'à — 5° pendant quelques heures, et même — 7", pour ceux qui contiennent le plus de sucre (Mathieu).

Si la gelée ne porte que sur les feuilles, qu'elle fait tomber, les raisins mis à nu sont moins exposés à la pourriture grise, les grains étant restés sains; l'acidité centinue à baisser sous l'action des phénomènes chimiques qui se produisent dans le grain. S'il revient du soleil, et tel a été le cas heureusement en 1912, il y a perte d'eau et concentration du sucre, une sorte de passerillage naturel.

Les grappes mûres (1912) prirent d'abord un goût plat, mais qui disparut au bout de quelques jours; les grappes à moitié mûres furent profondément atteintes et arrêtées dans leur maturation; quant aux grappillons, développés tardivement, ils furent entièrement perdus.

En 1922, une gelée à — 5° se fit sentir les 25 et 26 octobre. Bien des vignes de Chenin n'étaient pas encore vendangées, mais la plus grande partie des grappes étaient mûres; en abandonnant rigoureusement celles qui ne l'étaient pas et qui avaient pris d'abord un goût plat, puis amer, on obtint encore de la qualité, mais avec perte sur la quantité.

Les gelées d'automne ont, en outre, le grave inconvénient d'empêcher l'aoûtement des rameaux.

Remède aux gelées d'automne. — Que faire après ces gelées d'automne? Vendanger ou attendre ?

Si le temps n'est pas à la pluie, mieux vaut attendre; les grains perdent bientôt leur « goût de gelée », le sucre s'y montrent en plus grande proportion par suite d'une évaporation d'eau; c'est un simple effet de concentration dû à l'arrêt de la circulation de la sève à travers le pédicule gelé. En somme, la vendange est plus sucrée. De même, l'acide tartrique diminue, comme l'acide disparaît dans une pomme qui devient blette.

Si au contraire le vent se met à la pluie de façon persistante, il n'y a guère d'intérêt à attendre plus longtemps.

3° Gelée d'hiver

Par des hivers très rigoureux les ceps de vigne, comme les arbres fruitiers, peuvent geler et succomber. Il en fut ainsi en l'hiver de 1709 qui amena dans notre région une destruction presque complète de la vigne. Il faut pour cela que la température s'abaisse à — 15° au moins et s'y maintienne pendant une durée assez longue. Ces faits sont rares.

Ces gelées excessives ne sont pas spéciales à notre Anjou. En notre actuelle année 1926, le 25 janvier, la région méridionale (Tarn, Haute-Garonne), fut éprouvée par un froid qui atteignit — 19° et même en certains points (Ondes, Haute-Garonne) — 21°.

Si l'humidité se joint au froid pour produire du verglas, les effets sont bien plus nocifs. C'est ce qui eut lieu en Anjou, dans l'hiver de 1879-1880, où vignes et arbres fruitiers eurent tant à souffrir.

Rarement la partie cachée en terre ou couverte de neige est atteinte par la gelée. Cependant, le comte Odart rappelle qu'en l'année 1766, le sol gela à 0,80 de profondeur, et qu'il ne resta dans les vignes qu'un cep sur quarante.

Remèdes. — Si la partie souterraine est gelée, il n'y a d'autre ressource que d'arracher.

Si la partie aérienne est seule atteinte, ce qui se vérifie à la couleur du bois qui, sur une coupe, présente alors une teinte noirâtre, il faut tailler court, au-dessous des parties atteintes, parfois étêter le cep; des gourmands repartiront du bois de la souche conservé et serviront à rétablir une taille normale. Ces rameaux sont très fragiles, faciles à décoller et demandent à être attachés dès qu'ils atteignent quelque longueur.

Si le mal a atteint jusqu'à la greffe, il faut recéper la souche au-dessous du niveau du sol et greffer sur place.

Le niveau de soudure des jeunes plants greffés étant très sensible à la gelée, il faut dans les premières années le préserver pendant l'hiver par un fort buttage.

III. — **LA GRÊLE**

On doit rattacher au froid les effets de la grêle, bien qu'elle se produise le plus souvent en plein été.

Les chutes de grêle sont des plus variables, selon les années et les contrées; certaines régions en souffrent souvent, tandis que d'autres en sont presque indemnes.

Les effets de la grêle varient suivant la grosseur des grêlons et la violence de leur chute.

Une grêle violente, à gros grains, à contours irréguliers, saccage la vigne, la hache pour ainsi dire; après son passage, les rameaux brisés gisent sur le sol, les grappes pendent lamentablement ou même sont détachées. C'est le désastre. Il se produit assez rarement en Anjou, et en tout cas sur des étendues toujours restreintes.

Par contre, des grêles moins violentes s'y montrent chaque année ; les feuilles sont criblées, déchiquetées, les jeunes bois meurtris et marqués de plaies allongées parallèlement à leur axe.

Dans les chutes de grêle, deux actions unissent leur effet funeste, à savoir, le choc des grêlons et l'électricité dont ils sont chargés. Aussi le dommage est-il moindre quand la grêle est mêlée de pluie, celle-ci soustrayant aux grêlons une partie de leur charge électrique. On estime à 10 kilos par centimètre cube la force cabalistique des grêlons, si le temps est sec; cette force s'abaisse beaucoup si la grêle est accompagnée de pluie.

L'effet de la grêle sur les grappes est différent, je l'ai nettement constaté, selon que les grains sont encore verts et durs, ou déjà mûrs. Dans le premier cas, ils sont meurtris et entamés; dans le second, en vertu de leur élasticité plus grande, ils cèdent sous le choc et ont beaucoup moins à souffrir.

La grêle n'a pas pour unique conséquence des meurtrissures et déchirures des tissus. Les plaies qu'elle occasionne, c'est la porte ouverte à diverses maladies, notamment le mildiou et la pourriture grise.

En outre, les blessures faites aux grains de raisin provoquent le développement du *coître* (du mot *cotir*, c'est-à-dire meurtrir) et qui est dû à un champignon (*Coniothyrium diplodiella*) (1) ; ses germes, au contact de ces blessures, se développent dans l'intérieur du grain, pénétrant dans la pédicelle, envahissant toute la rafle, si bien que la grappe toute entière peut être envahie et périr du fait d'un seul grain attaqué. Cette grappe prend alors une apparence violacée (*rot livide*, de Planchon). C'est en juillet-août, alors que le raisin contient une assez importante proportion de sucre, que la grêle est surtout redoutable en raison de cette contamination possible.

Remède. — Que doit-on faire après une chute de grêle ? Les avis des vignerons sont partagés, les uns voulant qu'on abandonne la vigne à elle-même, s'en remettent à la nature pour réparer le mal, les autres préconisant l'intervention.

La raison de ces divergences tient surtout à ce que les conditions dans lesquelles la grêle s'est montrée ne sont pas les mêmes.

En somme, généralement, il y a lieu de réparer le mal par une *intervention immédiate* et ensuite par la *taille d'hiver*.

Si la chute de gêle n'a endommagé que les feuilles, et que les sarments n'aient pas à en souffrir sérieusement, il n'y a rien à faire.

Si, au contraire, la grêle a été assez violente pour briser, déchiqueter les rameaux, écorcer même la souche, il faut : 1° rabattre sur l'œil placé à la base des jeunes sarments, et 2° réaliser cette opération immédiatement. Si on laisse passer quinze jours, elle est inutile.

On voit par là quelle grosse difficulté rencontre le propriétaire d'un grand vignoble. Son devoir est alors de courir au plus pressé, c'est-à-dire de tailler là où le mal est le plus grand.

La *taille d'hiver* consécutive à une chute de grêle qui a endommagé le vignoble, que les ceps aient été retaillés après la chute de grêle ou qu'ils

_____

(1) *Rev. de Viticult.*, 17 janvier 1924.

aient été abandonnés à eux-mêmes, doit être pratiquée avec un soin tout particulier et sévère, de façon à supprimer tous les bois qui ont été endommagés. Il faudra moins songer à faire donner à la vigne du fruit l'année qui suit, que de lui rendre une armature propre à en donner les années suivantes. La taille courte s'impose donc et on choisira pour établir les coursons ceux qui sont restés les plus sains et se sont le mieux aoûtés.

Les chutes de grêle entraînent souvent un état de dépérissement plus ou moins marqué de la vigne; on devra donc la soutenir par d'abondantes fumures azotées : nitrate de soude, 250 kilos à l'hectare, et superphosphate, 300 kilos, si le sol est assez riche en calcaire, et trois fois plus s'il manque de cet élément.

Canons et fusées paragrêle. — Dans de nombreux départements on essaie de se défendre de la grêle au moyen de *canons* ou de *fusées para-grêle*. En Anjou, les orages de grêle n'ont pas généralement une assez grande importance pour qu'on ait largement recours à ce moyen de défense. Les enquêtes faites sur son efficacité sont d'ailleurs assez contradictoires et arrêtent son extension. Il est cependant incontestable que l'on a vu un tir pratiqué au moment opportun dissiper le nuage menaçant, et une pluie inoffensive remplacer la chute des grêlons.

J'ai cru devoir installer à la Station viticole de Saumur une Station paragrêle. Ce service fonctionne depuis un an et semble avoir donné des résultats intéressants. Déjà des stations semblables fonctionnaient aux environs de Chacé, et d'autres localités. Les engins employés sont de puissantes fusées, qui s'élèvent à 1.500 ou 1.800 mètres, où elles explosent en produisant des vibrations qui dissocient le nuage, ainsi que nous l'avons très nettement constaté dans le clos des Récollets. La dépense n'est pas bien grosse, et à peu de frais nous avons l'espoir de protéger à la fois le vignoble de la Station viticole et la ville de Saumur elle-même.

Les *niagaras électriques*, puissants paratonnerres qui devaient soutirer l'électricité de l'air et par suite empêcher la formation des nuages de grêle, n'ont pas donné les résultats qu'en attendaient leurs auteurs, MM. de Beauchamp et le général de Négrier, qui en ont fait les essais dans le Poitou.

Remarque. — Il y a bien un autre moyen de se préserver des conséquences de la grêle : c'est d'avoir recours aux Compagnies d'Assurance. Seulement ces Compagnies exigent des primes très élevées; et dans un pays comme le nôtre, où ce fâcheux accident météorique est en somme très aléatoire, les vignerons ont toujours l'espoir d'y échapper et se résolvent difficilement à verser chaque année à la caisse une grosse somme, qui, elle, n'est pas aléatoire.

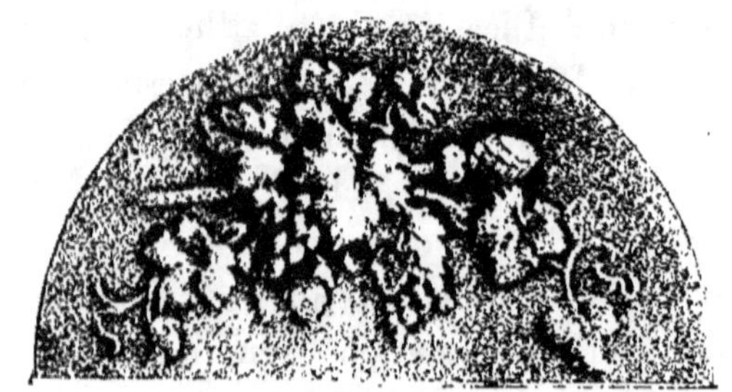

SECONDE PARTIE

VINIFICATION

CHAPITRE XV

L'HYGIÈNE DU CELLIER

La propreté est de rigueur. — Si, dans les grandes exploitations, les celliers sont généralement installés suivant les règles d'une saine hygiène, on constate trop souvent dans les celliers de moindre importance, une négligence, un laisser-aller, une méconnaissance de ses plus élémentaires principes, et dont les fâcheuses conséquences se font sentir sur la tenue ultérieure du vin.

On installe le pressoir au voisinage d'un tas de fumier, de l'égout des eaux de vaisselle, sous un hangar ouvert à tous les vents, où pendent de tous côtés les toiles d'araignées chargées de poussières et de germes plus ou moins nuisibles et où les poules sèment leurs ordures. Il n'est pas rare de trouver dans quelques-uns, abandonnés çà et là, des restes de vin, qui aigrissent, des marcs qui sont en train de moisir, etc.

Et à peine prend-on le soin, à la veille de la vendange, de donner un coup de balai et de nettoyer le plus gros des ordures. « La fermentation purifie tout », dit-on; et on se contente de cette formule pour toute mesure d'hygiène.

Comment s'étonner après un pareil manque de soins que le vin se casse, qu'il aigrisse ou qu'il tourne ? On a donné rendez-vous aux germes plus ou moins malfaisants, ils ne manquent pas à l'appel et produisent leurs pernicieux effets.

Et c'est ainsi qu'avec tous les éléments de succès dus à une vendange bien mûre, bien saine, un temps des plus favorables, on peut n'obtenir qu'un piteux résultat, parce qu'on a méconnu les lois de l'hygiène.

Quelques conseils à ce sujet ne seront pas un hors-d'œuvre dans un semblable ouvrage.

Orientation du cellier. — Dans notre région de l'Ouest, où la vendange se fait le plus souvent assez tardivement, on doit donner au cellier une orientation contraire à celle que l'on recherche dans les régions chaudes.

Nous lui ferons donc regarder autant que possible le Midi, pour que la chaleur des journées d'automne favorise le travail de la fermentation. Nous le pourvoirons d'ouvertures qui lui permettront de bénéficier pendant la journée de la chaleur extérieure et qui, bien closes le soir, le défendront contre le froid de la nuit.

Pour le même motif, un plancher devra s'interposer entre la toiture et les cuves pour y conserver plus de chaleur.

Les murs et le sol. — La construction peut être modeste, car le luxe n'a rien à faire ici; mais le local doit être bien tenu et la plus grande propreté doit y régner.

Les murs sont blanchis à la chaux, et s'ils sont humides et si des moisissures s'y développent, il conviendra d'ajouter au lait de chaux un peu de sulfate de cuivre. Avec un pulvérisateur à vigne, on répandra sur les murs une bouillie bordelaise.

Le sol, s'il est cimenté ou carrelé, sera lavé avant les vendanges; s'il est en terre et sablé, le sable sera de temps en temps renouvelé, pour éviter l'accumulation de germes malfaisants. Pour mieux l'assainir, on l'arrosera d'une solution de chlorure de chaux à 1 %, ou de sulfite de soude.

Les *chantiers* ou *tins* en bois destinés à porter les fûts seront tenus propres. Pour assurer leur conservation, on les passe parfois au carbonyle ; mais ce produit dégage une forte odeur, qui pourrait se communiquer au vin, si on n'avait pas le soin de faire l'opération longtemps à l'avance et en dehors du cellier.

Matériel de vendange et de cellier. — A l'approche des travaux de la vendange, il est indispensable de faire la revue du matériel qui va servir.

Les portoires ou comportes, paniers, boîtes à vendange seront nettoyés à fond et copieusement échaudés.

Les pressoirs seront révisés et leur maies d'abord rafraîchies à l'eau froide pendant plusieurs jours, puis échaudées. On vérifiera leur étanchéité ; les vis de pressoir seront huilées ; il est recommandé de ne pas se servir d'huile de pétrole, car si elle était versée avec excès et qu'elle se mêlât à la vendange, elle donnerait au vin un goût détestable et impossible à faire passer.

Après qu'il a servi, le petit matériel de vendange et de cellier doit être soigneusement lavé et égoutté.

Si du vin tombe sur le sol, celui-ci sera épongé et lavé. On se gardera bien de laisser indéfiniment dans le cellier des récipients à moitié pleins de vins, qui se couvriraient de fleurettes ou aigriraient.

Les brocs ou jarres, robinets, siphons, tuyaux de caoutchouc, si couramment utilisés aujourd'hui pour les soutirages, seront abondamment lavés et égouttés après chaque opération. Ces derniers doivent toujours, en dehors du temps de leur emploi, être suspendus de façon qu'ils ne conservent pas la moindre goutte d'eau, qui les ferait moisir intérieurement. On évitera de les suspendre à un clou par leur milieu, ce qui les déformerait et couperait, mais on les disposera toujours sur un support cintré. S'ils prenaient de la moisissure, on pourrait y faire passer rapidement une solution de permanganate de potasse à 5 %, puis on les laverait aussitôt après à grande eau. On ne manquera jamais de bien les rincer *intérieurement* et laver *extérieurement* avant de les plonger à nouveau dans le vin des fûts.

Tous les instruments en fer ou en fer-blanc destinés à être mis en contact avec la vendange ou le vin devront être recouverts d'un vernis isolateur inattaquable aux acides du vin. Un accident assez fréquent des vins blancs, la casse ferrique, n'a souvent pas d'autre cause qu'un broc oxydé, rouillé.

On trouve dans le commerce des vernis recommandables, mais on peut s'en confectionner soi-même avec du bitume de Judée, que l'on fait dissoudre dans du benzol, en vase clos, car celui-ci est très volatil.

Cuves à fermentation

Elles sont en ciment ou en bois.

1° *Cuves en ciment*. — Qu'elles soient destinées à faire cuver la vendange ou à loger le vin fait, elles doivent répondre à plusieurs indications : avoir été achevées au moins quelques semaines avant de servir, pour que le ciment ait le temps de bien sécher dans toute son épaisseur, car il résiste d'autant mieux à l'action des acides du vin qu'il est plus sec ; posséder une étanchéité absolue, qui devra être vérifiée avant d'y mettre du vin ; pour cela le mieux est de remplir d'eau la cuve, d'autant plus qu'à défaut de cette précaution le vin pourra prendre un goût de terre de pipe. Du reste, il est toujours prudent de faire cuver, au moins une fois, de la vendange dans la cuve avant de la remplir de vin fait. Si elles ont déjà servi et que les acides du vin en aient un peu dépoli la paroi, on les badigeonnera avec une solution chaude de verre soluble (silicate de potasse). Le mieux est d'en étendre au pinceau trois couches superposées, la première plus faible, à 25 %, les deux suivantes à 50 %. On attend pour mettre une nouvelle couche que la précédente soit parfaitement sèche. Le fluo-silicate Kessler est très recommandable pour cette opération.

On peut encore, au lieu de silicate, passer sur la paroi un pinceau imbibé de paraffine chaude ; c'est un excellent isolant.

Pour conserver la cuve en bon état on doit, aussitôt les vendanges terminées, en laver les parois et le fond à l'eau chaude, à l'aide de la brosse de chiendent, pour enlever tout le dépôt que le vin y a laissé.

Les *cuves en ciment verrées*, plus faciles à entretenir propres, demandent cependant à être lavées et spécialement aux lignes de jonction des carreaux de verre, où peuvent se développer des moisissures. On aura recours avec avantage à une solution de bisulfite de soude à 1 %.

2ᶜ *Cuves ou foudres et fûts en bois*. — En principe, ces récipients sont préférables aux réservoirs en ciment, parce que leurs parois étant poreuses, se laissent traverser lentement par l'air, ce qui favorise d'abord la fermentation et ensuite la maturation du vin. Pour les vins fins, on les préférera toujours aux cuves en ciment.

a) *Futaille neuve*. — Si les cuves ou foudres en bois sont *neufs*, il faut les « affranchir », c'est-à-dire faire dégorger le bois. On y arrive par l'*étuvage*, projection de vapeur d'eau sous pression et portée à une température de 120 à 130°, qui en atteint et pénètre toutes les parties.

A défaut d'étuveuse, on se contente d'un ébouillantage avec de l'eau portée à l'ébullition et additionnée de 2 % de sel marin, qui en élève encore la température. Ensuite, on rince à plusieurs reprises.

On peut encore les remplir d'eau à laquelle on a ajouté 2 % de carbonate de soude. Cette eau y est laissée une semaine, après quoi on la fait couler et on rince le fût à l'eau claire.

Une autre méthode recommandable consiste à y jeter quelques morceaux de chaux vive, qu'on asperge ensuite d'eau, ce qui produit une vive chaleur. On lave ensuite à l'eau fraîche.

Si, après ces opérations, les fûts ne doivent pas être immédiatement remplis, il faut les bien égoutter, puis les mécher fortement, pour empêcher la formation des moisissures.

b) *Futaille usagée*. — Si les cuves ou fûts ont déjà servi, il est nécessaire de prendre encore plus de précautions, surtout quand on ignore leur provenance. Dans tous les cas, ils demandent à être, avant leur emploi, l'objet d'un examen sérieux.

S'il s'agit de foudres, il faut, après qu'ils ont servi, les brosser avec soin, les bien assécher, puis y brûler de la mèche (10 grammes par hecto de contenance).

S'il s'agit de demi-muids, de barriques ou de fûts de moindre contenance, on les rince à la chaîne, on les rafraîchit à l'eau pure, puis on laisse égoutter, et enfin on mèche.

Si leurs parois sont encroûtées de tartre, on fait gratter l'intérieur, ou bien par des coups de marteau frappés à l'extérieur on détache les plaques, lesquelles, faiblement adhérentes, se laisseraient pénétrer par des moisissures.

Au cas où la futaille resterait assez longtemps sans servir, il est prudent d'y renouveler le méchage tous les trois ou quatre mois, et même plus souvent si le local est humide.

Enfin, les fûts vides seront logés dans des endroits bien secs, mais où règne une température modérée.

Futaille altérée. — A la suite de manque de soins élémentaires, d'un séjour prolongé des fûts dans un local humide, de l'abandon, au fond des fûts, d'un vin aigri ou corrompu, ceux-ci sont plus ou moins profondément altérés et présentent une détestable odeur de moisi, de pourri, d'aigre, etc.

Pour remédier à ces accidents, le vigneron dispose de moyens *mécaniques, chimiques, physiologiques.*

1° *Moyens mécaniques.* — Il faut tout d'abord, s'il y a lieu, pratiquer le détartrage, c'est-à-dire enlever les plaques de tartre ou *gravelle* qui s'y sont incrustées. Pour les fûts dont la dimension ne permet pas l'entrée de l'homme, il y a nécessité de les défoncer par un bout. Le tartre détaché, on les râcle, jusqu'à enlever même une petite épaisseur de bois. Un bon nettoyage à la brosse de chiendent avec de l'eau chaude complètera l'assainissement du fût.

Si les parois ne sont pas incrustées de gravelle, l'eau bouillante, mais bien préférablement la vapeur d'eau sous pression, s'élevant jusqu'à 120°, à l'aide d'une étuveuse, suffit à asainir les fûts, que l'on rincera ensuite à l'eau froide, laquelle devra en sortir absolument claire, ce que l'on contrôlera en en recueillant dans un verre bien propre, car trop souvent on se contente dans cette opération d'un « à peu près ».

Un autre procédé très recommandable est l'emploi de la *lampe de soudeur.* On promène sur toute la surface intérieure le jet de flamme, de façon à ne pas brûler le bois, mais à détruire tous les germes malsains déposés sur les douelles ou logés dans leurs rainures.

2° *Moyens chimiques.* — Divers produits chimiques peuvent être utilisés pour l'assainissement des fûts altérés.

L'acide sulfurique est l'un des plus employés. Mordant énergique et dangereux à manier, capable d'attaquer la peau et de brûler les vêtements, son emploi demande certaines précautions.

S'agit-il, par exemple, d'une barrique bordelaise, on commence par y verser 10 litres d'eau, puis 1 litre d'acide sulfurique du commerce. Ne jamais faire l'inverse, à savoir, mettre l'acide le premier, car les premières gouttes d'eau qui l'atteindraient provoqueraient une explosion dangereuse. On fait couler le liquide et on égoutte.

On lave ensuite avec une solution de carbonate de soude pour neutraliser l'acide, et on termine l'opération par un ou deux rinçages à l'eau fraîche.

Le *bisulfite de chaux* s'utilise à des doses plus ou moins concentrées, suivant le degré d'altération du fût. Pour une barrique bordelaise, on emploie de 50 à 100 grammes de bisulfite pour 10 litres d'eau. Pour un demi-muid, on en mettrait le double. C'est un antiseptique très recommandable. Quelquefois, quand le mal est profond, on est obligé d'employer le bisulfite pur.

Le *chlorure de chaux* est encore un excellent désinfectant et dont le maniement est sans danger. On le vend en solution à 10 %. Avant de l'employer, on mouille d'eau ordinaire l'intérieur du fût. Puis, on prend une quantité suffisante de la solution concentrée de chlorure de chaux et on l'additionne de dix fois son volume d'eau et on rince copieusement. Il se fait un dégagement de chlore, qui détruit les germes nuisibles. Enfin on lave le fût à grande eau fraîche pour enlever toute odeur de chlore.

L'eau salée bouillante (1 kilo de sel pour 10 litres d'eau) et qui dépasse 100° quand elle arrive à l'ébullition, a raison de toutes les moisissures.

Remarque. — Trop souvent les ouvriers chargés de l'affranchissement ou de l'assainissement des fûts puisent dans une chaudière avec des seaux ou des arrosoirs de l'eau à peu près bouillante, puis la transportent plus ou moins loin, jusqu'à la futaille et y versent une eau qui n'est plus qu'à 90° ou même 80°. Ce n'est pas là de l' « eau bouillante » et l'efficacité de son action demeure douteuse. Il faut dans une installation de ce genre que le fût à assainir soit placé tout près de la chaudière et que l'ouvrier y verse directement l'eau en pleine ébullition.

3° *Moyens physiologiques.* — Quand l'altération du fût n'est pas trop accusée, il suffit souvent pour la corriger, de se servir de ce fût comme cuve à fermentation. On le défonce par un bout et on le remplit de vendange fraîche. La fermentation suffit souvent à l'assainir. Mais on court le risque parfois de communiquer au vin qui en sort un goût anormal. Cet inconvénient est évité si on remplit le fût de marc destiné à la distillation. La fermentation lente qui s'y développe suffit pour obtenir l'assainissement du fût.

Méchage des fûts. — Les fûts assainis, s'ils ne doivent pas servir de suite, sont mis à égoutter. Lorsqu'ils ne contiennent plus d'eau libre, mais leurs parois étant encore humides pour augmenter l'efficacité du traitement, on y brûle de la mèche soufrée dont la combustion produit de l'acide sulfureux, qui les défendra contre l'envahissement des moisissures ou germes malsains.

Le méchoir sera toujours pourvu d'un godet pour empêcher les débris qui résultent de la combustion de tomber au fond du fût, car si du soufre enflammé y rencontre encore un peu d'eau, il se produit de l'acide sulhydrique, qui dégage une odeur d'œufs pourris.

L'emploi de mèches ou blocs de soufre à trame d'amiante évite généralement ces accidents.

On les évitera encore plus sûrement en se servant d'anhydride sulfureux liquide, dont la dose est réglée à volonté au moyen d'un *sulfitomètre*.

Fûts à goûts anormaux.

Pour nous assurer qu'un fût est sain et peut servir sans inconvénient, nous avons le contrôle du nez et celui de la bouche. Il est de règle absolue, avant d'entonner du vin dans un fût quelconque, de le sentir soigneusement à la bonde. Pour rendre plus sensible l'odeur qu'il possède, on souffle fortement par la bonde, puis on respire aussitôt par le nez l'air qui s'en échappe. On peut affirmer qu'un fût qui sent bon est toujours un fût sain.

S'il reste quelque doute sur la qualité du fût, on y verse deux ou rois litres d'un vin ordinaire, un peu attiédi, on le roule et on laisse reposer. Si ce vin de lavage n'offre aucun mauvais goût, le fût peut être utilisé.

Passons en revue les principaux goûts anormaux de la futaille.

1° *Goût de bois, goût de fût, goût de sec, goût de lie.* — C'est le défaut qui caractérise les fûts qui sont restés longtemps sans aucun soin, bondés et placés dans un endroit où ils se sont desséchés. Leur odeur rappelle celle d'une planche de chêne qu'on vient de raboter, odeur qui se communique au vin et le rend désagréable.

C'est une des tares les plus difficiles à faire disparaître.

Si le mal est assez prononcé, on commence par y verser une dizaine de litres d'eau chaude dans laquelle on a délayé un ou deux kilos de tan ; on roule à plusieurs reprises, durant quatre ou cinq jours. Ensuite, on rince avec une solution de carbonate de soude (100 grammes pour 10 litres d'eau). On écoule et on rince à l'eau fraîche.

2° *Fûts à goût de moisi, goût d'évent, goût de pourri.* — C'est l'accident qui se produit quand on abandonne à eux-mêmes, sans les avoir lavés, des fûts qui ont contenu de la lie.

On doit d'abord les rincer fortement à la chaîne, pour débarrasser les parois de tout ce dépôt, puis défoncer le fût pour le frotter énergiquement à la brosse de chiendent, mouillée d'eau chaude. Et, pour terminer, on traite au bisulfite de chaux comme pour l'affranchissement des fûts (voir plus haut).

Voici un autre procédé très recommandable ; il est basé sur l'emploi du permanganate de potasse. On remplit d'eau la barrique, puis on y verse 25 grammes de ce sel ; on roule pendant plusieurs jours, à plusieurs reprises, puis on vide et on égoutte. Le permanganate détruit tous les germes, toutes les matières organiques parasitaires. Si une première opération n'a pas donné un résultat complètement satisfaisant, on la recommence.

3° *Fûts piqués.* — Les fûts qui ont contenu du vinaigre ou du vin qui a aigri, qui s'est piqué, comme on dit, se traitent en neutralisant l'acide par une liqueur alcaline, soit 250 grammes de carbonate de soude dissous dans

10 litres d'eau chaude, ou bien par la chaux vive, 500 grammes à 1 kilo, que l'on arrose d'un peu d'eau. On rince ensuite à l'eau froide.

4° *Goût de vin tourné*. — C'est surtout des fûts qui ont contenu des vins atteints de la maladie de la *tourne* qu'il faut se défier, car leur état ne se révèle pas facilement au nez comme dans les cas précédents, et le mal se transmet avec une extrême facilité au nouveau vin qu'on fait passer dans une barrique qui a contenu un vin tourné.

On traitera ces fûts au bisulfite de soude ou de chaux en solution, comme on a dit pour la futaille altérée (voy. plus haut). Puis, on roule le fût à plusieurs reprises, ensuite on le passe à l'eau bouillante.

L'emploi du permanganate est également très indiqué, comme pour les fûts moisis.

Remarque. — Quelle que soit la tare à guérir, et quel que soit le procédé que l'on a employé pour y remédier, il est indispensable, je ne crois pas inutile d'y revenir, pour s'assurer de l'efficacité de l'opération, après que le fût a été bien égoutté, de le rincer avec 2 à 3 litres de vin, puis d'attendre quelques heures avant de goûter ce vin qui s'accumule au fond du fût ; s'il ne présente alors aucun goût fâcheux, on peut sans nulle crainte utiliser le fût ; il ne donnera pas mauvais goût au vin qu'on y logera.

Dérougissage des fûts

Quand on veut, pour loger du vin blanc, utiliser un fût qui a contenu du vin rouge, il est nécessaire de le dérougir. Pour cela, le fût ayant été bien détartré et nettoyé, on y verse dix litres d'eau, additionnée d'un demi-litre d'acide chlorydrique; on roule longtemps le fût, de manière à bien baigner de cette solution toute la paroi intérieure. Ensuite, on lave à plusieurs reprises à l'eau fraîche. Puis on jette dans le fût 1 kilo de chaux en pierre, qu'on arrose d'un ou deux litres d'eau et on roule pour bien recouvrir toute la surface des parois de cet épais lait de chaux. Enfin, on ajoute une dizaine de litres d'eau et on recommence à rouler. On laisse reposer, puis on passe la chaîne et on rince à plusieurs reprises à grande eau.

Au lieu de chaux, on peut employer les cristaux de soude dans la proportion de 2 %.

Hygiène du personnel.

Chaque année, le martyrologe des vignerons enregistre un certain nombre d'accidents graves, parfois mortels, causés par les gaz qui se dégagent pendant la fermentation du vin.

Quelquefois, c'est en pénétrant dans un cellier mal aéré, où un trop grand nombre de cuves à fermentation accumulées répandent dans l'air l'acide carbonique, que le vigneron suffoqué, pris de syncope, tombe empoisonné. Mais le plus souvent c'est en descendant dans une cuve, dans un foudre, dont le vin a été retiré, que se produit l'accident. L'acide carbonique, plus lourd que l'air, reste au fond de la cuve et assomme l'ouvrier qui y descend imprudemment.

Pour éviter de pareils accidents, on ne pénétrera jamais dans une cuve sans y avoir descendu d'abord une bougie allumée. Si celle-ci continue à brûler, on peut sans crainte s'y aventurer. Si, au contraire, elle s'éteint, on devra aérer le vaisseau, soit en y envoyant de l'air à l'aide d'une pompe, soit en y agitant une branche d'arbre feuillue, soit même en y plongeant et remontant à plusieurs reprises (s'il s'agit de cuves ouvertes) un parapluie grand ouvert.

Si par manque de semblables précautions il y a eu asphyxie, il faut se hâter de mettre le malade au grand air, couché, et pratiquer sur lui des mouvements respiratoires artificiels : lui lever les bras, puis les abaisser brusquement pour déterminer les mouvements de dilatation et de rétraction de la cage thoracique ; ou encore, exercer des mouvements de traction rythmée de la langue une vingtaine de fois par minute ; la langue étant saisie avec un mouchoir, on la tire hors de la bouche avec douceur et persévérance pendant un quart d'heure et plus. Des frictions sur le corps pour exciter la circulation, compléteront le traitement, qui doit être continué assez longtemps.

CHAPITRE XVI

VINIFICATION EN ANJOU

> « Sois le premier à labourer la terre, le premier à brûler les sarments enlevés, à remporter les échalas à la maison, mais sois le dernier à vendanger. »
>
> VIRGILE, *Géorgiques.*

I. — LA VENDANGE

Comment doit se faire la vendange. — Il y a deux méthodes. Certains propriétaires considérant avant tout la quantité de la récolte à obtenir et la rapidité de l'opération, font couper d'une seule fois tous les raisins indistinctement, malgré leur inégale maturité.

D'autres, s'attachant surtout à la qualité, procèdent par triage. Défense est faite aux vendangeurs de couper les raisins encore trop verts, lesquels nuiraient à la qualité du vin, mais qui, laissés sur la souche, mûriront plus tard. Ils attendent pour commencer la vendange des raisins blancs qu'une partie des grappes soient envahies par la pourriture noble. Cette première vendange faite, ils attendent pour recommencer, qu'une nouvelle partie de la récolte présente la même surmaturation. En passant ainsi deux, trois, quatre fois dans la vigne, on ne ramasse à chaque tour que des raisins parfaitement mûrs.

C'est à cette seule condition qu'on peut obtenir de *grands vins*; et ainsi des vignes qui ne sont pas classées parmi les grands crus, arrivent à donner des produits qui ne le cèdent guère aux meilleurs.

Cette façon de vendanger est assurément plus longue et plus coûteuse; mais le propriétaire qui la pratique y gagne encore, car il vend son vin bien plus cher et maintient la réputation de son cellier.

Un judicieux viticulteur saumurois du milieu du XVIII siècle formule de très justes observations sur la manière de vendanger, et ses critiques ont encore toute leur valeur à l'époque actuelle (1). « Quand il est question, dit-il, de vendanger dans le coteau, on s'assemble et toujours en plus petit nombre qu'il ne convient, soit par négligence, ou parce qu'on s'en rapporte aux autres, comme si une circonstance où il s'agit du principal revenu était une chose indifférente. Et puis, on se paie de mauvaises raisons pour vendanger trop tôt : c'est la crainte de la gelée ou celle de la pluie ; on se donne à soi-même de mauvaises raisons ; bref, la vendange n'est pas mûre, mais on la coupe quand même. »

« Ah ! le vin est faible et vert, dit-on, « on a vendangé trop tôt ». Sera-t-on plus sage l'année suivante ? Ce n'est pas probable. »

Et le perspicace écrivain fait cette réflexion morose : « Est-il étonnant que nos vins perdent de leur crédit? Pourquoi tant se presser comme on le fait ? Nos pères vendangeaient autrefois tous les derniers de l'Anjou ; aujourd'hui, ce sont nos voisins qui le font. » Et l'écrivain saumurois insiste sur l'importance qu'il y a à faire le tri de la vendange, de façon à ne pas mêler les raisins verts aux raisins bien mûrs, et, nous ajouterons, les grappes cochylisées avec les grappes saines.

Cette pratique, si elle n'est pas générale, est cependant assez ancienne. Jullien (1831) dit que les propriétaires de bons crus vendangent à plusieurs reprises, les deux premières coupes ne comprenant que des raisins très mûrs fournissent les vins exportés à l'étranger, ceux que l'on fait avec la troisième coupe servant à la consommation du pays. Parfois même, dans le Saumurois, les raisins une fois cueillis étaient mis en tas et laissés pendant

____

(1) DRAPEAU. *Manuscrit* 1765, Bibl. munic. d'Angers.

quatre ou cinq jours avant d'être pressés, dans l'espoir d'obtenir cette surmaturation.

Ce phénomène est le résultat de l'action d'un champignon de l'ordre des moisissures, le *Botrytis cinerea* (1) qui, pénétrant l'enveloppe du grain mûr, provoque l'évaporation d'une partie de son eau, d'où concentration de la liqueur sucrée, diminution de l'acidité, en même temps que se développe un parfum très spécial et exquis. Sans cette surmaturation, sans cette pourriture noble, il n'y a pas de grands vins blancs en Anjou. Mais pour que le Botrytis se développe, il faut certaines conditions atmosphériques qui malheureusement ne se rencontrent pas chaque année. En 1921, elle a donné des vins incomparables. En 1923, l'humidité du mois d'octobre a promptement substitué la pourriture grise à la pourriture noble. Or, autant celle-ci est favorable à la qualité du vin, autant celle-là lui est nuisible.

Il est bien entendu que cette surmaturation n'est recherchée que pour la récolte des raisins blancs. Les vignes rouges, au contraire, doivent être vendangées avant que la pourriture ne s'y développe. Si on s'est laissé surprendre par elle, il est indiqué de récolter d'abord les raisins atteints de Botrytis et de les tirer en blanc, la cuvaison de raisins pourris étant généralement suivie d'accidents graves.

L'*époque* à laquelle se fait la vendange varie seulement de quelques jours, d'une année à l'autre et d'un siècle à l'autre, ainsi qu'en fait foi ce relevé extrait des Archives de Serrant. C'est le mois d'octobre qui ramène la vendange. Très exceptionnellement elle se fait en septembre ou en novembre :

1760 : 7 octobre.	1766 : 29 octobre.
1761 : 20 octobre.	1767 : 3 novembre.
1762 : 30 septembre.	1768 : 18 octobre.
1763 : 8 octobre.	1769 : 18 octobre.
1764 : 16 octobre.	1770 : 6 novembre.
1765 : 23 octobre.	

____

(1) Voy. chap. XII.

Transport de la vendange.

Pour qu'elle tienne moins de place, on est généralement dans l'usage de fouler dans la vigne même la vendange rouge. On se sert pour cela d'un pilon quelconque. A condition que les récipients soient bien étanches, cette pratique n'a pas d'inconvénient.

Il n'en est pas de même pour la vendange blanche. On ne doit pas écraser les grappes, parce que, surtout si la vendange est très mûre, le jus peut prendre, par suite d'une oxydation, une couleur jaune prématurée, subir même, s'il fait très chaud et si la distance à parcourir jusqu'au cellier est longue, un commencement de fermentation. Il est même prudent, si l'on se trouve dans cette dernière condition, de répandre sur chaque portoire quelques grammes de poudre de métabisulfite de potasse (5 à 6 grammes pour 100 kilos de vendange). Le dégagement d'acide sulfureux qui en résultera conjurera les accidents.

Les charrettes chargées de vastes cuviers, de tonnes défoncées (vendanges rouges) ou de simples portoires (vendanges blanches) vont décharger les premières dans les cuves à fermentation, les secondes au pressoir.

II. — VINIFICATION DES VINS BLANCS

Comment on obtient les grands vins d'Anjou. — Parmi les facteurs qui concourent à la qualité des vins, les uns, comme la nature du sol, le climat, échappent à notre action ; mais d'autres, notamment la conduite de la vinification, dépendent entièrement de nous.

Si dans les pays à vins communs les opérations sont fort simples, il n'en va pas de même dans les régions à vins fins. Ici des soins multiples vont s'imposer pour maintenir dans toute leur pureté et leur originalité les qualités du cru. Le vigneron ne saurait s'en dispenser, autant par souci de ses intérêts personnels que par celui de l'intérêt général : noblesse oblige.

Cette préoccupation a d'ailleurs toujours régné, si bien que l'on voit, au cours des siècles, les personnages en qui reposait l'autorité prendre des mesures en apparence vexatoires, en vue de sauvegarder la qualité et la renommée des produits de la contrée. A notre époque d'individualisme à outrance, on est très choqué de ces mesures énergiques, qui cependant se sont montrées le plus souvent fort salutaires.

Dans d'autres chapitres de cet ouvrage, il a été assez longuement traité de la qualité supérieure des grands vins blancs d'Anjou, pour qu'il n'y ait pas lieu d'y insister de nouveau. Qu'il soit liquoreux, comme ceux des rives du Layon, pétillant comme ceux des coteaux de Saumur, et toujours très agréablement fruité, le vin d'Anjou demande, pour acquérir tout son mérite, d'avoir été fait avec le Chenin ou Pineau de la Loire, récolté en arrière-saison et après que le *Botrytis cinerea* ait produit en lui « la pourriture noble ».

Celle-ci ne se produira pas sur les raisins provenant de ceps soumis à la taille longue, cultivés en plaine, et chargés d'une abondante récolte, qui par suite arrive difficilement à la pleine maturité. Elle demande des ceps plantés à flanc de coteau, soumis à la taille courte, portant seulement quelques grappes, lesquelles atteindront une maturité parfaite et même la « surmaturation ».

Assurément cette taille courte ne donnera pas une grosse quantité à l'hectare, mais les propriétaires de nos crus de choix cherchent à faire des « grands vins » et non pas de grosses récoltes : 15 à 20 hectolitres à l'hectare constituent un maximum ; mais on arrive alors à 200, 250 grammes de sucre par litre de moût et, dans des conditions exceptionnelles, jusqu'à 315 grammes comme moyenne de la cuvée (Parnay, 1906).

Cette surmaturation ne se produit qu'en fin de saison ; aussi les vendanges de qualité ne se font-elles guère en Anjou que vers la fin d'octobre et se prolongent souvent en novembre.

Autant que possible on vendangera par beau temps, une fois la rosée évaporée.

Opérations préparatoires

Foulage et pressurage des raisins blancs. — Arrivés, non foulés, au cellier, les raisins sont directement versés dans le pressoir, mais, plus souvent, rapidement écrasés par des appareils mécaniques sur lesquels on insistera à propos des raisins rouges. Ces foulées doivent faire simplement éclater la peau des grains et ne jamais être poussées de façon à transformer ceux-ci en bouillie, à écraser les rafles et à broyer les pépins.

Le produit du foulage doit être rapidement versé au pressoir, de façon à éviter le plus possible son contact avec l'air, pour éviter que le moût ne jaunisse.

Quand, sous l'action du pressoir, le moût a coulé, on « rebêche » le marc. Cette opération doit se faire aussi rapidement que possible pour éviter le contact de l'air. Puis on recommence le pressurage.

En général, on peut mêler au vin de goutte celui des deux premières rebêches, si le travail a été mené très rapidement, mais il y aurait inconvénient à agir ainsi dans le cas contraire, surtout quand on emploie des appareils à pression très énergique.

De même, il est prudent de mettre à part le moût qui a coulé pendant la nuit et qui a subi un long contact avec l'air.

Même recommandation pour le moût qui sort par la troisième goulotte du pressoir continu Colin ou des autres appareils analogues, l'écrasement des rafles communiquant au liquide sortant un goût acerbe.

Débourbage. — Du pressoir, le moût tombe dans un récipient en bois ou en ciment « l'encheire », où il doit rester le moins longtemps possible et est envoyé généralement par le moyen d'une pompe dans la cuve à débourber. Celle-ci peut être en bois dans les petites exploitations, mais généralement en ciment dans les exploitations de quelque importance.

Avant l'entonnage, on brûle dans le récipient plus ou moins de mèche soufrée, pour empêcher le départ de la fermentation pendant les vingt-quatre heures que le moût y séjournera et y laissera déposer toutes les bourbes et matières étrangères apportées avec la vendange.

Cette opération, déjà recommandée en 1831 par M. de Beauregard (1), n'était pas, avant ces dernières années, dans les traditions du pays. Aujourd'hui, la plupart des viticulteurs y ont recours.

Après vingt-quatre ou trente-six heures au plus, le moût éclairci est envoyé par des tuyaux de métal ou de caoutchouc dans la futaille où il doit fermenter.

Le fond de la cuve à débourbage est retiré à part, en fût méché, et soutiré de nouveau pour en obtenir la partie capable de faire encore du vin. Un moyen excellent de récupérer rapidement et en lui conservant toutes ses qualités le vin qui s'y trouve encore, c'est d'en remplir des sacs à filtration, tels que les « sacs Simoneton » d'une contenance d'une douzaine de litres, qui fortement liés sont mis au pressoir et serrés de façon à en extraire tout le jus ; seuls les troubles y restent renfermés et réduits à un mince gâteau boueux.

Le débourbage enlève au moût, en même temps que les matières étrangères, une certaine quantité de levures, ce qui aura pour conséquence une fermentation moins violente, que le viticulteur pourra mieux diriger à sa guise et qu'il pourra même arrêter complètement, qnand il jugera que le vin possède assez d'alcool, pour lui conserver la liqueur voulue, en lui incorporant alors une dose suffisante d'anhydride sulfureux.

Quelques viticulteurs se refusent à débourber leurs vins, soit par préjugé, soit parce qu'ils estiment que leur vendange n'en a pas besoin.

En réalité, le débourbage ne s'impose pas rigoureusement tous les ans. Lorsque la vendange est rentrée très propre, que les soufrages et sulfatages n'ont pas été tardifs, on peut se dispenser de débourber.

L'opération s'impose notamment lorsque les vins ont un goût de terroir très prononcé et qui déplaît aux acheteurs étrangers à la région. Le débourbage le leur enlève en grande partie et prépare un vin plus neutre et plus fin beaucoup plus apprécié.

---

(1) *Mém. de la Soc. d'Agric., Sc. et Arts d'Angers*, t. I, 1831.

Le moût

Dans notre région, qui se trouve à la limite climatique de la culture de la vigne, la composition des raisins varie notablement dans ses proportions d'une année à l'autre. On en jugera en parcourant le tableau suivant :

COMPOSITION MOYENNE DES MOUTS DE CHENIN BLANC
1902 à 1923

ANNÉE	DENSITÉ	SUCRE	ALCOOL A PRODUIRE	ACIDITÉ TOTALE
1902	1069	155	9° 1	10,1
1903	1066	147	8° 6	9,7
1904	1087	203	11° 9	7,3
1905	1075	170	10° 0	9,7
1906	1089	209	12° 2	5,4
1907	1065	143	8° 4	8,3
1908	1086	199	11° 7	7,8
1909	1078	178	10° 5	8,7
1910	1061	132	7° 8	11,2
1911	1088	205	12° 1	4,8
1912	1070	156	9° 2	13,0
1913	1076	174	10° 2	10,0
1914	1086	198	11° 6	8,23
1917	1080	183	10° 8	8,76
1918	1082	188	11° 0	8,5
1919	1094	220	12° 9	7,4
1920	1084	194	11° 4	8,4
1921	1113	270	15° 9	6,5
1922	1085	196	11° 5	7,8
1923	1085	196	11° 5	6,4

N. B. — *Le sucre est exprimé en grammes de glucose par litre de moût. L'acidité totale est exprimée en grammes d'acide sulfurique par litre de moût.*

Amélioration des moûts. — Si l'on veut obtenir tous les ans des vins qui possèdent de la douceur, avec une dose suffisante d'alcool pour que le vin soit assuré de sa conservation, deux opérations principales s'imposent, la *chaptalisation* et le *déverdissage*. Une troisième opération utile chaque année est le *tanisage*. Mais comme cette dernière opération peut se pratiquer sur le vin fait, son étude sera reportée après celle de la fermentation.

1° *Chaptalisation* (1). — L'idée de donner artificiellement au moût la douceur qu'une saison trop rigoureuse lui a refusé remonte à une époque très éloignée. Au XVIIIᵉ siècle, l'abbé Rozier propose, quand il est trop austère ou acide, d'y ajouter du miel. En 1779, un Mémoire lu à l'Académie des Sciences demande qu'on lui ajoute, quand la saison n'a pas été assez chaude, « des matières saccharines ».

Mais, bien avant cela, la pratique en existait dans le Bordelais et s'y faisait en secret, à Bergerac, à Sainte-Foi : le mécontentement d'un tonnelier la révéla au public. Quant à celle qui se pratique en Bourgogne pour les vins rouges, elle remonte à la création du Clos Vougeot par les moines de Saint-Benoît, c'est-à-dire à six cents ans.

En ce qui concerne l'Anjou, nous savons que le général Delâge, propriétaire d'un vignoble à Saint-Barthélemy, fit un essai de chaptalisation dont les résultats furent contrôlés par une Commision nommée par la Société d'Agriculture, Sciences et Arts d'Angers, en 1834, laquelle déclara que l'addition de 6 à 10 kilos de sucre ajoutés à une barrique en fermentation de 240 litres ne donnait aucun résultat et qu'il fallait 15 kilos pour obtenir un effet utile, ce qui aurait fait, le sucre coûtant 2 francs le kilo, une dépense de 30 à 36 francs par barrique, soit une augmentation de prix inacceptable.

Depuis, les viticulteurs ont su mieux employer le sucre et les frais n'ont pas arrêté la chaptalisation.

La chaptalisation, ou sucrage du moût, se fait en présence de la régie dans les barriques où le vin fermente. Ce sucre, préalablement et entiè-

---

(1) Ce nom de *Chaptalisation* vient du nom du ministre Chaptal, qui recommanda ce procédé d'amélioration des moûts.

rement fondu dans du moût, augmentera sous l'action des levures la proportion d'alcool. (Pour augmenter de un degré un hectolitre de vin fait, il faut 1 kilogr. 700 gr. de sucre). Comme c'est moins l'alcool que l'on cherche à obtenir dans nos vins, qui en ont généralement assez, qu'un supplément de douceur, il vaut mieux ne pas ajouter le sirop de sucre au moment où la fermentation est le plus active, car il serait rapidement et entièrement transformé en alcool, mais bien lorsque le travail des levures se ralentit sous l'action de l'alcool qui augmente.

Il est même excellent dans le même but de verser le sucre en deux ou trois fois à quelques jours d'intervalle.

Suivant la richesse saccharine naturelle du moût, la quantité de sucre à ajouter sera variable ; en principe, elle doit être telle qu'au total le moût renferme environ de 200 à 220 grammes de sucre par litre, ce qui permettra d'obtenir aux environs de douze degrés d'alcool et une quantité de liqueur suffisante.

Si le moût était trop pauvre en sucre, la dose qu'il faudrait ajouter dépasserait la quantité légalement permise (dix kilos par trois hectolitres de vendange) si l'on voulait obtenir quand même un vin doux ; et alors on n'aurait qu'un vin mal équilibré au point de vue alcool et sucre. Dès lors, il est préférable de se contenter de faire un vin sec.

2° *Déverdissage* (1). — Dans les années où le moût est trop acide, il y a intérêt à pratiquer la désacidification ou déverdissage. Plusieurs matières peuvent être employées. La plus recommandable est le carbonate de chaux pur précipité (un gramme par litre pour enlever un gramme d'acide calculé en acide sulfurique), soit donc 220 grammes pour enlever un gramme d'acidité à une barrique de vin.

On peut l'ajouter dans le moût avant toute fermentation, par exemple, dans la cuve à débourber, ce qui épargne beaucoup de temps et égalise parfaitement le vin en ce qui concerne l'acidité. Naturellement, il faut

---

(1) Actuellement, le déverdissage ne peut être légalement pratiqué qu'en vertu d'un décret promulgué chaque année après consultation prise auprès des Associations compétentes et de la Direction des Services agricoles du département.

brasser copieusement après avoir versé le carbonate de chaux dans le moût.

Il est vrai que les chimistes nous enseignent qu'en procédant ainsi, on se prive de la désacidification naturelle qui se fait au cours de la fermentation.

La quantité de carbonate de chaux à employer varie d'une année à l'autre, suivant que le vin est plus ou moins vert.

Il ne faut pas pousser trop loin la désacidification, sous peine d'enlever au vin son bouquet et sa fraîcheur, ou même de le voir noircir, « se plomber », comme on dit. C'est ainsi qu'un moût qui fait treize degrés d'acidité ne devra pas être ramené au-dessous de huit ou neuf, bien qu'il serait à souhaiter que le vin ne fasse pas plus de six ou sept degrés.

En outre, le viticulteur ne devra jamais perdre de vue, avant d'opérer le déverdissage, que le vin en bouteille perd assez rapidement une assez forte proportion d'acide, qui peut, quelques mois seulement après la récolte, atteindre 15 % et plus de l'acidité primitive et qui, après un an, peut atteindre 35 %. Il faudra donc toujours tenir compte de cette désacidification naturelle.

Fermentation

a) Un principe dont il ne faut jamais se départir dans la vinification du Chenin est celui-ci : *fermentation lente dans des fûts de petite capacité,* soit des barriques de 220 litres environ ;

b) Elle commence, suivant la température extérieure et la dose d'acide sulfureux qu'a déjà reçu le moût au débourbage, un ou plusieurs jours après l'entonnage. Le cellier doit être à une température non pas froide, mais peu élevée, douze à treize degrés, un peu plus si le moût est très riche en sucre, et elle doit s'y maintenir un mois et même davantage ;

c) La fermentation violente et courte donne des vins durs, la fermentation douce et lente des vins moelleux et qui conservent le goût de fruit.

Si parfois la fermentation tardait à partir ou bien s'arrêtait sous l'action d'un froid subit, il serait indiqué de chauffer le cellier et aérer le moût par un fouettage, car le vin posséderait alors une trop grande proportion de sucre par rapport à l'alcool qu'il contient et se comporterait mal par la suite.

Cet accident n'est pas rare dans le Saumurois où la vendange est généralement tardive et où la fermentation se fait en caves profondes et très fraîches ; aussi la fermentation y est-elle languissante et indéfiniment prolongée ;

d) Tantôt on remplit entièrement la barrique et alors le vin en fermentant déborde par la bonde ; c'est le *guillage* ; on dit encore qu'on laisse *cracher*. Une écume blanche composée en grande partie de levures monte et s'écoule en dehors entraînant avec elle des débris de raisins et pas mal de malpropretés. Cela remplace dans une certaine mesure le débourbage. Mais cette méthode a l'inconvénient de causer une perte de vin, de souiller l'extérieur des fûts et de répandre sur le sol un liquide qui peut s'acétifier et être le point de départ d'accidents graves, les petites mouches de cellier transportant avec leurs pattes les germes nuisibles sur lesquels elle se sont posées.

On dit que le vin, se débarrassant ainsi de ses levures, la fermentation y devient plus modérée, ce qui tend à produire des vins plus doux.

Tantôt, et cette méthode paraît bien plus recommandable, on fait bouillir le vin *sous douelles*, c'est-à-dire qu'on laisse un vide de quelques litres, et ainsi on évite tous les inconvénients qui viennent d'être indiqués, un débourbage préalable compensant et au delà les avantages retirés du guillage.

e) Quelquefois on place sur l'orifice de bonde pendant toute la durée de la fermentation un petit appareil, *bonde hydraulique*, dont un bon modèle a été créé par un Angevin, Hérault. La bonde Hérault consiste en un gobelet de fer-blnac (fig. 109 A) traversé par un petit tube de même métal qui lui est soudé ; un autre tube, plus large et fermé à un bout (B), coiffre librement le précédent ; son bord inférieur venant plonger dans l'eau dont est à moitié rempli le gobelet. Celui-ci étant solidement fixé et joint par une bague de caoutchouc à la bonde de la barrique, l'acide carbonique produit par la fermentation se dégage, passe par le tube et soulève sa coiffe pour se répandre au dehors. On évite ainsi l'évaporation qui se ferait par la bonde, une perte d'alcool, les ouillages répétés, l'acide carbonique retenu au-dessus du vin jouant un rôle aseptique, qui défend le vin contre toute contamination.

Premier soutirage. — *a*) Jadis on avait pour principe de laisser le vin très longtemps en contact avec sa lie. Le premier soutirage n'avait lieu qu'après Pâques et nos ancêtres ne manquaient pas de faire rouler leurs vins sur leur lie environ un mois après la fermentation achevée. Il existe encore quelques coins de l'Anjou qui restent fidèles à cette pratique, dans la conviction que « la lie nourrit le vin », et sans doute que le vin a besoin d'être longtemps nourri ;

b) Des expériences répétées et la science de laboratoire sont d'accord pour procéder de bonne heure au premier soutirage.

En année ordinaire, lorsque le vin a acquis onze degrés d'alcool environ, il convient d'arrêter la fermentation èt de procéder au soutirage. Deux procédés sont à la disposition du vigneron :

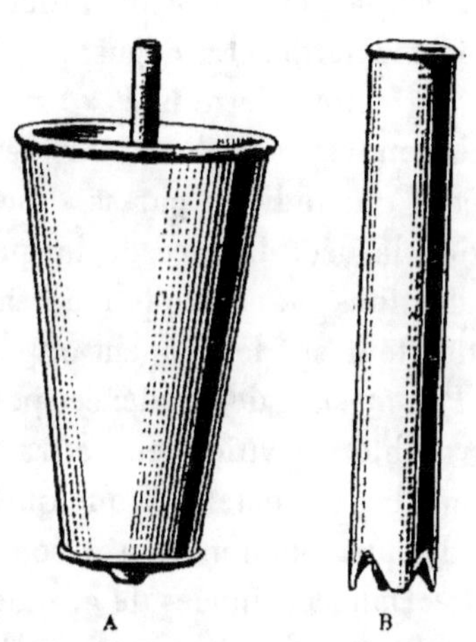

Fig. 109. — La Bonde Hérault.

On envoie dans la barrique une solution sulfureuse ou de l'anhydride sulfureux pur, soit au total vingt grammes d'acide sulfureux par hectolitre. Le vin est ainsi *muté*, c'est-à-dire rendu muet, le bruit de la fermentation étant arrêté. On pourra, dans ces conditions, retarder un peu le premier soutirage ;

Ou bien on soutire dans un fût fortement méché, en brûlant une mèche de quarante grammes, qui donne quatre-vingts grammes d'acide sulfureux, mais dont une assez forte proportion s'échappera au remplissage.

Cette idée d'arrêter la fermentation au moment apportun, pour conserver de la douceur au vin, n'est pas nouvelle. En 1833, Sébille-Auger, le Saumur, la recommandait et il proposait de l'obtenir en jetant dans la barrique en fermentation un kilo de graines de moutarde, « l'huile essentielle de cette graine rendant le moût inactif ». Restait à trouver le moyen de débarrasser ensuite ce vin de l'odeur qu'il contractait. Il se proposa de faire des recherches à ce sujet.

Le moment où le mutage doit être pratiqué est très délicat à fixer : si ce premier soutirage est fait trop tôt, le vin manquera d'alcool ; s'il est fait trop tard, c'est la liqueur qui fera défaut.

Il appartient donc au viticulteur de suivre attentivement la marche de la fermentation. La dégustation, et mieux l'analyse d'un échantillon de vin, lui permettra d'être fixé.

Un moyen simple et assez sûr est fourni par l'emploi répété du mustimètre, qui indique par sa descente progressive dans le liquide en fermentation la décroissance de la quantité de sucre primitivement contenue. Ses indications ne sont pas mathématiques, mais bien suffisantes pour fixer le viticulteur sur le moment opportun de l'opération.

Par mesure de prudence, pour le cas où on aurait laissé passer l'époque favorable, le viticulteur aura été prudent en mutant dès le début, même avant la fermentation, quelques barriques de moût, dont il se servira plus tard pour communiquer à son vin la douceur voulue ;

c) Dans les années de grande qualité, il n'y a qu'à laisser la fermentation marcher et s'arrêter toute seule ; lorsque le vin arrive à un certain degré d'alcool, le mutage se fait de lui-même et le vin conserve une dose de liqueur suffisante.

Parfois, cependant, bien qu'on ait laissé la fermentation s'accomplir sans réserve, il peut se produire des accidents de fermentation secondaire. C'est ce qu'a relevé, par exemple, Guillory, pour les excellents vins de 1846 qui, mis en bouteilles en février et mars, se sont mis à refermenter, écrit-il, à « la pousse de la vigne, à sa floraison, à sa maturité, fait d'autant plus regrettable, ajoute-t-il, qu'en raison de leur goût de fruit et de leur grande douceur, ils s'étaient vendus excessivement cher ».

Nous avons connu ces mêmes accidents en 1919 et quelques autres années. Une dose suffisante d'acide sulfureux les aurait empêchés.

Second et troisième soutirages. — *a*) Le goût fruité, qui donne au vin d'Anjou son caractère si spécial, ne peut se conserver que si la mise en

outeilles est faite de très bonne heure, vers le mois de mars, ce qui
écessite, pour l'avoir très clair dès cette époque, des soutirages hâtifs et
épétés. Trois ou quatre devront être pratiqués entre la fin de la fermen-
ation et le mois de mars. A ces soutirages, les fûts devront être méchés
 dose décroissante, soit une mèche entière de quarante grammes au pre-
ier, une demie ou vingt grammes au second, un tiers ou douze à
uinze grammes au troisième.

Il faut se rappeler que plus un vin est liquoreux, plus il a besoin de
èche et mieux il la supporte ;

b) On doit par ailleurs se souvenir qu'il s'en faut de beaucoup que tout
acide sulfureux produit par la combustion du soufre soit absorbé par le
n, une très grande partie sortant par la bonde pendant l'entonnage.
Voici deux moyens de mieux l'utiliser.

On adapte un peu au-dessous de la douille de l'entonnoir un disque
rizontal qui force le vin à tomber sous forme d'une mince lame circu-
ire, ce qui augmente beaucoup son contact avec l'acide sulfureux.

On peut encore remplir le fût jusqu'au tiers ou au quart, puis le mécher
ce moment, bonder et rouler le fût ; le vin par ce brassage absorbe
cide sulfureux en quantité considérable, puis on achève de remplir ;

c) Le premier soutirage peut se faire sans inconvénient au contact de
ir, par exemple au moyen d'un robinet qui le laisse couler dans une
ssine.

Les soutirages suivants doivent se faire à l'abri de l'air, afin d'empêcher
 vin de jaunir. On emploie soit une pompe, d'un système qui batte le
 le moins possible, soit un siphon métallique, soit un simple caoutchouc
i fait siphon et dont l'extrémité la plus basse plonge dans la barrique
remplir ou bien touche le fond d'une bassine pour ne pas aérer le vin.

Tanisage. — Le moût de vin blanc ayant été rapidement séparé des
aux et rafles, est généralement pauvre en tanin ; il y a donc nécessité
n ajouter au vin pour assurer sa bonne tenue ultérieure. Dix grammes
r hectolitre, dissous dans du vin ou de l'eau-de-vie ou un peu d'eau
aude, seront versés dans la barrique au premier ou au second soutirage.
En outre, la veille d'un collage on renouvellera l'opération, celui-ci

enlevant toujours du tanin au vin et n'opérant bien que si celui-ci e
possède en suffisante quantité. On ajoute alors autant de grammes de tan
qu'on doit employer de grammes de colle sèche, gélatine ou ichtyocolle.

Dans les années de surmaturation de la vendange allant jusqu'à
dessiccation des grains, le vin possède assez de tanin pour qu'il soit inuti
de lui en ajouter. Le moût offre alors une teinte jaune révélatrice de s
présence en quantité suffisante. On ne confondra pas cette teinte avec cel
qui est due à une casse oxydasique. (Voy. plus loin à la *maladie de*
casse.)

Clarification des vins. — Il suffit parfois, pour amener un vin à
limpidité désirable, de quelques soutirages, notamment quand il s'agit
vins communs, de vins un peu verts. Celle des vins fins, liquoreux, e
souvent beaucoup plus difficile à obtenir. On y arrive alors par le *collag*
ou la *filtration*.

La limpidité des vins est généralement une preuve de leur bonne con
position et un gage de leur tenue ultérieure. Tout vin trouble doit mett
le viticulteur et l'acheteur en défiance.

Collage. — Il a pour but d'amener le vin à un état de limpidité parfait
en le débarrassant de toutes les particules étrangères qu'il tient en suspensic
et surtout des levures qui pourraient provoquer les fermentations seco
daires. On emploie une solution de gélatine ou de colle de poisso
(ichtyocolle), quelquefois du lait, ou des blancs d'œufs, etc..

L'un ou l'autre de ces produits versé dans le fût et battu penda
quelques minutes avec le *fouet* ou un simple bâton fendu en quatre à so
extrémité, forme un fin réseau qui englobe tous les corps solides en su
pension dans le vin et les entraîne au fond du fût avec plus ou moins
lenteur. Généralement, au bout de huit à quinze jours, le résultat est obten
et on soutire un vin devenu parfaitement clair.

Guillory (milieu du siècle dernier), cite le procédé employé par un
honnête famille de Rablay : jeter dans une barrique le blanc de six œuf
mécher, remplir le fût de vin, rouler six ou sept minutes, puis laisser e
repos jusqu'en septembre, soit pendant sept ou huit mois. Et il ajoute, so
vin est le meilleur qu'on puisse boire, soit en bouteille, soit au tonneau.

Pour bien réussir le collage, des soins minutieux s'imposent. Il faut bien se garder de verser directement la colle dans le vin, puis de fouetter le tout, le résultat serait mauvais.

On verse la colle dans un baquet de bois ou une terrine en faïence, on y fait arriver très doucement et sous forme d'un mince filet une certaine quantité de vin, en même temps qu'on bat le tout. Le mélange obtenu, et rendu bien homogène, on le verse dans le vin à coller ; mieux vaut l'y verser en deux et même trois fois que d'un seul coup, et chaque opération est suivie d'un fouettage énergique.

Le tanin combiné à la gélatine forme un tannate insoluble qui se dispose en un fin réseau et descend lentement vers le fond du fût en entraînant toutes les matières plus ou moins solides tenues en suspension dans le vin.

L'opération du collage peut échouer pour l'une ou l'autre de ces causes : légère fermentation ; défaut où excès de tanin dans le vin, excès de colle (surcollage). On remédie à la première par un traitement à l'acide sulfureux et aux secondes par des essais avec quelques verres à moitié remplis de vin, auxquels on ajoute des doses progressives soit de tanin, soit de colle.

Le lait, qui n'est pas généralement à recommander pour le collage, en raison de sa facile altération, peut rendre service quand on a affaire à des vins très jaunes par suite d'excès de tanin. La caséine qu'il contient se coagule au contact du tanin et de l'alcool, et entraîne avec elle au fond du fût une partie du tanin et les impuretés tenues en suspension.

Filtrage. — Pour aider au dépouillement des vins nouveaux, leur donner la limpidité sans laquelle ils ne sont ni vendables, ni de bonne tenue, on peut, au lieu de les encoller, les filtrer.

Les appareils que le commerce met à la disposition des viticulteurs sont très variés de forme et de fonctionnement. D'une façon générale, on force le vin à passer sous pression à travers un lit d'amiante ou de pâte à papier, ou bien des toiles d'un tissu serré et dont les pores sont encore diminués par le dépôt à leur surface soit d'une solution de gélatine, soit de terre d'infusoires.

Le vin étant monté par une pompe dans des bacs ou des fûts, à trois ou quatre mètres de hauteur, redescend par un tube de métal ou de caoutchouc jusqu'au filtre. Cette pression est suffisante pour forcer le vin à passer à travers la matière filtrante placée sur son parcours. Pour encoller le filtre on verse la gélatine, terre d'infusoires, stériline, etc., dans le vin lui-même qui passe le premier. Quand le vin sort bien clair, on règle le débit d'arrivée et de sortie de l'appareil, de façon définitive et on l'alimente de manière qu'il ne se produise aucun arrêt.

Le filtrage débarrasse le vin non seulement des corps solides en suspension, mais encore des matières gommeuses et aussi des levures et même des germes de certaines maladies. Toutefois, si un vin est malade, il faut le guérir d'abord et le filtrer ensuite. C'est ainsi qu'un vin atteint de casse blanche sort très beau du filtre, mais se trouble de nouveau quelques jours après. Le filtrage fatigue toujours un peu le vin, l'assèche, comme on dit ; mais c'est un accident passager et qui du reste est largement compensé par la bonne tenue ultérieure du vin.

Quelquefois, au sortir du filtre, le vin présente un goût assez désagréable (goût de toile, goût de mèche), qui lui a été communiqué par les serviettes des plateaux (filtre Simoneton, par exemple) ; on l'évite en lavant préalablement les toiles neuves dans du vin.

Un vin sain, qui a été bien filtré, acquiert non seulement une limpidité et un brillant incomparables, mais sa bonne tenue ultérieure est presque toujours assurée.

Mise en bouteilles

Il était d'usage courant dans le Saumurois, au dire de Drapeau (XVIII° siècle) d'attendre le mois de septembre pour mettre les vins blancs en bouteilles. Les Flamands, qui en étaient les principaux acheteurs, changèrent cette méthode ; ils les mirent sous verre dès le mois de mars. Ils leur conservèrent ainsi bien mieux leur goût de fruit. Et Drapeau conseille à ses compatriotes de suivre cet exemple. C'est donc des Flamands que nous vient cette habitude de mettre de très bonne heure nos vins blancs en bouteilles.

Partant de là, beaucoup de viticulteurs angevins considèrent le « décours de la lune de mars » comme la date fatidique de la mise en bouteilles.

Nul doute que si le vin est parfaitement limpide, elle peut se faire à cette époque. Mais l'expérience a montré que le principe de la mise hâtive n'a rien d'absolu et qu'il est bien préférable, dans le cas contraire, de retarder l'opération, s'il est nécessaire, pour obtenir une clarification parfaite, jusqu'à l'approche de l'été. Dans tous les cas, il est expressément recommandé de choisir pour la mise en bouteilles un temps calme avec forte pression barométrique, car dans les conditions contraires, les troubles du vin remontent du fond de la barrique.

On aura soin pendant le tirage de ne pas interrompre l'écoulement du liquide, d'éviter le « coup de bélier » qui, en déterminant un courant contraire dans la masse du vin, agiterait les troubles. Pour cela, on se sert d'un robinet à deux becs ou tout simplement d'un petit tube de caoutchouc qui faisant siphon plonge d'une part dans la barrique et dont on engage l'autre bout dans la bouteille à rempir pour le passer ensuite rapidement dans la suivante, sans jamais le pincer avec les doigts. L'opération conduite ainsi est très simple et donne les meilleurs résultats.

Tant que les chaleurs ne se seront pas fait sentir sur le vin contenu dans les fûts, le « goût de fruit » se conservera très bien. Mais, passé l'été, la conservation de ce précieux caractère du vin d'Anjou n'est plus assurée.

Une question de très haute importance et de solution assez délicate, c'est d'assurer le vin contre le fâcheux accident d'une fermentation en bouteille. La vinification très spéciale du vin d'Anjou exige que l'on prenne pour se mettre à l'abri de cette éventualité une précaution aujourd'hui parfaitement définie. Sachons d'abord que lorsqu'un vin est assez riche en alcool, par exemple lorsqu'il atteint 12°5, il a les plus grandes chances pour se bien comporter en bouteilles. Cependant, lorsque le vin est très liquoreux, il peut, comme on l'a vu avec des vins qui avaient 14° d'alcool, fermenter en bouteille.

Le moyen sûr d'éviter l'accident en question, c'est de lui ajouter une quantité d'acide sulfureux (SO^2) qui, paralysant les levures qu'il peut encore contenir, les empêche d'entrer en activité. L'acide sulfureux *combiné avec* différents éléments du vin, avec la potasse notamment, n'a aucune action en pareil cas ; seul l'acide sulfureux *libre* joue un rôle utile.

La quantité à employer est variable, suivant la nature, la composition des vins, leur teneur en alcool, leur degré de liqueur. On se rappellera qu'elle doit être, au moment de la mise en bouteilles, de 60 à 70 milligrammes par litre, par conséquent de 6 à 7 grammes par hectolitre. Le propriétaire qui expédie une barrique de vin à un client ne doit donc pas perdre de vue ce principe, à moins de vouloir s'exposer à des mécomptes.

Mais, entre la livraison du fût et la mise en bouteille, il se passera souvent plusieurs semaines ; une partie de l'acide sulfureux libre entrera en combinaison et dès lors n'agira plus, d'où la nécessité de forcer la dose au moment du départ et de la porter à 80 ou 100 milligrammes. Si, même le vin devait rester plusieurs mois avant d'être embouteillé, il conviendrait de lui ajouter, quelques jours auparavant, une dose supplémentaire.

Comment le viticulteur saura-t-il si son vin possède une dose suffisante d'acide sulfureux ? La dégustation peut le renseigner dans une certaine mesure ; mais ce moyen est bien incertain et peut conduire le propriétaire à rester en deçà de la dose voulue ou aller au delà et à donner à son vin un très désagréable « goût de mèche ». Il ne lui sera pas très difficile, avec un appareil très simple et une liqueur titrée, d'être très nettement fixé (voy. chap. 20). A défaut de procéder lui-même à cette analyse, il devra s'adresser à un laboratoire d'œnologie qui le renseignera très exactement.

On a également signalé un trouble causé par la réaction de l'acide sulfureux du vin sur les matières ferriques qui entrent dans la composition du verre (Dubaquié).

Pour une bonne mise en bouteilles, le récipient à une réelle importance. Le verre de la bouteille sera d'un vert demi-foncé, homogène, sans bulles, à parois solides et d'une bonne composition (1).

-----

(1) On a vu une mise en bouteilles tout entière compromise par la mauvaise qualité du verre, trop riche en matière calcaire, lequel se décompose sous l'action des acides du vin. A la réception d'un arrivage de bouteilles de même provenance, il est bon de faire un essai sur quelques échantillons. La bouteille étant bien rincée à l'eau claire, on la remplit au tiers d'eau propre, on verse un peu d'acide sulfurique et on agite vivement ; si l'eau se trouble, c'est que le verre des bouteilles contient trop de calcaire, et il sera prudent de leur faire subir avant l'usage un lavage à l'eau acidulée avec l'acide sulfurique.

Eviter de mettre les bons vins blancs d'Anjou dans des bouteilles de
etite dimension. Elles figurent mal sur une table. La bouteille à vin
Anjou, d'une capacité de 75 centilitres, est fort convenable.

Les bouchons. — Ils doivent être longs plutôt que courts (environ 55 milli-
ètres), souples, sans cavités, ni défauts, avec l'un des bouts, « le miroir »,
arfaitement lisse et sans aucune tare. C'est cette face qu'on aura soin de
ettre en contact avec le vin.

Ils seront largement arrosés d'eau bouillante, puis bien lavés à l'eau
aîche, et enfin trempés du même vin que l'on met en bouteilles.

Avant d'enfoncer le bouchon dans la bouteille, lorsque sa partie
férieure affleure l'orifice de la douille de la machine à boucher, on essuie
ec un linge propre la goutelette assez malpropre qui suinte des pores du
uchon fortement pressé.

Il convient de boucher plein, c'est-à-dire de façon qu'il n'y ait pas d'air
terposé entre le bouchon et le liquide. Les machines à boucher actuel-
ment employées permettent de réaliser parfaitement ce progrès, pour
npêcher le vieillissemnt prématuré du vin.

Si l'on a pris toutes les précautions pour empêcher une fermentation
condaire, on peut se dispenser d'agrafer, de ficeler la bouteille. Si l'on a
elque doute à ce sujet, ou même si l'on a opéré de façon à obtenir un vin
us ou moins mousseux, on consolide le bouchon par une agrafe. La
te de la bouteille est ensuite trempée dans un bain de cire, pour à la fois
otéger le bouchon et diminuer l'évaporation qui se fait à travers sa
asse et amènerait la formation d'un vide entre lui et le liquide.

On peut encore protéger le bouchon par une capsule métallique ou encore
e cape de cellulose.

Généralement les bouteilles sont aussitôt couchées horizontalement et
ises en tas, ou rangées dans des casiers. Si l'on a quelque inquiétude
lativement à la sagesse du vin qu'on vient d'embouteiller, surtout si la
ve n'est pas fraîche, il est prudent, au bout de deux semaines, de les
ettre debout et de leur laisser ainsi passer l'été, pour les coucher après (1).

---

(1) Il était de tradition, dans le canton de Thouarcé, pour empêcher que les bouteilles
se brisent sous l'action d'une vive fermentation secondaire, d'y jeter au moment du
uchage un morceau de sucre d'orge du poids d'un ou deux grammes (?)

Les vins d'Anjou peuvent se boire aussitôt après la récolte et être déjà très appréciés à cause de leur goût fruité, qui rappelle délicieusement celui d'un raisin bien mûr. Quelques années de bouteille leur font acquérir la plénitude de leurs qualités. S'ils sont placés dans de bonnes caves, ils peuvent s'y maintenir longtemps sans altération, y mûrir doucement et parvenir, sans déchoir, à un âge avancé, 25, 30, 50 ans, devenant, ceux du moins des grandes années, de véritables liqueurs, dans lesquelles le goût de raisin s'est mué en un léger goût de coing, très apprécié des gourmets, en même temps qu'il en revêt la belle robe jaune d'or.

AUTRES VINS BLANCS OBTENUS EN ANJOU

Le Muscadet

A la limite de notre département, dans la région qui voisine avec celui de la Loire-Inférieure, on cultive sur les coteaux un autre cépage à vin blanc, le *Muscadet*. (V. chap. des *Cépages d'Anjou*.)

Sa vinification n'offre rien de spécial, sauf que plus sujet que le Chemin à contracter la maladie de la graisse, il convient de le taniser plus fortement que ce dernier.

Le vin de Muscadet est léger, peu acide, très estimé dans la région nantaise ; il se vend cher.

Quelques autres cépages à vin blanc se rencontrent encore çà et là, mais leur importance est faible. Tels sont le Gros-Plant ou Folle-Blanche, cultivé également dans la région qui se rapproche du Nantais.

CHAPITRE XVII

MALADIES DES VINS BLANCS D'ANJOU

os vins blanc sont, par leur composition même, prémunis contre beaucoup de maladies.

Nous n'avons guère à craindre que la *casse jaune* ou *brune* ou *casse oxydasique*, la *casse blanche*, et parfois la maladie de la *graisse*. Il faut y ajouter, mais à titre d'accident, la *fermentation secondaire en bouteilles*.

Casse jaune ou brune ou casse oxydasique. — La cause en est due à l'invasion des raisins par le *Botrytis cinerea*, à leur altération par la Cochylis, etc... Le débourbage des moûts peut la prévenir en éliminant les matières étrangères. Un automne orageux et pluvieux favorise le développement du champignon et, par suite, de la maladie ; un automne sec en met le vin à l'abri.

Cette sorte de maladie est un vieillissement prématuré, exagéré du vin, dû à la présence d'une *diastase*, laquelle agit sur la matière colorante. On reconnaît son existence à ce que, abandonné dans un verre, le vin se recouvre d'une pellicule irisée ; sa masse se trouble et prend une teinte jaune ; on dit souvent que c'est un « vin plombé » ; (si c'était un vin rouge, la teinte serait chocolat) ; le vin a perdu sa fraîcheur, son bouquet ; il a pris une certaine amertume, il s'est *madérisé*.

L'oxygène de l'air augmente le mal ; c'est pour cela qu'un fût de vin débondé, ou dans lequel on néglige de faire le plein, voit la maladie s'accentuer ; le tanin étant un principe du vin très oxydable, il faut se garder d'en ajouter au vin atteint de casse avant d'avoir guéri la maladie.

Pour éviter cet accident, il faut éviter de laisser longuement au contact le moût et le marc, soit dans les portoires, soit au pressoir, mais faire passer le plus rapidement possible le moût dans la cuve au débourbage, préalablement bien méchée. Toujours, comme moyen préventif, surtout quand la vendange est envahie par le Botrytis, il est bon de répandre sur le contenu des portoires quelques pincées de métabisulfite, qui dégagera de l'acide sulfureux, lequel agira à titre de remède préventif très efficace.

Le remède curatif consistera à envoyer dans le vin cassé 5 à 10 grammes d'acide sulfureux par hectolitre, puis à faire un soutirage en aérant le vin. Ensuite, on pratiquera un collage ; le lait agit généralement bien en pareil cas ; il ramène le vin à sa couleur naturelle et lui enlève son âcreté.

Casse blanche et casse bleue. —. Ces deux sortes de casse sont ainsi appelées parce que le vin qui en est atteint prend une nuance un peu laiteuse ou rappelant celle du pétrole. Les vins qui ont cet accident, exposés à l'air dans un verre, voient leur trouble augmenter en même temps qu'un léger dépôt grisâtre tombe au fond.

Ces phénomènes sont dûs, pour la casse blanche, à un précipité de *phosphate de fer*, et pour la casse bleue à un tannate de fer. La cause ordinaire en est le contact des appareils et récipients en fer, surtout s'ils sont plus ou moins rouillés, avec le vin, au cours de la vinification.

Il faut aussi se rappeler que le ciment des cuves qui servent parfois à loger le vin fait renferme du fer, et que les vendanges souillées de terre peuvent apporter au pressoir ou à la cuve assez de fer pour provoquer l'accident de la casse blanche.

Les moyens préventifs contre la casse blanche et la casse bleue consistent donc à éviter l'usage du fer nu et surtout oxydé ; à badigeonner la paroi intérieure des cuves en ciment de silicate de potasse, qui forme un excellent isolant ; veiller à n'apporter qu'une vendange propre, surtout quand le sol est ferrugineux.

Ne pas ajouter au vin, pour activer la fermentation, du phosphate d'ammoniaque si la casse est à craindre.

On a établi que parfois la richesse exagérée du vin en acide tartrique provoque le mal ou en augmente l'intensité.

En réalité, la casse blanche et la casse bleue peuvent dépendre de deux causes différentes :

1° Une richesse exagérée du vin en acide tartrique peut provoquer le mal ou en augmenter l'intensité ;

2° Un vin faiblement acide, mais riche en phosphate ferrique, y est très exposé.

Dans le premier cas, un déverdissage du moût, assez souvent indiqué par ailleurs pour nos vins un peu trop acides, prévient le mal, soit 100 à 150 grammes de carbonate de chaux pur, précipité, par hectolitre, qui neutralise une quantité correspondante d'acide tartrique. Si le mal est grave, on se trouve généralement bien d'un déverdissage, suivi d'une addition d'acide citrique.

Dans le second cas, l'acide citrique employé seul, à la dose de 50 grammes par hectolitre, y remédie souvent ; parfois une dose double serait nécessaire, mais elle n'est pas légalement autorisée.

Dans l'un et l'autre cas, un tanisage, suivi d'un collage, préférablement à une filtration, laquelle expose le vin au fâcheux contact de l'air, doit compléter l'opération.

Remarque. — Les éléments apportés par le vin ne sont pas seuls en cause dans le phénomène de la casse ; l'oxygène de l'air y joue un rôle certain. En effet, le composé d'acide phosphorique et de fer produit dans le vin par les causes indiquées plus haut, ou *phosphate ferreux*, est soluble dans le vin et n'y forme pas de trouble par lui-même. Mais si, par l'aération du vin, ce phosphate ferreux est mis trop largement au contact de l'air, il lui prend de l'oxygène et devient un *phosphate ferrique*, peu soluble, et qui forme un trouble ou casse.

Comme conclusion, manipuler les vins blancs, que l'on croit susceptibles de casse, le plus possible à l'abri de l'air.

De même, avant la mise en bouteilles, si l'on a quelque inquiétude à ce sujet, la casse pouvant fort bien se produire par la simple aération que subit le vin à ce moment, il sera bon d'en exposer à l'air dans un verre. Si, au bout de quelques jours, il ne s'est pas troublé, on peut procéder à l'embouteillage.

Un moyen de vérification plus sûr et plus prompt consiste à verser dans un verre à demi-plein de vin quelques gouttes d'eau oxygénée, car si le vin a tendance à la casse, au bout d'une ou deux heures un trouble s'y sera produit.

En réalité, ce n'est pas la proportion absolue de fer contenue dans un vin qui provoque la casse, c'est le fer *oxydé* qui seul importe. Il se combine avec l'acide phosphorique ou avec le tanin et forme un phosphate de fer ou un tannate de fer, matière colorante de l'encre noire.

Maladie de la graisse. — Sous ce nom, on désigne un état spécial du vin, qui prend un aspect gras, filant, coule comme de l'huile. C'est une maladie bactérienne ; de très petits globules sphériques, disposés en longs chapelets et entourés d'une sécrétion gommeuse flottent en suspension dans le liquide.

Une vendange où entre une assez forte proportion de raisins pourris, des vins peu alcooliques, à goût doucereux et surtout *pauvres en tanin*, sont tout préparés pour contracter la maladie.

On prévient le mal en tanisant les vins blancs, qui ayant fermenté en dehors des peaux, rafles et pépins, sont pauvres en cette matière.

Si le mal est fait, on le guérit en fouettant d'abord le vin, ce qui rompt les chapelets microbiens et lui fait perdre pour le moment sa viscosité ; puis, on le tanise à 10 grammes par hectolitre ; quelques jours après, on fait un collage.

Remarque. — La maladie de la graisse n'est pas nouvelle en Anjou. Elle a existé de tout temps et sévissait sans doute avec bien plus d'intensité qu'à notre époque, alors qu'on ne connaissait pas l'usage et l'action du tanin. Mais, on savait par expérience que le battage du vin gras fait disparaître au moins temporairement le mal, car on lit dans un compte du château de Serrant, portant la date du 27 mai 1663 : « Deux jours pour avoir fait rouler tout le vin de la Coulée pour le dégraisser : 3 francs ».

Les fermentations secondaires. — C'est non pas une maladie à proprement parler, mais l'accident qui cause le plus sérieux préjudice au vin d'Anjou. Il est la conséquence toujours menaçante de notre mise en bouteilles précoce.

On y est sérieusement exposé si l'on ne suit pas scrupuleusement la méthode qui a été exposée plus haut à l'occasion de la mise en bouteilles.

Pour l'éviter, on veillera à ce que tout vin qui conserve encore de la liqueur soit suffisamment riche en alcool, très limpide au moment de l'embouteillage et possède environ 60 milligrammes d'acide sulfureux libre par litre. Il convient d'ajouter que la mise en bouteilles doit être faite rapidement, en aérant le vin le moins possible et que le bouchage doit se faire sans chambre à air.

Nature et composition des vins blancs d'Anjou

Les vins blancs d'Anjou se caractérisent par leur degré d'alcool assez élevé, leur liqueur plus ou moins accentuée, leur remarquable fruité.

Ils sont souvent influencés par la *pourriture noble*, due au Botrytis, et modifiés d'une façon heureuse par son action. Ce parasite végétal agit sur leur composition, comme il a été déjà dit, et y ajoute ses propres sécrétions. Aussi, comme les vins de Sauternes, qui sont toujours récoltés après leur envahissement par le Botrytis, ils renferment de la glycérine, qui augmente l'onctuosité du vin, des matières pectiques, mucilagineuses, dont une partie s'éliminera, mais dont une certaine proportion restera et lui donnera ce « gras » très particulier, qui flatte le palais et qui est si recherché.

Ils se caractérisent encore chimiquement par ce fait que ce sont des vins à « extrait sec réduit » assez élevé.

Nous possédons quelques analyses anciennes relatives à la teneur en alcool de nos vins pour quelques grandes années. Celles de Sébille-Auger donnent pour les coteaux de Saumur, én 1825 et 1834, 14° d'alcool ; pour 1837, 13°5. Les vins de Faye, dans la remarquable année de 1858, avaient 13°5, et ceux de la Roche-aux-Moines, en 1846, 13°.

Le tableau suivant, établi pour les meilleures années, allant de 1846 à 1921, fixera les idées sur leur constitution chimique.

Composition chimique de quelques grands vins blancs d'Anjou

ANNÉES	LOCALITÉS	ALCOOL	PAR LITRE DE VIN				
			SUCRE EN GLUCOSE	ACIDITÉ TOTALE EN ACIDE SULFUR.	EXTRAIT SEC TOTAL A 100°	CENDRES	GLYCÉRINE
			gr.	gr.	gr.	gr.	
1846	Rochefort	12°0	20.9	4.41	39.89	1.92	
1865	Rochefort	12°0	41.9	4.31	62.80	1.41	
1874	La Possonnière	13°5	30.2	4.81	51.80	1.72	
1893	Beaulieu	13°5	57.9	4.31	»	»	
»	Brézé	11°6	31.1	4.12	44.0	1.40	
»	Andard	12°1	40.3	4.41	»	1.80	
1900	Faye	14°0	29.7	4.70	49.12	2.12	9.0
»	Bonnezeaux	11°5	74.4	4.50	96.72	2.16	13.1
»	Brézé	10°8	91.2	3.88	119.32	2.16	17.2
»	Parnay	10°4	91.2	3.52	128.0	»	
»	Brézé	13°5	13.1	6.17	34.88	1.92	
1904	Savennières	12°8	13.8	5.59	33.32	1.36	
1911	Thouarcé	14°4	2.2	3.23	20.40	2.34	
»	Faye	12°5	37.5	3.33	55.04	2.28	
»	Brézé	11°2	69.4	4.60	101.30	2.36	
»	Dampierre	14°9	28.4	4.11	49.04	2.04	
»	Savennières	12°4	3.3	3.72	21.40	2.00	
1921	Le Champ	14°8	36.0	5.29	52.64	1.92	
»	Faye	15°2	65.0	4.50	86.92	2.16	
»	Beaulieu	13°7	71.1	5.68	87.92	2.08	
»	Savennières	10°7	173.3	5.78	207.80	2.94	
»	St-Barthélemy	13°8	23.6	5.78	44.84	2.16	
»	Huillé	13°9	54.1	4.90	72.72	1.88	
»	Saumur	13°3	20.4	6.37	47.16	2.58	

Dans ce Tableau, les vins ont été énumérés d'après leur lieu d'origine. Cette classification est assez rationnelle, car suivant le terrain, l'orientation, en somme les conditions de milieu, les crus présentent des modifications d'une localité à l'autre. Mais, tous ont ce caractère commun, significatif du « vin d'Anjou », à savoir ce « fruité » si caractéristique qui le distingue et le place à part au milieu de tous les autres grands vins de France.

Leur classification d'après la dégustation. — On peut classer les vins d'Anjou en tenant compte à la fois de leur teneur en alcool et de leur liqueur. On aura ainsi :

Des *vins liquoreux*, avec 60 ou 90 grammes de sucre restant par litre, et 10°5 à 13°5 d'alcool ;

Des vins *demi-liquoreux* avec 30 à 50 grammes de sucre et 11° à 14° d'alcool ;

Des *vins demi-secs*, avec 20 à 30 grammes de sucre et 10 à 14° d'alcool ;

Des *vins secs*, sans sucre restant, et faisant quelquefois jusqu'à 15° d'alcool.

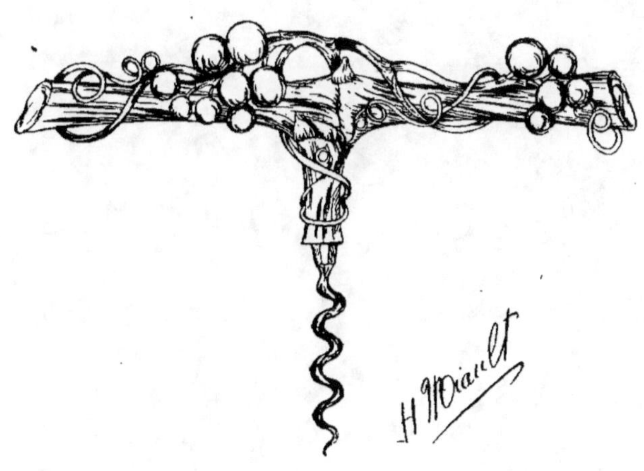

CHAPITRE XVIII

VINIFICATION DES RAISINS ROUGES

O *pérations qu'elle comporte.* — La vinification des raisins rouges comprend six opérations successives, à savoir : l'*égrappage*, le *foulage*, le *cuvage*, la *décuvaison*, le *pressurage* et le *soutirage.*

Egrappage. — Cette première opération consiste à éliminer avant la cuvaison une partie des râfles, dont la trop grande abondance donnerait au vin un goût âpre ou herbacé. Ceci est de rigueur, notamment pour le Cabernet, dont on doit éliminer la moitié ou le tiers, quelquefois les deux tiers des râfles, exceptionnellement la totalité.

C'est vers 1780 que cette pratique paraît être entrée en vigueur, et en 1860 elle se fait dans tous les grands crus. Les claies circulaires ou carrées dont sont désormais munis les pressoirs, pour retenir la vendange, permettent l'égrappage, qui était impraticable avant cette adjonction.

Dans les petites exploitations, cette opération se fait sur des *clayonnages* en osier, ou des caisses percées de trous, soit à la vigne même, soit au cellier.

L'ouvrier avec ses mains, ou mieux à l'aide d'un trident en bois formé d'une petite branche solide, à plusieurs fourches, détache par un brassage rapide les grains de raisin, qui tombent seuls dans le cuvier placé au-dessous.

Dans les grandes exploitations, on emploie des *égrappoirs mécaniques,* composés d'une auge semi-cylindrique, criblée de trous, dans laquelle tournent des séries de palettes qui battent et secouent les grappes en obligeant les grains à se séparer des râfles. Les premiers passent à travers les trous dont l'auge est criblée, tandis que les râfles sont entraînées au dehors.

Souvent l'égrappoir mécanique se combine avec le fouloir ; c'est le *fouloir-égrappoir*, très pratique et à peu près indispensable quand on doit manipuler de grosses quantités de vendanges.

Ces appareils ont été récemment encore perfectionnés ; on a créé des *foulo-grappes* (tel est celui de la maison Célestin Coq, d'Aix-en-Provence), dont le travail rapide chasse le liquide dans le réservoir qui lui est destiné, tandis que les râfles en sont séparées et dirigées d'un autre côté.

Si l'égrappage a de nombreux partisans, il a aussi quelques adversaires. Il faut reconnaître que s'il augmente un peu l'alcool du vin, par suppression d'une partie des râfles, qui en absorberaient une certaine proportion en échange de l'eau qui les imbibe ; s'il empêche le vin d'avoir une âpreté exagérée ou un goût herbacé désagréable, lorsque la vendange n'a pas très bien mûri, on doit reconnaître, d'autre part, que la présence des râfles en rendant la masse du marc moins compacte, facilite la pénétration de l'air et aide par là même à la bonne marche de la fermentation ; qu'il enrichit en tanin le vin, lequel, s'il est, au début, d'une âpreté un peu exagérée, est plus assuré d'avoir par la suite une bonne tenue ; enfin, que le jus se tire mieux d'un marc pourvu de ses grappes que d'une vendange égrappée et par suite plus compacte.

Ceci montre qu'en cela comme en beaucoup d'autres manipulations vinicoles, il faut un certain doigté, ne pas s'en référer à une règle unique et absolue, mais tenir compte des circonstances, telles que : l'état de maturité de la vendange, la propreté ou la souillure des râfles par la terre ou les produits employés dans les différents traitements de la vigne, leur abondance relative, laquelle varie beaucoup d'une année à l'autre, la nature des cépages, et suivant qu'on veut obtenir un vin léger ou un vin corsé.

Foulage. — Le foulage de la vendange, opéré avant la mise en cuve, est une pratique très ancienne. Son but est de faciliter la fermentation et l'extraction du jus.

Le procédé employé pour broyer la vendange a beaucoup varié au cours des siècles. Celui auquel on a eu d'abord recours est vraisemblablement le *pressurage à la main*, auquel on a dû bientôt substituer l'action des pieds, qui donne, avec moins de fatigue, un rendement plus rapide. C'était généralement avec les *pieds nus* que l'on procédait à l'opération, et, il faut le reconnaître, le travail était excellent. Le pied se rend très bien compte de l'état des grappes sur lesquelles il appuie et il mesure l'énergie de sa pression à la force de résistance que lui opposent les lots de vendange qui lui sont soumis. Le travail est très égal, en même temps qu'il n'écrase ni les râfles, ni les pépins, qui s'ils étaient broyés donneraient au vin un goût acerbe. Il a contre lui la répugnance que peut éprouver le buveur en approchant de ses lèvres un vin délicat, au souvenir que des journaliers, d'une propreté douteuse, s'y sont d'abord lavé les pieds.

Combien ne serait-on pas plus en droit de protester contre l'usage, depuis longtemps abandonné en Anjou, mais encore en honneur dans certains grands crus de Bourgogne, où ce ne sont pas les pieds seulement, mais le corps tout entier des ouvriers, qui plonge dans la vendange, pour en bien égaliser toutes les parties dans la cuve. Il me semble tout de même que l'on pourrait trouver un autre moyen de la brasser et de l'égaliser ; et il est probable que si on racontait aux belles dames, à qui on verse un généreux Bourgogne, que des hommes plus ou moins propres s'y sont baignés tout nus, elles pourraient faire une vilaine grimace.

« Je conçois, dit le Dʳ Jules Guyot (1), que l'immersion de l'homme tout entier dans le vin échauffé par la fermentation soit absolument interdite, et je le conçois d'autant mieux qu'ayant bien des fois, avec des camarades de collège, foulé des cuves bouillantes par plaisir, et pour prendre des bains que nous supposions toniques, nous avions à résister à certaines envies qui n'avaient rien de favorable à la vinification, et je suis convaincu que la plupart des fouleurs sont peu scrupuleux à cet égard. »

Un jour, qu'à Beaune, dans un toast porté en l'honneur des glorieux vins

---

(1) *Culture de la vigne et Vinification*, p. 233, 1861.

de Bourgogne, je protestais contre cette répugnante pratique, on me répondit : « Que voulez-vous ? c'est l'usage ».

En effet, on s'habitue à tout (1).

On a souvent substitué au foulage aux pieds nus le *foulage aux sabots.* On se servait alors de sabots plats ; le travail est plus énergique mais plus brutal, et offre le risque d'écraser contre le bois de la maie râfles et pépins. Pour corriger la dureté des semelles de bois, Olivier d'Angers, à la fin du XVIIIe siècle, demande que les sabots soient pourvus d'une semelle de liège.

Presque partout ces procédés primitifs ont été abandonnés et remplacés par les *fouloirs mécaniques.* Les raisins jetés dans une trémie ou auge passent entre deux cylindres cannelés mis en mouvement par un volant pourvu d'une manivelle mue par la main de l'homme ou par un moteur. Les dispositifs varient avec les constructeurs. C'est ainsi que dans le fouloir Simon, un cylindre unique pourvu de lames mobiles, dont chacune fait saillie au moment voulu, froisse les grappes contre une plaque fixe ou dossier.

La distance entre les parties broyeuses doit être réglée de façon que les grains éclatent sans que les râfles et les pépins risquent d'être écrasés.

Pour diminuer la main-d'œuvre, le fouloir doit être, toutes les fois que cela se peut, placé au-dessus de la cuve, dans laquelle le produit du broyage tombe de lui-même.

Cuvage. — Dans la plupart des exploitations un peu importantes, le cuvage se fait dans un local spécial, ou *cuverie*, convenablement abritée, parfois creusée en plein dans le tuffeau, comme dans le Saumurois.

La cuve ne sera pas entièrement remplie par la vendange, parce que le

---

(1) N'était-ce pas un usage consacré à la Cour d'Angleterre, lorsque la reine prenait son bain, que l'un des courtisans plongeât une coupe dans la baignoire, et après y avoir trempé ses lèvres la fît circuler de main en main, pour que chacun bût une gorgée du bain de la reine. Et l'on raconte que lorsque le duc de Grammont, ambassadeur de France, reçut la coupe des mains de son voisin, il remercia, en disant qu' « à la sauce il préférait le toast ». L'histoire ne dit pas qu'il lui ait été donné satisfaction.

dégagement d'acide carbonique soulevant le marc le ferait déborder. De plus, l'acide carbonique étant plus lourd que l'air reste étalé à la surface du contenu de la cuve, si on a eu soin de laisser un vide de 15 à 20 centimètres, et protège le marc contre l'action de l'air.

Mais, quand la fermentation se ralentit, l'air se mêle à l'acide carbonique et le marc n'est plus protégé contre l'acescence.

Reste à savoir si le cuvage se fera à cuve ouverte, avec *chapeau flottant*, ou à cuve fermée et *chapeau submergé*.

Le premier procédé n'est pas sans danger, la masse du marc ayant toujours tendance à remonter pendant la fermentation et à se soulever au-dessus du liquide et par conséquent à se mettre au contact de l'air, dont l'action l'aura vite acétifié. Pour s'y opposer, il faut chaque jour, et à plusieurs reprises, enfoncer dans la cuve le chapeau du marc, la moindre négligence pouvant compromettre le succès d'une cuvée.

Le second procédé est beaucoup plus sûr. On place sur le marc une claie à ouvertures étroites, solidement maintenue par une forte traverse, sur laquelle porte une poutrelle qui, d'autre part, s'appuie contre le plafond et qui l'oblige à rester immergée. Le viticulteur a ainsi toute sécurité.

Les cuves employées en Anjou au cuvage sont généralement en bois, d'assez faible dimension, depuis cinq à six hectolitres, jusqu'à vingt-cinq et trente, quelquefois jusqu'à cinquante et soixante.

Dès le second ou troisième jour la fermentation s'établit, de grosses bulles, d'abord rares, s'élèvent du fond de la cuve et montent jusqu'à la surface ; au bout de quatre à cinq jours, il se produit un bouillonnement violent, que l'on entend à distance ; c'est la *fermentation tumultueuse*. Puis, faute d'aliments, le travail des levures s'apaise et l'oreille appliquée contre les parois de la cuve ne perçoit plus que le bruissement de rares bulles qui se dégagent encore. La fermentation touche à sa fin.

Si la fermentation tardait à partir, si elle était langoureuse, ce qui arrive plus fréquemment dans les cuves fermées, dont le marc ne peut être brassé, refoulé, comme dans une cuve ouverte, on *remonte le moût*. Pour cela, on le fait couler par le robinet placé au bas de la cuve, on le reçoit dans une portoire, où on le pompe pour en arroser la partie supérieure de la cuvée. Cette aération active le travail des levures, les répand dans toute la masse du liquide et y provoque une vive fermentation.

On peut encore chauffer dans une grande bassine une partie de la vendange, jus et marc, jusqu'à 60°, et mêler ensuite à la cuvée. Ce procédé a en outre l'avantage d'augmenter sensiblement la couleur, la matière colorante des peaux étant bien plus soluble à chaud qu'à froid.

Quelquefois, dans les automnes très froids, la fermentation se refuse à partir ; on se trouve bien, alors, de faire descendre dans le marc et le moût des bonbonnes de terre remplies d'eau très chaude. Cette chaleur provoque dans le voisinage l'activité des levures et de proche en proche toute la cuve entre en fermentation.

Suivant la température, la fermentation dure de huit à quinze jours.

A moins d'une chaleur extérieure exceptionnelle, le thermomètre accuse dans la cuvée de 17 à 20°. Rarement donc les accidents de cuvaison dûs à une température exagérée, qui se produisent assez souvent dans les régions méridionales, s'observent en Anjou. Dans le cas où on aurait à les craindre, il conviendrait de retirer une partie du moût, de le rafraîchir à l'air, puis de le verser dans la cuve. En outre, on fermera la cuverie pendant le jour, si le soleil est ardent, et on l'ouvrira la nuit.

Décuvaison. — Aussitôt qu'on n'entend plus que de rares bulles remonter à travers le liquide, et, d'une façon plus sûre, dès que le mustimètre indique que presque tout le sucre du moût est transformé en alcool, il y a lieu de décuver.

Beaucoup croient devoir prolonger la cuvaison au-delà de cette limite. Mais il se fait alors une véritable macération, qui enlève de l'alcool plutôt qu'elle n'en donne, une partie de celui-ci se fixant sur les râfles ; en outre, la couleur n'en est pas augmentée, comme le croient quelques-uns. Par contre, la proportion de tanin augmente beaucoup et le vin perdant de sa finesse devient dur et âpre ; mais il y a parfois intérêt à l'obtenir ainsi pour des coupages.

Du reste, la durée du cuvage doit varier avec la nature des cépages ; c'est ainsi qu'un Pinot de Bourgogne, qui est pauvre en tanin, pourra cuver

ans inconvénient bien plus longtemps qu'un Cabernet, qui en est beaucoup
lus riche.

D'autre part, si la vendange n'est pas bien saine, si elle renferme une
orte proportion de grappes pourries, cochylisées, on réduira le plus
ossible le temps de la cuvaison.

Si encore le vin est sujet à prendre un fort goût de terroir, on l'atténuera
n abrégeant cette dernière.

En cette matière donc, on le voit, il n'y a pas de règle absolue, et le
igneron doit s'inspirer des circonstances. Mais il devra toujours se
appeler qu'une cuvaison prolongée, surtout si la vendange n'est pas parfai-
ement saine, a le grave inconvénient de développer les germes de maladie.

Il y a longtemps d'ailleurs que des observateurs de mérite ont donné ces
iêmes conseils. « Il y a avantage, disait notre compatriote Guillory, au
iilieu du siècle dernier, pour la qualité, à décuver sitôt que le chapeau
ommence à s'affaisser » (ce qui marque la fin de la fermentation) (1).
e Dr Jules Guyot confirme cet enseignement : « Plus le vin fermenté
este en contact avec le marc, plus le marc lui prend son esprit sans le lui
endre, comme tous les fruits plongés dans l'eau-de-vie s'emparent de
esprit et abaissent le degré alcoolique du liquide (2). »

Pressurage. — Un robinet placé vers la partie inférieure de la cuve
ermet d'en retirer la plus grande partie du jus ; c'est le *vin de goutte*.

Le marc est ensuite porté au pressoir et rebéché deux ou trois fois ; le
is qui en sort est le *vin de presse*.

Quelquefois, surtout quand il s'agit de vins fins, on entonne à part les
eux sortes de vin, le premier ayant plus de finesse, le second plus de
orps.

Plus souvent on les mélange et les entonne dans les mêmes fûts, foudres,
nnes ou barriques.

Les levures y achèvent paisiblement leur travail ; c'est la *fermentation*

---

(1) *Monographie des vignes et des vins rouges de Maine-et-Loire.*
(2) *Sur la viticulture du Nord-Ouest de la France*, 1847.

silencieuse, qu'il importe de ne pas contrarier pour que le vin ne conserve pas de reste de sucre, lequel pourrait provoquer des fermentations secondaires.

Des *ouillages* ou remplissages fréquents des fûts, où le vin a été entonné, sont nécessaires pour empêcher son altération, notamment son acétification, toujours à redouter dans les vins rouges.

Soutirage. — Pourquoi soutire-t-on les vins ?

1° Pour séparer le vin de sa lie, formée de matières lourdes tombées au fond du fût ;

2° Pour le séparer des levures qui pourraient provoquer une fermentation secondaire ;

3° Pour le séparer des germes de maladies, que possèdent toujours en plus ou moins grande quantité les vins nouveaux.

Règle générale, il sera prudent, avant de soutirer, de vérifier si le vin n'est pas en puissance de casse. Pour cela, on laissera pendant deux ou trois jours, sur le fût à soutirer, un peu de ce vin dans un verre. Si l'échantillon reste limpide, on peut sans inconvénient le soutirer à l'air ; s'il est devenu trouble, on devra le soutirer à l'abri de l'air, avec un tube de caoutchouc, un boyau de cuir, etc...

Avant d'être soutiré, tout vin devra être soigneusement dégusté, pour vérifier s'il n'a pas quelque mauvais goût (de fût, de piqué, d'acide sulfhydrique, etc.) et y apporter le remède nécessaire.

L'examen même de la lie ne devra pas être négligé. Si elle est d'une abondance exagérée, visqueuse, filante, de couleur douteuse, elle contient des bactéries plus ou moins dangereuses ; le vin devra donc être surveillé de près et traité en conséquence.

Il convient de faire le premier soutirage fin de décembre ; un second en février-mars ; un troisième avant les chaleurs de l'été.

Les vins fins de Cabernet, de Pinot de Bourgogne devant rester deux ou trois ans en fût avant d'être vendus, ou mis en bouteilles, on les soutirera chaque année deux ou trois fois. Il est souvent utile de leur faire subir un collage ; les blancs d'œufs sont bien indiqués pour cette opération.

MÉTHODE DE VINIFICATION PAR SULFITATION ET LEVURAGE

L'exposé qui précède resterait incomplet si on n'y ajoutait quelques renseignements relatifs à un mode de vinification qui tend à remplacer le procédé classique.

Cette nouvelle méthode a pour point de départ l'action différente que l'acide sulfureux exerce sur les levures, d'une part, les bactéries, de l'autre, et que toute vendange apporte avec elle au cellier.

Les plus petits de ces organismes, les bactéries et les levures sauvages, sont plus vivement influencés par lui que les bonnes levures de la fermentation. Si donc on tue les micro-organismes nuisibles ou qu'on les paralyse, les bons seuls entrent en action, au grand avantage de la vinification.

Doses d'acide sulfureux nécessaires. — Elles varient selon qu'il s'agit de vendange blanche ou de vendange rouge. En moyenne, il faut, pour la première, 12 grammes d'acide sulfureux par hectolitre de vendange et environ 8 grammes seulement pour la seconde.

On peut employer l'acide sulfureux sous la forme de solutions rigoureusement dosées, ou bien sous celle de métabisulfite de potasse, en sachant que 2 grammes de ce sel donnent 1 gramme d'acide sulfureux.

C'est lorsque la vendange a été foulée qu'il faut répartir, aussi exactement que possible dans sa masse, la dose voulue d'acide sulfureux.

Ce traitement a pour conséquence de retarder le départ de la fermentation ; mais nous avons le moyen de parer à cet accident.

Levain et pied de cuve. — Deux procédés sont à notre disposition :
1° L'emploi des levures sélectionnées ;
2° L'emploi d'un pied de cuve.

Premier procédé. — On verse directement au fur et à mesure du remplissage de la cuve quelques litres de *levures sélectionnées*, que le commerce livre en bidons ; sous leur action, la fermentation ne tarde pas à partir.

On s'était même flatté avec ces levures sélectionnées, provenant de variétés de choix, d'obtenir par leur moyen, avec des cépages communs, des vins de grande qualité. Cet espoir n'a pas été réalisé, malgré des améliorations certaines.

Mais, mieux vaut préparer un *levain*, qui s'obtient d'ailleurs sans grande difficulté. On choisit de très belle vendange, bien mûre, bien saine et parfaitement propre, qu'on lave même, s'il est nécessaire. On l'écrase, on en retire le jus, soit une vingtaine de litres, qu'on fait chauffer jusqu'à l'ébullition. On a ainsi tué toutes les levures et tous les germes, le moût est *stérilisé*. On le laisse refroidir et quand il arrive vers 25°, on y répand les levures sélectionnées. Au bout d'un ou deux jours, le levain entre en fermentation ; quand celle-ci est devenue très vive, on répand ce levain chargé de levures dans la cuve remplie de vendange fraîche et on brasse le tout pour répartir également les levures ; 20 à 25 litres de levain suffisent pour ensemencer une vingtaine d'hectolitres de vendange.

Ces levures de choix, très actives, ne permettent pas aux bactéries de se développer et la fermentation s'accomplit rapidement, dans les meilleures conditions possibles.

Second procédé. — Voici un autre procédé, celui-là plus à la portée de chacun, surtout du petit vigneron, qui n'a pas à sa disposition des levures sélectionnées. Il consiste à faire un *pied de cuve*. L'opération est facile, mais demande cependant quelques soins.

On choisit des raisins, autant que possible sans défaut, on les égrappe, les écrase et les dépose dans un fût parfaitement assaini et propre.

Si l'on a ainsi préparé une cinquantaine de litres, on y ajoute 25 grammes de métabisulfite. On place le fût dans un endroit chaud, près d'un fourneau de cuisine, par exemple, de manière à en élever la température jusqu'à environ 25°.

Bientôt la fermentation s'y déclare, et seules y prennent part les bonnes levures, qui ont résisté à l'action de l'acide sulfureux, lequel a tué ou paralysé les micro-organismes mauvais.

Quand le pied de cuve est en pleine fermentation, on s'en sert pour ensemencer la cuve ou les barriques qui contiennent la vendange ou le moût frais. Il est préférable de ne pas noyer le pied de cuve dans une trop grosse masse de vendange, mais de mettre en fermentation un premier fût, dans lequel on prélévera, quand il sera lui-même en pleine activité, une certaine quantité de son contenu, pour ensemencer en levures le fût voisin. Cette méthode est excellente pour les vins blancs dans les années où la fermentation est paresseuse, soit par suite de la mauvaise qualité de la vendange, soit par suite d'une température rigoureuse.

Conclusions. — Ce traitement de la vendange par sulfitation et levurage donne des résultats excellents : le vin obtenu est plus brillant, le rouge d'une couleur plus vive ; il est plus riche en alcool ; il se clarifie plus vite et par conséquent est prêt plus tôt pour la consommation et la vente ; enfin, et surtout, il est plus assuré contre les altérations microbiennes ultérieures.

CLASSIFICATION DES VINS ROUGES DE L'ANJOU

Cabernet franc. — Il constitue, dans les bonnes années, des vins assez riches d'alcool, 11° à 13°, avec une acidité plus élevée, 4 à 5 grammes, évalués en acide sulfurique. Sa couleur est d'une belle teinte rubis.

De plus, il possède cette particularité, que l'analyse chimique ne connaît pas, mais qui se révèle au goût, un délicat fruité, qui rappelle un peu la framboise.

Certains crus, comme ceux de Champigny, ont même conquis une renommée qui dépasse de beaucoup les limites de l'Anjou.

« Nous avons dans le Breton (Cabernet franc), a écrit A. Bouchard, un cépage qui donne un vin richement vêtu d'une robe de pourpre, finement parfumé d'un bouquet de framboise, qui le fait goûter deux fois, parce que d'abord il fait le siège de notre sens olfactif et qu'ensuite il prend d'assaut les muqueuses de la bouche et les pénètre. »

Pinot de Bourgogne. — Assez peu cultivé en Anjou, il mérite de l'être davantage, car étant de première époque, il y mûrit bien. La qualité de ce vin est supérieure. C'est lui d'ailleurs qui donne les grands vins de Bourgogne. Le Château de Parnay a établi en partie sa réputation à l'aide de ce vin-là. Moi-même je le cultive avec succès dans une terre calcaire du Baugeois.

Pinot d'Aunis. — Il donne un bon vin, que l'on confond parfois avec le Cabernet, quelques propriétaires continuant à donner le nom d' « Aunis » à un vin fait avec le Cabernet. Jadis assez répandu, surtout dans la région saumuroise, il n'en existe plus que de rares parcelles en Anjou.

Gamay et Groslot. — Les vins de ces cépages qui donnent la plus grande partie des rouges de l'Anjou sont bons, mais plus communs que les précédents.

Les Gamays font généralement 10 à 11° d'alcool, les Groslot 8 à 10°. Ces deux sortes mélangées constituent de bons vins bourgeois, d'une jolie couleur, souvent renforcée à l'aide de Gamays teinturiers, le Bouze ou le Fréau.

Le Groslot fait isolément est un vin léger, agréable, qui n'entête pas; c'est le vrai vin de travail pour l'ouvrier. Il sert souvent à couper les gros vins du Midi.

La vinification de ces vins se conduit comme celle du Cabernet, sauf que la vendange n'est pas égrappée.

Souvent le Groslot est tiré en blanc et fait d'excellents vins rosés.

Autres Viniféras et Producteurs directs. — Il existe encore quelques autres sortes de vin obtenus de cépages français moins répandus ou de producteurs directs; mais leur vinification n'offre rien de bien particulier.

Il faut cependant noter que l'Othello, dont la culture est assez répandue en Anjou, et qui donne un vin assez foxé, peut perdre en partie ce goût déplaisant, si on n'attend pas sa complète maturité et si on abrège la cuvaison.

Deux procédés sont particulièrement efficaces pour défoxer ce vin : l'*eau oxygénée*, à la dose d'un litre pour un hectolitre de vin (Othello ou Noah) suffit généralement.

Une proportion d'un dixième ou un peu plus d'une vendange envahie par le *Botrytis cinera* et ayant amené la pourriture noble, mise à fermenter avec les raisins de ces cépages foxés, donne également un bon résultat.

CHAPITRE XIX

MALADIES DES VINS ROUGES

LES maladies auxquelles sont sujets les vins rouges de l'Anjou sont au nombre de six principales : la *fleur*, la *piqûre* ou *acescence*, la *casse*, la *graisse*, la *tourne*, la *pousse*.

Maladie de la fleur. — On appelle ainsi le développement, à la surface du vin, dans les barriques en vidange ou insuffisamment ouillées, dans les bouteilles à demi consommées, d'un voile de couleur blanche, d'abord très mince et qui va en s'épaississant par l'accumulation d'une végétation cryptogamique. Vulgairement appelés fleurs ou fleurettes, ces voiles sont formés de corpuscules ovalaires, de la nature des champignons les plus inférieurs, et scientifiquement appelés *mycoderma vini*. Ces petits organismes décomposent l'alcool ; le vin s'affaiblit donc et il prend un goût d'*évent*.

Plus un vin est faible d'alcool et pauvre en acidité, plus il est sujet à contracter cette maladie

Ce ne sont pas que les vins rouges qui sont susceptibles de présenter cet accident, les vins blancs faibles y sont également sujets.

Les germes du mal sont apportés par l'air, d'où la prescription de tenir bien ouillés ou bien bondés les tonneaux qui contiennent du vin.

La piqûre ou Acescence. — Cette maladie, qui donne au vin un goût rappelant le vinaigre, résulte de la transformation plus ou moins complète de l'alcool en acide acétique, sous l'action d'organismes microscopiques, constitués par des chaînettes de fins granules, qui prenant de l'oxygène à l'air, le transportent sur l'alcool pour le transformer en vinaigre.

Les germes du mal sont apportés par l'air, déposés par les mouches du vinaigre, qui après s'être posées sur des endroits contaminés comme il n'en manque pas dans les celliers ou les alentours, les transportent avec leurs pattes autour des bondes, humides de vin; les récipients vinaires mal lavés après avoir servi, les fûts insuffisamment ouillés surtout au cours de l'été, sont souvent le point de départ du mal.

Quand l'altération n'est qu'à ses débuts, on peut y remédier soit par la pasteurisation, soit par la neutralisation de l'acide acétique au moyen de tartrate neutre de potasse. Il faut 3 gr. 75 de ce sel pour neutraliser 1 gramme d'acide acétique. Il est recommandé, avant de faire l'opération, de procéder par tâtonnement sur quelques bouteilles dans lesquelles on ajoute des doses progressives, jusqu'à ce que l'acide soit neutralisé sans que le goût du vin soit trop altéré. Un collage devra suivre cette désacidification.

Cependant je peux indiquer un procédé qui m'a fort bien réussi. Il consiste à préparer un bon pied de cuve avec une très bonne vendange et à y mêler quand la masse est en pleine fermentation, progressivement, le vin piqué ; le mycoderme du vinaigre est tué, disparaît et le vin fait n'en présente plus de trace ni au nez, ni au goût, ni à l'analyse microscopique. C'est du moins le résultat que j'ai obtenu en pareille circonstance.

La Casse brune ou oxydasique. — Cette maladie ayant été étudiée à propos des vins blancs, il suffira de dire ici que le vin rouge qui en est atteint se trouble, en prenant une couleur fausse, qui rappelle celle du chocolat, en même temps que son goût s'altère et devient plat.

Cet accident est le fait d'une diastase, une oxydase, qui agit principalement sur la matière colorante. Le point de départ ordinaire est la pourriture grise, due au *Botrytis cinerea*, qui se développe avant la maturité des grappes et les envahit.

Le remède de la casse est, comme pour celle des vins blancs, l'acide sulfureux, obtenu, soit par le méchage, soit d'une façon plus sûre par le métabisulfite de potasse.

Mieux vaut prévenir la maladie, quand on a lieu de la redouter, en présence d'une vendange malsaine, en la traitant soit dans la vigne même, soit à l'arrivée au cellier, par le sulfitage, c'est-à-dire l'acide sulfureux répandu sur la vendange, sous la forme de métabisulfite, à la dose de 20 grammes par 100 kilos de vendange.

La maladie de la graisse. — Elle reconnaît les mêmes causes et est justifiable des mêmes traitements que celle des vins blancs ; il n'y a donc pas à y insister davantage.

La Pousse et la Tourne. — Ce sont deux maladies des vins rouges, peu différentes l'une de l'autre et souvent confondues entre elles.

L'une et l'autre se montrent au début de l'été. Quelques caractères permettent cependant de les distinguer.

La *pousse* se caractérise nettement par une production abondante d'acide carbonique, qui faisant effort pour s'échapper, fait suinter le vin entre les douelles, si le fût est bondé, et peut même le forcer au point de se répandre abondamment au dehors. Aussi, beaucoup confondent-ils cette maladie avec une fermentation secondaire.

D'ailleurs, une goutte de ce vin examinée au microscope nous renseigne aussitôt sur la nature du mal. Dans le cas de fermentation secondaire, on trouve les levures de la fermentation sous forme de cellules ovalaires, tandis que dans le cas de la pousse on ne voit que des filaments d'une extrême finesse.

A la dégustation, le vin paraît d'abord piquant, par suite de la présence de l'acide carbonique et d'un léger dégagement d'éther acétique, qui pourrait le faire prendre pour un vin piqué ; mais, si on attend un moment pour déguster le verre dans lequel on en a versé, il paraît fade et plat. En outre, sa couleur est altérée et sa limpidité troublée.

La *tourne* présente les mêmes changements dans la couleur et la limpidité, mais n'offre pas de dégagement d'acide carbonique.

Dans l'une et l'autre maladie, le tartre se décompose et le vin s'appauvrit de cette matière.

A noter que ces maladies se produisent bien rarement dans les celliers très proprement tenus et dans ceux où la cuvaison a été faite avec les soins voulus et avec des vendanges saines. Ce sont surtout les vins provenant de grappes mildiousées qui sont sujets à contracter cette maladie.

Il faut noter que le mal a son point de départ dans le dépôt formé au fond des tonneaux, d'où il remonte peu à peu dans la masse du liquide. L'évolution est donc absolument inverse de celle de l'acescence qui, elle, part de la bonde pour gagner de proche en proche les parties profondes. D'où la nécessité de renouveler les soutirages, surtout à l'entrée de l'été.

Quant au remède à opposer à la maladie une fois déclarée, il consiste à recourir à la pasteurisation ou au collage précédé d'un bon sulfitage, ou encore à la filtration, qui retient les éléments microbiens qui sont la cause du mal.

Vins rosés ou Rougets

Nos raisins rouges peuvent servir à faire des *vins rosés*, des *vins gris*, comme on dit en Touraine, des *Rougets*, comme on les appelle en Anjou, et dont la vive couleur et le goût sont très appréciés des consommateurs.

Cet usage remonte loin. Dès le XIIe siècle, on le suivait déjà. Un religieux du monastère de Saint-Denys écrit qu'il a vu, non sans surprise, près de Châtellerault, faire du vin blanc avec du raisin rouge.

La vendange est légèrement écrasée dans des portoires, pour que par une courte macération (*vin d'une nuit*), le jus ait dissous, avant le pressurage, un peu de la matière colorante contenue dans les peaux. Les raisins sont ensuite mis au pressoir ; le vin de goutte, c'est-à-dire celui qui s'écoule le premier, et le vin de rebêche, sont le plus souvent mélangés.

A la sortie du pressoir, le vin est traité comme celui des raisins blancs.

On le débourbe, puis on l'entonne dans des demi-muids ou barriques, dans lesquels il fermentera.

Le vin fait en rosé est un peu plus riche en alcool que le vin correspondant fait en rouge, les râfles gardant toujours une certaine quantité d'alcool, qui reste au contraire dans le vin dans le second cas.

Si on veut lui conserver un peu de douceur, généralement très recherchée des consommateurs, on arrête la fermentation par l'acide sulfureux au moment convenable, comme pour le vin blanc. Si la dose de cet agent n'a pas été trop forte, ces vins peuvent subir en bouteilles une légère fermentation secondaire, qui les font encore plus apprécier. Elle ne doit pas aller jusqu'à la mousse débordante, mais produire simplement « la perle ».

Les vins rosés ne fermentant pas au contact des peaux, râfles et pépins, manquent de tanin et peuvent tourner au gras. Pour éviter cet accident, il est prescrit de leur en ajouter 25 à 30 grammes par barrique.

Lorsque c'est au Cabernet ou au Pinot de Bourgogne que l'on s'adresse pour faire le rosé, on en obtient des vins remarquables et tout à fait dignes de la bouteille.

Raisins rouges tirés en blanc. — On peut aussi avec des raisins rouges obtenir des vins absolument blancs. Pour cela, il faut éviter de fouler la vendange dans les portoires, l'amener rapidement au pressoir et utiliser sulement le premier jus qui est obtenu. Celui que donne la rebêche étant toujours un peu coloré servira à faire un vin rosé.

<table>
<tr><th rowspan="8">VIN DEVENU TROUBLE</th><th>VUE</th><th>ODORAT</th><th>GOUT</th></tr>
<tr><td>Vin rouge........ Couleur chocolat s'accentuant à l'air ; précipité foncé ; pellicule irisée à sa surface.</td><td></td><td>Plat, désagréab</td></tr>
<tr><td>Vin blanc........ Teinte jaune, s'accentuant à l'air ; précipité brunâtre.</td><td>Rappelle l'odeur du vermouth.</td><td>Déplaisant ; que de fraîcheur peu amer.</td></tr>
<tr><td>Vin blanc........ Teinte opalescente, laiteuse, pétrole ; dépôt blanchâtre ou bleu noirâtre.</td><td></td><td>Peu modifié.</td></tr>
<tr><td>Vin rouge........ Au microscope : très courts bâtonnets mis bout à bout.</td><td></td><td>A la fois aigre doux.</td></tr>
<tr><td>Vin blanc........ Nuages en suspension : vin filant, huileux ; dégage des bulles d'ac. carbonique ; au microscope : globules excessivement petits, en fins chapelets très longs.</td><td></td><td>Désagréable à re ; goût no après agitation mieux filtration.</td></tr>
<tr><td>Vin rouge........ Couleur s'exagère, devient violacée.</td><td></td><td>Désagréable, p</td></tr>
<tr><td>Vin rouge........ Ondes soyeuses quand on agite la bouteille ; fort dégagement d'acide carbonique ; si le fût est bondé, suintement à la jonction des douelles.</td><td>Odeur un peu piquante.</td><td>D'abord piqu puis fade.</td></tr>
</table>

NOM DE LA MALADIE	CAUSES	REMÈDES	
		PRÉVENTIFS	CURATIFS
Casse brune ou oxydasique	Raisins atteints de pourriture, ou cochylisés.	Trier la vendange; la sulfiter ; acidifier le moût.	Bien mécher les fûts avant l'entonnage et les soutirages.
Casse bleue Casse blanche	Oxydation de sels ferreux apportés par la vendange ou des instruments rouillés.	Éviter les vendanges souillées de terre, les instruments, récipients rouillés.	Acide citrique : maximum, 50 gr. par hecto. Ou carbonate de chaux : 100 à 150 gr. Tanniser et coller.
Mannite	Cuvaison par trop haute température, 38-40°. Moûts peu acides.	Refroidir les moûts.	Relever l'acidité.
Graisse	Manque de tanin, plus fréquent dans les régions tempérées que chaudes.	Toujours tanniser les vins blancs.	Agiter fortement, tanniser et coller ou pasteurisation après collage.
Tourne Pousse	Vendanges mildiousées ; température trop élevée pendant la fermentation, ou quand le vin est en fût ; manque d'acidité.	Rafraîchir cuves à fermentation ; caves fraîches ; remonter l'acidité.	Acide tartrique, 50 gr. par hecto, ou acide citrique 25 gr. ; puis tanniser, coller et soutirer en fûts bien méchés ou pasteuriser.

Maladies dues à des micro-organismes qui se développent à l'abri de l'air.

VIN RESTÉ LIMPIDE

	VUE	ODORAT	GOUT
Vins blancs et rouges	Voile blanc à la surface, gagnant en épaisseur, marqué de rides. Au microscope: corpuscules ovalaires, assez gros, rappelant les levures, plus ou moins réunis en chapelets.		Fade, plat, dû destruction de cool ; goût d'éve
Vins blancs et rouges	Léger voile grisâtre à la surface du vin : au microscope : granules excessivement petits réunis en chapelets.	Odeur plus ou moins forte de vinaigre.	Rappelle celu vinaigre.
Vin rouge........	Décoloration plus ou moins accusée ; précipitation de la matière colorante; au microscope : bâtonnets assez gros coudés ou flexueux, formés d'articles soudés		Fade, douce puis amer.

NOM E LA MALADIE	CAUSES	REMÈDES	
		PRÉVENTIFS	CURATIFS
Fleur (ycoderme du vin)	Vins peu acides, riches en matières organiques; mal ouillés.	Tenir les fûts toujours pleins.	Faire le plein avec un bon vin, à l'aide d'un entonnoir de façon à faire déborder le voile de mycoderme.
Piqûre ou Acescence	Chapeau du marc exposé à l'air ; futaille mal lavée ; fûts insuffisamment ouillés; vins légers, acides.	Submerger le chapeau de marc ; ouiller soigneusement. Eviter de goûter les fûts avec une sonde qui aura servi pour des vins piqués	Au début : le mal étant superficiel, décanter la partie supérieure avec précaution, puis remplir avec un bon vin. Si le mal est faible (1 gr. d'acide acétique par litre) traiter au tartrate de potasse, 3 gr. 7 ; ou passer sur du marc frais. S'il y a 2 gr. par litre, en faire du vinaigre.
Amer	Les bons vins y sont plus sujets que les autres ; c'est la maladie des vins de qualité.	Soutirer à l'abri de l'air ; augmenter la richesse des vins en alcool, tanin, acide.	Collage et soutirages répétés à l'abri de l'air, faire refermenter sur marc frais avec quelques kilos de sucre.

Maladies dues à des micro-organismes qui se développent au contact de l'air.

GOUTS ANORMAUX DES VINS

TARES	GOUT	TRAITEMENT	
		PRÉVENTIF	CURATIF
Goût de terroir	Goût spécial dû à la nature du sol (surtout calcaire).	Egrapper la vendange. Débourber le moût de vin blanc ; cuvage court du vin rouge.	Soutirage précoce; collage.
Goût de fût ou de sec	Rappelle le goût d'un copeau de chêne.	Veiller au bon état de la futaille ; ne pas l'abandonner dans un grenier pendant l'été.	Soutirer hâtivement. Fouetter avec un litre d'huile neutre.
Goût de lie	Fade et amer.	Ne pas laisser longtemps le vin sur sa lie.	Soutirer et coller.
Goût de mèche	Rappelle au goût et au nez le gaz qui se dégage d'une allumette.	Ne pas exagérer l'emploi de la mèche ou du bisulfite de potasse.	Aérer fortement le vin par un soutirage à l'air.
Goût d'œuf couvi (acide sulfhydrique)	Rappelle les œufs gâtés.	Ne pas soufrer trop tardivement ; ne pas laisser le soufre de la mèche tomber au fond du fût, surtout s'il est mouillé.	Soutirer en aérant fortement dans un fût très méché ; faire passer le vin dans un entonnoir rempli de tournure de cuivre.
Goût de moisi	Fétide, pourri.	Nettoyer à fond les fûts après le service ; et les faire très bien sécher avant de les bonder et les mécher.	Changer au plus tôt le vin de fût, fouetter à plusieurs reprises avec huile d'olive neutre, puis soutirer. Ou bien, traiter à la farine de moutarde : la faire bouillir une demi-heure dans l'eau, bien l'égoutter, 150 à 200 gr. par barrique et fouetter.

TARES	GOUT	CAUSE	REMÈDES
Vin vert	Aigrelet, rappelant un peu celui de l'oseille.	Vendange mal mûre.	Egrapper ; chaptaliser ; cuvage court, tartrate neutre de potasse : 150 à 500 gr.
Vin âpre	Acerbe, astringent. désagréable, prend à la gorge.	Vendange mal mûre. Trop de rafles, trop riche en tanin.	Cuvage court ; collages répétés.
Vin plat	Fade, manque de fraîcheur.	Vendange trop mûre.	Acidifier : 20 à 50 gr. d'acide tartrique par hecto. Couper avec un vin acide.

CHAPITRE XX

LE LABORATOIRE DU VIGNERON ANGEVIN

utrefois et aujourd'hui. — Il n'est pas nécessaire de remonter bien loin en arrière pour voir le viticulteur angevin assister en simple spectateur à la vinification de sa récolte. C'est sans son intervention active en quelque sorte que se faisait la fermentation, sans qu'il cherchât à la diriger ou la corriger.

Il n'en est plus tout à fait ainsi aujourd'hui.

Sous la poussée féconde des Laboratoires de nos Stations œnologiques et viticoles, nombre de viticulteurs ont commencé à intervenir dans la marche des phénomènes compliqués qui se produisent au cours de la transformation, regardée jadis comme mystérieuse, du moût en vin. Ils se rendent compte, les instruments voulus en mains, de la composition du moût, des matières qu'il a en excès et de celles dont il est trop pauvre ; des opérations qui se passent dans la cuve à fermentation et de la possibilité qu'il y a de les activer ou de les ralentir suivant qu'il est besoin.

C'est pour aider le viticulteur à pénétrer davantage dans cette voie de la vinification rationnelle et scientifique que ce court chapitre a été consacré à la description et à l'usage de quelques appareils d'un maniement très simple, que tout viticulteur intelligent et désireux de ne pas être en retard sur son temps, doit avoir sous la main.

Pour bien diriger la vinification, quatre points principaux sont à élucider :

1° Quelle est la proportion de sucre contenue dans le moût ?

2° Quel est son degré d'acidité ?

3° Quelle proportion d'alcool contient le vin fait ?

4° Quelle dose d'acide sulfureux contient le vin blanc au moment de son expédition ou de sa mise en bouteille ?

Recherche du sucre dans le moût.

Les sucres contenus dans le moût d'un raisin fraîchement écrasé sont du *glucose* et du *lévulose* ou sucres de raisin ; c'est d'eux que viendra l'alcool du vin fait.

Le mustimètre. — Sans analyse chimique compliquée, un petit instrument, le *mustimètre* (fig. 109, A) suffit à rendre compte, d'une façon suffisante, de la teneur du moût en sucre.

C'est un densimètre établi sur ce principe que plus le moût est sucré, plus il est dense, et par conséquent moins l'appareil s'y enfonce.

1° L'instrument marque 1.000 dans l'eau distillée, à une température de 15°. C'est le point de départ de sa graduation. Celle-ci est faite de façon que l'appareil étant plongé dans une éprouvette de verre remplie du moût à examiner, on note le chiffre où ce liquide affleure, puis on reporte ce chiffre à la table spéciale livrée par le fabricant avec le mustimètre. On trouve en face l'indication de la quantité de sucre contenue dans un litre de moût et la dose d'alcool qu'il pourra produire.

Du renseignement donné par le mustimètre, le vigneron conclura s'il est opportun d'augmenter la dose de sucre contenue dans le moût, c'est-à-dire de *chaptaliser*, et dans quelle proportion il convient de le faire ;

2° Le même instrument permet de suivre de jour en jour la maturation des raisins.

A l'aide d'une petite presse (fig. 109, B) on écrase quelques grappes et on en extrait le jus, qu'on verse dans une éprouvette, et on note le point

d'affleurement du liquide. En recommençant l'opération quelques jours
après, on constate que le mustimètre s'enfonce moins, ce qui prouve que la
proportion de sucre a augmenté, et ainsi de suite. Lorsque le chiffre d'affleurement ne varie plus, c'est que la maturité est achevée ; il est temps de
vendanger ;

3° Au cours de la fermentation, le mustimètre donne des indications
précieuses. A mesure qu'elle
s'opère, l'alcool plus léger,
remplaçant progressivement
le sucre plus lourd, le mustimètre enfonce de plus en plus
dans le liquide. Quand il
arrive au chiffre 1.000, c'est
la preuve que tout le sucre
s'est transformé en alcool : la
fermentation est achevée, il
est temps de décuver.

S'il s'agit de vin blanc, le
mustimètre, consulté de temps
en temps, permet de suivre
les progrès de la fermentation
et de l'arrêter au moment
voulu, soit par un soutirage
en fût méché, soit par l'envoi
dans la barrique d'une dose
suffisante d'anhydride sulfu-

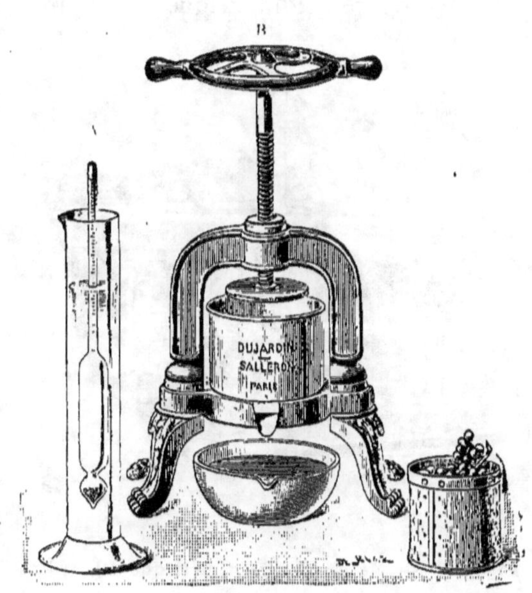

Fig. 109. — A, Mustimètre ; B, Petite presse de
laboratoire.

reux, de façon à conserver au vin fait une certaine dose de liqueur.

Pour plus de précision, quand on veut reconnaître où en est la fermentation, on retire du fût une certaine quantité de liquide, dont on remplit
une éprouvette, on le fait bouillir pour chasser l'acide carbonique et
l'alcool, puis on reverse le tout dans l'éprouvette que l'on achève de remplir
avec de l'eau pour remplacer celle qui a été évaporée par l'ébullition. On
agite bien le liquide, puis on y plonge le mustimètre. Le chiffre où affleure

le liquide étant reporté sur la table générale, on trouve quelle quantité de
sucre le liquide contient encore.

Recherche du degré d'acidité du moût

Le nécessaire acidimétrique de Dujardin (fig. 110) contient tout ce qu'il
faut pour cette analyse. Tout
d'abord, si le moût a commencé à fermenter on doit
faire bouillir la partie pré-
levée pour chasser l'acide
carbonique, dont la présence
fausserait l'opération.

Avec une pipette, marquée
de deux traits limitant entre
eux 10 centimètres cubes, on
aspire un peu de liquide de
façon à la remplir jusqu'au
delà de sa boule supérieure,
puis vivement on y applique
le doigt, bien sec. En le soulevant légèrement, on laisse
couler le liquide jusqu'au trait

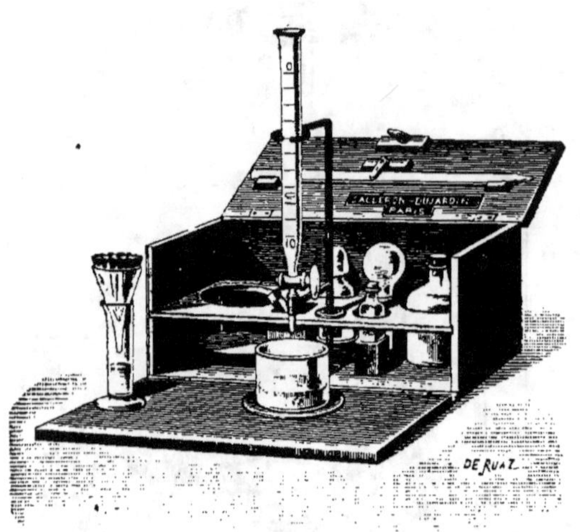

Fig. 110. — Nécessaire acidimétrique Dujardin.

supérieur : à partir de ce point, on reçoit dans un verre à expériences le
liquide de la pipette jusqu'à ce qu'on ait atteint le trait inférieur. A ce
moment, on a recueilli exactement 10 centimètres cubes du moût.

D'autre part, on a versé dans une burette graduée en centimètres cubes
et maintenue verticalement par le moyen d'un support, une liqueur alcaline, dite acidimétrique. Cette pipette est munie vers le bas d'un robinet,
qu'on ouvre légèrement pour permettre à la partie sous-jacente de se
remplir. En haut, le liquide affleure le 0 (fig. 110).

On laisse alors couler tout doucement, goutte à goutte, la liqueur acidimétrique dans le verre qui a reçu le moût. A un moment donné, celui-ci change de couleur ; il *vire* au jaune, si c'est un moût blanc, à la teinte feuille morte en passant par la couleur lie de vin, si c'est un moût rouge.

A ce moment-là, la liqueur alcaline a neutralisé l'acidité du moût. On arrête l'opération et on lit sur la burette le nombre de centimètres cubes qui ont été nécessaires. On en conclut que le moût contient autant de grammes d'acide par litre.

Suivant le dosage de la liqueur acidimétrique, le résultat est évalué en acide tartrique ou en acide sulfurique (1 gramme d'acide sulfurique correspond à 1 gr. 53 d'acide tartrique).

Pour donner plus de netteté à la réaction, quand il s'agit de moûts blancs, on ajoute dans le verre à expériences quelques gouttes de teinture de phtaléine. Quand arrive la neutralisation, le liquide prend une belle teinte rose.

Tube acidimétrique. — Ce petit appareil, d'un emploi très facile, peut suffire dans la plupart des cas pour l'analyse de l'acidité du moût. On le remplit, jusqu'au trait A, de vin blanc à analyser, on ajoute quelques gouttes de phtaléine, puis on y verse, à plusieurs reprises, de la liqueur acidimétrique, en agitant après chaque addition ; il arrive un moment où la teinte rose reste persistante. L'opération est terminée : on lit sur le tube le chiffre qui indique la richesse du moût ou vin en acide.

Recherche de l'alcool dans le vin.

Divers appareils sont en usage dans les laboratoires. Les deux plus employés sont le *Malligand,* ébullioscope établi sur le principe de la variation du point d'ébullition suivant les proportions du mélange d'eau et d'alcool, et l'*alambic Dujardin-Salleron,* qui est un petit appareil à distillation. C'est ce dernier qui va servir à la démonstration (fig. 111).

Il se compose d'un réchaud à alcool qui reçoit une petite chaudière de verre. Celle-ci est fermée par un bouchon de caoutchouc traversé par un tube coudé, qui aboutit à un serpentin plongé dans un réfrigérant plein d'eau ; l'extrémité du serpentin amène le produit de la distillation dans une éprouvette jaugée.

On verse dans l'éprouvette le liquide à essayer, exactement jusqu'au trait qu'elle porte. Ce liquide est versé dans la petite chaudière, et pour qu'il n'y ait aucune partie de vin perdue, on rince l'éprouvette avec un peu d'eau, et le tout est réuni dans la chaudière (B).

On ferme alors la chaudière ; on verse de l'eau froide dans le réfrigérant et on allume la lampe à alcool (A).

Bientôt le vin entre en ébullition ; ses vapeurs se dégagent, passant dans le serpentin, s'y condensent et goutte à goutte le liquide s'accumule dans l'éprouvette placée au-dessous. Bien entendu, il faut entretenir d'eau froide le réfrigérant (fig. 111, C).

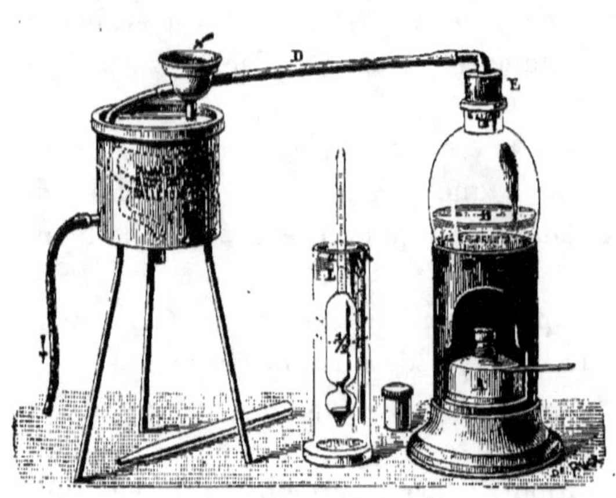

Fig. 111. — Alambic de laboratoire Dujardin-Salleron.

On pousse la distillation jusqu'à ce que le liquide atteigne le trait de l'éprouvette (L), en ayant bien soin de ne pas la dépasser. Il vaudrait mieux rester même un peu en deçà.

On agite le liquide pour bien mélanger et on y descend un alcoomètre et un thermomètre. On lit sur le premier, au-dessous du ménisque, c'est-à-dire au-dessous de la concavité que fait le liquide à sa surface, le chiffre porté par l'instrument.

D'autre part, on prend le degré du thermomètre. On lit alors sur la table spéciale fournie avec l'alambic, les chiffres établis l'un sur une ligne verticale, l'autre sur une ligne horizontale, qui correspondent à l'un et à l'autre instrument, et au croisement des deux lignes on trouve l'indication de la richesse alcoolique du liquide analysé.

La maison Dujardin-Salleron a créé depuis peu de temps un ébulliomètre très perfectionné, qui en dix à quinze minutes permet de faire l'alcool d'un vin avec la plus grande exactitude. Son maniement est d'une remarquable facilité (fig. 112).

Recherche de l'extrait sec

On entend par extrait sec toutes les substances fixes quelles qu'elles soient, mais non volatiles, contenues dans le vin : acides, sels, matière colorante, tanin, etc... Sa connaissance ajoute une notion très importante relativement à la constitution et à la valeur du vin. On l'évalue facilement et d'une façon approximative très suffisante au moyen de l'*œnobaromètre* de Houdart. Cet instrument, qui est un densimètre gradué, plongé dans le vin, indique la densité du vin. On ramène la température de celui-ci à 15°, soit effectivement, soit en consultant des tables de correction. Ayant ces deux notions, densité et température, on consulte la table qui accompagne l'œnobaromètre et on lit le chiffre de l'extrait. C'est très simple.

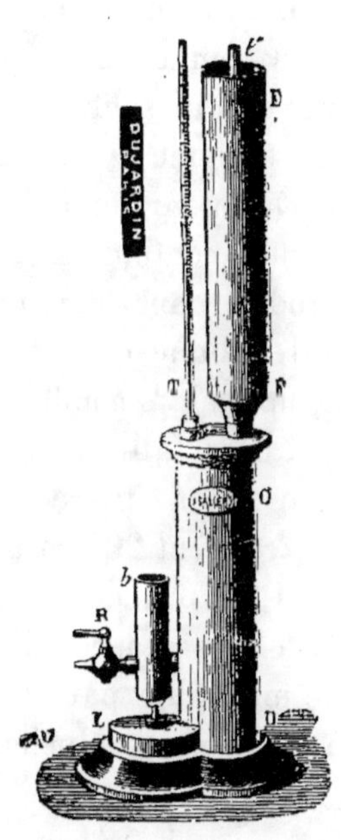

Fig. 112. — Ebulliomètre Dujardin-Salleron.

Recherche de l'acide sulfureux libre dans le vin

Le vigneron angevin a intérêt à connaître quelle quantité d'acide sulfureux libre contient son vin blanc, surtout quand il est liquoreux, au moment où il le livre en barrique ou bien quand il le met en bouteilles. Une dose de 60 à 70 milligrammes d'acide sulfureux par litre mettant généralement le vin à l'abri de la fermentation secondaire, il importe que le viticulteur sache, à ce moment, à quoi s'en tenir. Il peut y arriver très facilement par lui-même.

Dans un verre à expériences, il verse 10 centimètres cubes de vin bien mesurés à l'aide d'une pipette jaugée. Il y ajoute quelques gouttes d'une solution d'amidon fraîche, obtenue en faisant bouillir avec un peu d'eau un morceau d'amidon.

D'autre part, dans une pipette graduée en centimètres cubes et pourvue d'un robinet, celle par exemple du nécessaire acidimétrique Dujardin, il verse une solution d'iode, titrée de telle façon qu'un centimètre cube corresponde à 1 milligramme d'acide sulfureux.

On laisse tomber goutte à goutte la liqueur iodée dans le verre, que l'on remue continuellement. A un moment donné, la couleur bleue qui se produit dans le vin, mais qui n'était d'abord que passagère, persiste, ce qui indique que tout l'acide sulfureux du vin est saturé par l'iode. On compte alors combien de centimètres cubes de la solution ont été employés. S'il en a fallu deux pour les dix centimètres cubes de vin, on multipliera le premier chiffre par 100 pour rapporter au litre, et on conclura que le vin contient 200 milligrammes d'acide sulfureux.

Il est prudent d'agir sur une plus grande quantité de vin pour mieux éviter les chances d'erreur, soit 20 centimètres cubes. Mais alors, au lieu de multiplier par 100, on multipliera par 50, ce qui, en somme, conduira à la même conclusion.

Tubes d'essai pour le collage des vins

Une des opérations les plus habituelles et les plus nécessaires dans un cellier étant le *collage*, il ne sera pas inutile de donner quelques indications à ce sujet. Elle repose sur la combinaison qui se produit entre le tanin contenu dans le vin et la gélatine qu'on lui ajoute.

Le plus souvent, cette opération se fait au hasard ; fréquemment elle réussit, mais parfois elle donne des mécomptes, soit que le vin ne soit pas assez riche en tanin, et alors la colle ne prend pas : c'est le *surcollage* ; elle reste en suspension dans le vin, ce qui peut être dangereux pour sa tenue, cette matière organique très putrescible pouvant s'y altérer, ou bien en pu ajouter une trop forte dose de tanin et la colle n'en entraînant pas une assez grande quantité, le vin restera âpre et dur.

Pour éviter ces inconvénients, M. Dujardin-Salleron construit un support pour dix tubes de cristal, de la contenance de 1/5 de litre (soit 200 c.c.) (fig. 113). Ces tubes étant emplis à même hauteur du vin à coller, des doses variables de tanin et de gélatine y sont ensuite versées. On agite vivement leur contenu ; au bout de quelques instants, on constate que

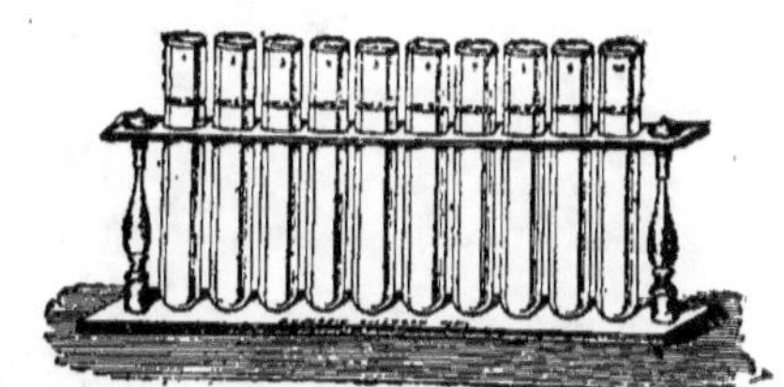

Fig. 113. — Tubes d'essai pour le collage des vins.

dans l'un d'eux la colle a mieux pris que dans les autres, qu'elle y forme des grumeaux, indice d'une réussite certaine. Sachant la dose de tanin et de gélatine qui a été ajoutée à ces 200 c.c. de vin, on en déduit facilement la quantité nécessaire pour une barrique et on procède en conséquence avec la certitude de réussir.

Le même dispositif peut être utilisé pour la détermination de la quantité d'acide sulfureux qu'il faut employer pour éviter la casse des vins, et encore pour l'étude comparée de l'intensité de leur couleur, etc.,

Remarque. — Les notions de chimie que possèdent les simples vignerons sont assurément trop élémentaires pour leur permettre d'aller jusqu'à la vérification de la composition des produits insecticides et des matières anti-cryptogamiques. Mais, appuyant le vœu formulé par M. Roux, Directeur du Service de la répression des fraudes, au récent Congrès de Lyon, j'exprime le désir formel qu'il soit exigé des fournisseurs la délivrance de *factures garanties* quand ils livrent ces ingrédients, comme il est d'usage de leur réclamer la teneur en principes actifs des engrais qu'ils vendent à l'agriculteur.

CHAPITRE XXI

LES SOUS-PRODUITS DE LA VIGNE ET LEUR UTILISATION

C'EST bien à tort que dans la plupart des exploitations on laisse perdre des quantités de matières premières, qui seraient facilement utilisables et procureraient chaque année, dans l'ensemble du pays, bien des centaines de mille francs de produits utiles.

Il y a donc intérêt à attirer l'attention des viticulteurs sur les sous-produits de la vigne et les engager à en tirer le meilleur parti possible. On rangera sous ce titre :

1° Le marc ;

2° La lie ;

3° Les feuilles et les sarments.

1° LE MARC

Le marc, ou résidu de la vendange pressée, est composé de trois éléments : les râfles, les peaux des grains de raisin, les pépins.

Les *râfles*, surtout riches en eau et en cellulose et contenant un peu de tanin, n'offrent pour notre étude que peu d'intérêt.

Les *peaux des grains de raisins* constituent la partie fondamentale du marc.

Quant aux *pépins*, c'est un élément intéressant, dont on peut retirer des produits utiles, comme on le verra plus loin.

Le marc peut servir à faire : *a*) de l'eau--de-vie ; *b*) une boisson familiale ; *c*) un aliment pour les animaux domestiques ; *d*) un engrais pour la vigne.

A. — Eau-de-vie de marc.

Il faut savoir qu'une barrique de marc, soit environ 150 kilos, peut donner, suivant l'état de maturité de la vendange et l'intensité du pressurage, une quantité d'alcool à 100°, qui va de 2 à 8 litres. Il y a donc là un produit qu'il est intéressant de ne pas laisser perdre.

A sa sortie du pressoir, le marc, rapidement émietté et entonné dans des fûts défoncés à un bout, y est très fortement foulé, couche par couche, pour éviter le plus possible son contact avec l'air. Il faut surtout en pilonner avec soin le pourtour. Lorsque le fût est presque plein, on recouvre le marc d'un lit de feuilles de vigne et on plâtre par-dessus, pour éviter toute pénétration d'air, qui amènerait l'aigrissement. Souvent on se contente d'y étendre une couche assez épaisse de terre argileuse, préalablement pétrie, de façon à en faire un mastic, que l'on recouvre, quelques jours après, alors qu'elle s'est desséchée et souvent un peu fendillée, d'une épaisseur de quelques centimètres de .sable fin. Si l'on ne prend pas toutes ces précautions, l'alcool contenu encore dans le marc se transforme en vinaigre, et ensuite le marc pourrit. Mais si ces opérations ont été soigneusement et rapidement faites, la masse du marc se conserve intacte pendant plusieurs mois, en attendant le bouilleur de cru. Bientôt, une fermentation lente se produit dans la masse, opération indispensable, surtout lorsqu'il s'agit de marc de raisins blancs, lequel est amené du pressoir sans avoir cuvé, et par conséquent n'a pas fermenté.

Au lieu de futaille en bois, on peut utiliser, pour la conservation du marc, des cuves en ciment. Cet ensilage doit être exécuté le plus rapidement possible et dans le cas où on serait obligé d'interrompre l'opération, il faut avoir soin de bien recouvrir la surface du marc de toiles mouillées. Si le marc ensilé était destiné à la nourriture du bétail, il conviendrait d'y semer 1 kilo 500 de sel par 100 kilos de marc.

Il est très important, dans la manipulation des marcs, d'agir le plus rapidement possible, afin d'éviter l'action de l'air, qui en amènerait bientôt l'acétification et le rendrait inutilisable.

B. — Boisson et Vin de marc.

Dans beaucoup d'exploitations on utilise, soit pour les besoins de la famille, soit pour l'usage des employés, diverses boissons faites avec le marc.

Suivant le procédé mis en œuvre, on obtient : *a*) du vin de marc de seconde cuvée ; *b*) une piquette par diffusion ; *c*) une boisson par macération.

Le marc renferme en proportion encore importante les éléments constitutifs du vin, car il s'en faut bien que le jus qui est sorti du pressoir les ait tous entraînés. En lui ajoutant de l'eau avec du sucre, on les dissout en grande partie et on obtient un véritable vin.

Vin de sucre ou de seconde cuvée. — Le marc provenant d'une vendange qui a cuvé et a été soumise au pressoir est transporté dans une cuve pour y être additionné d'eau sucrée. En principe, au sortir du pressoir, il doit être à peu près sec, car si la Régie, qui a le droit de contrôle sur l'opération, estime qu'il renferme une assez forte proportion de vin ou de moût, elle peut soulever des difficultés; en effet, on ne peut sucrer un vin ou plutôt un moût sans payer des droits élevés, tandis que le vin de seconde cuvée normalement fabriqué est exempté de tous droits.

Le marc émietté et jeté dans la cuve, on l'arrose d'eau sucrée, de façon à remplacer un litre de vin par un litre de liquide. Si donc, on a retiré environ 10 hectolitres de vin de la vendange, on versera sur le marc environ dix hectolitres d'eau. Celle-ci se chargera en partie de l'alcool et des autres principes qui imbibent encore le marc ; mais cette boisson sera bien faible.

Pour la remonter, on lui ajoute du sucre. Sachant que 1 kg. 700 de sucre donne, après fermentation, 1 gramme d'alcool par litre, si on veut relever de 3° le titre alcoolique, il faudra multiplier cette dose par 3, soit 4 kg. 100 et, pour nos dix hectolitres, 41 kilos.

On se sert généralement de sucre cristallisé de betterave ou de canne. Il ne devra pas être jeté dans la cuve à l'état solide. On le fera fondre dans de l'eau chaude, de façon à amener toute cette solution vers 25° à 30°, température favorable à la fermentation. Il est très important, en effet, que celle-ci se fasse vite et complètement, car si elle reste incomplète, le vin conservera du sucre non fermenté, qui plus tard se mettant à fermenter, gâtera le vin.

On emploiera de préférence de l'eau de pluie, plutôt que l'eau de puits, souvent calcaire et nuisible à la fermentation.

Pour assurer le succès de l'opération, il convient de faire bouillir une dissolution sucrée concentrée avec de l'acide tartrique dans la proportion de une partie de ce sel pour cent parties de sucre. Celui-ci est alors *interverti*, c'est-à-dire que le sucre de betterave (saccharose) est devenu du sucre de raisin (glucose), lequel donne beaucoup moins de travail aux levures, bien moins actives que celles de la première cuvée et moins aptes à transformer le sucre en alcool.

En procédant ainsi, on obtient une fermentation plus complète, un vin plus droit, une coloration plus intense, un goût plus vineux.

La boisson sera de meilleure qualité si on diminue la proportion d'eau pour un poids de marc donné, ainsi en remplaçant trois hectolitres de vin par un seul hectolitre d'eau.

Aussitôt la fermentation terminée, faire le décuvage ; on n'a aucun intérêt à attendre ; on ne gagne rien et on s'expose à certains accidents : goût de marc, aigrissement, etc...

Le vin de seconde cuvée ne contient pas en proportion normale les principes du vin, tels que acide, tanin, etc....Il convient donc de lui en ajouter plus ou moins d'après l'état de maturité de la vendange, soit 100 à 200 grammes d'acide tartrique par hectolitre d'eau, qu'il est préférable d'ailleurs de verser à l'état de dissolution dans la cuve, ce qui facilitera la

ermentation, et 20 grammes de tanin par hectolitre au moment de l'enton-
age.

PIQUETTE. — On entend sous ce nom une boisson qui résulte du lavage
u marc sans addition de sucre. Il est établi que le marc provenant d'une
endange bien pressée contient encore un cinquième environ de la quantité
e vin qui en a été extraite par pressurage. C'est ce vin qu'il s'agit de
écupérer.

On réalise l'opération par *lavage*, par *diffusion* ou par *macération*.

a) *Lavage*. — Le marc étant déposé dans une cuve et foulé, on l'asperge
'eau froide avec un arrosoir muni d'une pomme à trous fins. Le liquide
ui s'écoule lentement à travers toute la masse et qui sort par le robinet
lacé au bas de la cuve, équivaut d'abord presque au vin qui est sorti du
ressoir ; mais, bientôt, son degré alcoolique baisse et de plus en plus ; on
rrête l'opération quand on voit le jus devenir trop faible. Cette limite est
énéralement atteinte quand on a versé de l'eau dans la proportion d'un
ectolitre pour sept hectolitres du vin cuvé. Le liquide ainsi obtenu peut
ervir à la boisson familiale ou bien être employé pour la distillation de
eau-de-vie.

Dans les grandes exploitations, on remplace l'arrosoir par des appareils
ydrauliques automatiques qui pulvérisent l'eau d'une façon régulière et
niforme à la surface du marc.

b) *Diffusion*. — On met en communication (procédé Roos), l'un avec
'autre, une série de fûts défoncés par un bout et pourvus chacun d'un
aux-fond, percé de trous, sur lequel repose le marc. Celui-ci les remplissant
resque jusqu'au bord, on fait arriver très lentement dans le premier de
eau par un tube qui plonge jusqu'au fond ; cette eau traverse le marc de
as en haut, en déplaçant le vin qui l'imbibe encore et qui, plus léger que
eau, est repoussé vers le haut du fût, d'où il passe, toujours sous la pression
e l'eau, dans le fût suivant, par un tube coudé qui, d'autre part, plonge
isqu'au fond de ce second fût, et ainsi de suite de l'un à l'autre.

La batterie de diffusion peut comprendre six à dix fûts. Dans son passage à travers le marc, le liquide se charge de plus en plus de l'alcool et des autres principes qu'il contient, jusqu'au dernier, d'où il s'écoule pour être livré à la consommation.

Cette piquette obtenue par diffusion peut être envoyée à la chaudière pour la distillation. Elle donne une eau-de-vie bien meilleure, plus fine que celle qu'aurait fourni le marc lui-même directement jeté dans l'alambic, et très comparable à celle du vin.

c) *Macération.* — On peut la pratiquer de deux façons :

Premier procédé. — Le marc bien divisé est jeté dans une cuve, puis arrosé d'eau froide dans la proportion de un tiers du vin retiré. On laisse le marc au contact de l'eau pendant une semaine, en ayant soin de fouler tous les jours pour empêcher l'aigrissement du marc. On tire le liquide par le bas de la cuve et on remplace par une égale quantité d'eau.

Cette boisson s'altère assez vite et doit être consommée rapidement.

Second procédé. — On remplit de marc un fût défoncé, après quoi on replace le fond. Le fût étant alors couché, on y verse de l'eau par la bonde jusqu'à. le remplir entièrement. Il s'y produit bientôt une légère fermentation, qui en fait une boisson piquante et agréable. A mesure qu'on en retire une certaine quantité, on comble le vide par une nouvelle addition d'eau. Naturellement, la force de la boisson diminue peu à peu, et il arrive un moment où elle ne vaut guère mieux que de l'eau pure. On défonce alors le fût et on jette son contenu au fumier.

C. — Le Marc aliment.

On peut, à la sortie du pressoir, donner le marc aux animaux de la ferme, à condition qu'il ne soit pas acétifié. Les chevaux peuvent en consommer ; les bœufs et surtout les moutons le mangent facilement.

Donné frais, il représente comme valeur alimentaire le tiers de celle du foin. Mais si on l'a fait préalablement dessécher, sa valeur double.

Un cheval de fort poids se trouve très bien de la ration suivante :

Marc	8 à 10	kilos
Luzerne sèche.	4 à 5	—
Paille	4 à 5	—
Son	2	—
Avoine	2 à 3	—

Le marc qui a servi à la distillation ou celui qui a été lavé a conservé tous ses principes nutritifs et peut être utilisé comme aliment aussi bien que celui qui sort directement du pressoir.

Additionné de son ou de recoupe ou tout simplement de balles de blé, d'avoine, de seigle, qu'on y mêle intimement au moment de son ensilage, il est bien plus nutritif. Il y a mieux encore. Ce marc desséché, additionné de mélasse dans la proportion de 40 % de son poids, acquiert une valeur alimentaire beaucoup plus grande. Le mélange se prépare à chaud, c'est-à-dire en portant la mélasse à une température de 90° pour qu'elle se mêle mieux au marc. Un bœuf peut en recevoir, quatre fois par jour, 2 à 3 kilos à chaque fois. Sa valeur nutritive est à peu près celle de l'avoine (Müntz).

Cet ensilage se fait dans le sol ou dans des cuves de maçonnerie ou des récipients en bois dans lesquels on le tasse fortement, en y ajoutant 5 % de sel gris, puis que l'on recouvre d'une bonne couche de plâtre ou de terre glaise.

Un excellent procédé de conservation du marc consiste à le faire dessécher sur une aire bien battue et exposée au grand soleil, puis à le remuer à plusieurs reprises à la fourche, ce qui permet d'éliminer les râfles, dont généralement les animaux ne veulent pas, à cause de leur âcreté.

Mais l'ensilage doit être pratiqué le plus tôt possible, sinon le marc qui sort du pressoir aigrit, s'acétifie très promptement et donne des coliques aux animaux, et celui qui sort de l'alambic moisit et produit des inflammations intestinales.

D. — **Le Marc-Engrais.**

Le marc directement utilisé comme engrais dans la vigne est peu efficace ; il est acide et, par suite, non assimilable et sa décomposition est très lente. De plus, au lieu d'alléger la terre, il la rend plus compacte.

Et cependant il est riche en éléments fertilisants : azote, acide phosphorique, potasse.

Ainsi, un marc qui a été épépiné, c'est-à-dire débarrassé de ses pépins (pour en extraire l'huile) contient, pour 100 kilos : 1 kil. 60 à 2 kil. d'azote, 500 grammes d'acide phosphorique et 700 grammes de potasse (1).

Par des procédés assez simples on peut lui donner une réelle valeur comme engrais.

En le mélangeant de chaux en poudre, on lui fait perdre de son acidité.

Si on lui ajoute en outre des scories de déphosphoration, qui contribuent encore à l'alcaliniser, on l'enrichit en acide phosphorique.

Mieux vaut encore opérer comme il va être dit.

Dans un récipient d'assez grande capacité (méthode Roos) on fait un lait de chaux dans la proportion de 1 kilo de chaux vive pour 100 litres d'eau ; on y ajoute ensuite 2 kil. 500 de sulfate d'ammoniaque. On brasse vigoureusement, jusqu'à dissolution complète.

D'autre part, on dispose le marc en une couche épaisse d'une vingtaine de centimètres, sur laquelle on répand des scories de déphosphoration dans la proportion de 4 kilos pour 100 kilos de marc, et du sulfate de potasse dans la proportion de 2 %. On verse ensuite largement sur cette première couche, à l'arrosoir, la solution préparée, de manière à la mouiller abondamment dans toute son épaisseur.

Sur cette première couche on en élève une seconde, que l'on traite de la même façon, jusqu'à épuisement de toute la masse.

Enfin, le tout est recouvert d'une petite couche de terre.

Bientôt cette masse fermente activement.

Quand le travail de fermentation est à peu près apaisé, on démolit la

---

(1) Bonnet. *L'industrie des pépins de raisins* (*Rev. de Viticulture*, octobre 1925).

forme et on la refait à côté ; il en résulte un mélange plus parfait des divers éléments et la fermentation recommence, mais moins vive. Quand elle est achevée, le marc se présente dans un état de dissociation parfaite et il constitue dès lors un excellent engrais, alcalin, très propre à la nitrification et, par suite, à son assimilation par la vigne, et riche en azote, acide phosphorique et potasse.

On peut l'employer à la dose de 3 kilos, jetés dans une cuvette autour de chaque pied de vigne, ou bien le répandre dans l'intervalle des rangs et l'enterrer par un tour de charrue.

Si l'on possède un bon purin d'étable, on peut s'en servir pour arroser le marc, au lieu de ce purin artificiel dont on vient de donner la formule, ce qui réalise une petite économie.

E. — **Le marc rénovateur du vin.**

Je ne dois pas oublier une dernière utilisation du marc, à savoir le rajeunissement et la guérison de vins fatigués et même altérés.

En faisant passer sur du marc frais, non pressuré, des vins de l'année précédente, vieillis avant l'âge, décolorés, jaunis, amers et même un peu piqués, on leur donne une jeunesse et une santé nouvelles.

Voici un fait personnel à l'appui :

En 1922, par suite d'un défaut d'ouillage, deux barriques de Pinot fin de Bourgogne de ma récolte avaient pris de l'acescence ; le vin n'était plus marchand.

L'année suivante, je mis à refermenter ce vin dans une tonne avec un pied de cuve fait de vendange excellente de Cabernet.

A la fin de l'opération, le vin n'avait plus trace de piqûre, était de goût très droit et excellent. Soumis au Laboratoire d'Œnologie d'Angers, il fut reconnu parfaitement sain et dépourvu de tout ferment acétique. Le succès avait été complet. Les levures de la fermentation vinique ont eu raison des mauvais ferments du mycoderme acétique, se sont substituées à eux et en ont complètement débarrassé le vin rajeuni, qui s'est parfaitement comporté dans la suite.

Les Pépins

Les pépins de raisin n'ont guère été utilisés en France, d'une façon méthodique, que depuis une vingtaine d'années, tandis qu'en Allemagne, et surtout en Italie, ils sont employés industriellement depuis le dernier tiers du XVIIIᵉ siècle.

Triage des pépins. — Dans les petites exploitations, le marc ayant été étendu en mince couche au soleil, on l'égrappe au moyen de la fourche, afin de le débarrasser des râfles, ou mieux au moyen d'un égrappoir mécanique, puis on pellete le marc sur un crible, auquel on imprime un mouvement horizontal de rotation, qui fait passer les pépins à travers les **trous larges** de 5 millimètres. Les pépins représentent environ 25 % du poids du marc débarrassé des râfles, soit donc 25 kilos de pépins pour 100 kilos de pellicules de raisin.

Dans les exploitations moyennes, on utilise un trieur cylindrique, incliné sur son axe, et mis en rotation sur lui-même au moyen d'une manivelle à main.

Utilisation des pépins pour la nourriture des animaux de basse-cour. — Les poulets, dindons, lapins en sont très friands et les digèrent bien. Si on prend la précaution de les broyer avant de les leur servir, ils sont encore mieux acceptés.

A. — **Tanin de pépins.**

Le tanin est d'un emploi fréquent en vinification. Souvent utile pour les vins rouges, son usage est à peu près indispensable dans la vinification des blancs.

Or, les pépins contiennent une proportion importante de cette matière, actuellement d'un prix très élevé, et dont il est assez facile de l'extraire, du moins en partie. Si l'on fait une coupe à travers un pépin on voit que sa partie périphérique est formée de cellules aplaties ; c'est en elles que se trouve accumulé le tanin. Celui-ci représente environ le dixième du pépin.

Pour l'extraire, en vue de la vinification il y a deux procédés :

1° Jeter dans de l'alcool des pépins de vigne rouge, toujours plus riche en tanin, et agiter de temps à autre ; on obtient ainsi une solution concentrée de tanin. Il conviendra, avant l'emploi, de faire établir par un laboratoire le degré de concentration de cette solution ;

2° faire macérer les pépins bien lavés dans un bon vin blanc, soit 1 kilo de pépins pour 10 litres de vin. Au bout d'un mois de macération le liquide est décanté ; on le fait éclaircir par le repos et on peut alors l'employer pour le tannisage ; la solution contiendra environ 10 grammes de tanin par litre de liquide.

B. — **Huile de pépins**

Il faut savoir que les pépins sont riches en matière grasse ou huile, dont on peut faire d'excellent savon, des vernis, dans lesquels elle remplace avantageusement l'huile de lin ; on peut encore l'utiliser comme huile à graisser. Les pépins sont d'abord broyés, puis traités par le trichlorure d'éthylène, dissolvant de la matière grasse et qui est sans danger, ininflammable et non corrodant (1).

Or, étant donné que la quantité de raisins nécessaire pour obtenir un hectolitre de vin contient une proportion de pépins pouvant donner 300 grammes d'huile, il en résulte qu'aux 60 millions d'hectolitres de vin récoltés en France, correspondent en puissance 3.000.000 de kilos d'huile applicables aux usages industriels, et qu'il est vraiment fâcheux de perdre chaque année.

L'industrie de l'huile de pépins fait, d'ailleurs, d'assez rapides progrès depuis quelque temps, pour qu'on prévoie l'époque où, dans les moindres exploitations, on les recueillera pour les envoyer aux usines organisées en vue de l'extraction de l'huile.

Cette huile extraite, il reste un tourteau, lequel peut servir à la nourriture de la volaille et du bétail; il est nourrissant, mais de digestion assez difficile en raison de sa trop forte proportion en cellulose.

Mais il constitue un excellent engrais, qui renferme pour 100 kilos : 2 k. 8 d'azote ; 0 k. 65 d'acide phosphorique ; 0 k. 80 de potasse.

---

(1) *Revue de Viticulture*, octobre 1925, p. 341. — Bonnet. *L'industrie des pépins de raisins.*

2° LIE ET TARTRE.

Le vin laisse toujours déposer, surtout au premier soutirage, une proportion assez importante d'une matière boueuse, la *lie*. Cette boue contient encore une assez grande quantité de liquide, que l'on peut séparer des parties solides par un repos prolongé, dans un fût bien méché.

Un moyen excellent de récupérer tout ce liquide, qui est du vin, c'est de le filtrer avec des appareils spéciaux ou filtres-lies, ou plus simplement en en remplissant des sacs d'une quinzaine de litres de capacité, faits en tissu de coton serré, que l'on ferme ensuite solidement avec une cordelette et que l'on entasse les uns sur les autres au pressoir, pour les y soumettre à une pression ménagée et progressive. La filtration de la partie liquide s'établit de suite à travers leurs parois, tandis que la boue, bientôt réduite à une mince couche pâteuse, reste à l'intérieur. Celle-ci, desséchée, représente de 400 à 500 grammes par barrique de vin.

Quel que soit le procédé employé, le dépôt qui reste après filtration peut être jeté au fumier, car il constitue un très bon engrais, riche en azote et en potasse ; ou bien on peut le vendre à des maisons spéciales pour l'extraction de certains produits utiles qu'il contient et désignés sous le nom de *tartre* : acide tartrique libre ou combiné (bitartrate de potasse ou crème de tartre, tartrate neutre de chaux), qui servent à obtenir le tartrate neutre de potasse et l'acide tartrique, l'un et l'autre employés en vinification (1).

Certaines coopératives vinicoles sont même outillées pour extraire ces produits.

En outre, la lie laisse déposer contre la paroi des tonneaux de la *gravelle*. C'est un tartre brut, teinté en rouge par la matière colorante du vin. Cette matière, peu soluble dans l'alcool, est par conséquent d'autant plus abondante que le vin est plus alcoolique. Il y a intérêt à la recueillir pour la vendre aux industries chimiques.

---

(1) Ces substances sont à l'état naturel dans les grains de raisin et passent dans le moût quand on les presse. C'est l'acide tartrique qui donne, dans notre région, la verdeur à nos vins. Dans le Midi, il a disparu de la grappe sous cette forme et n'existe plus que combiné à la potasse ou à la chaux (tartrate de potasse ou de chaux) et le vin manque d'acidité.

Un autre emploi des lies consiste à en tirer de l'eau-de-vie. Après les avoir délayées dans une certaine quantité d'eau, on les verse dans l'alambic. L'eau-de-vie qu'elles donnent, si elle n'a pas la finesse de celle du vin, est cependant assez recherchée.

3° FEUILLES ET SARMENTS

A. — **Feuilles de Vigne aliments**

Il est de pratique courante, dans certaines régions de la France, de faire pacager les troupeaux de moutons dans les vignes aussitôt après la récolte. Ces animaux trouvent dans les feuilles un aliment qu'ils absorbent volontiers.

De là est venue l'idée de recueillir les feuilles de la vigne pour nourrir les animaux de la ferme pendant la mauvaise saison, comme on dépouille les ormeaux de leurs feuilles pour servir soit de nourriture, soit de litière pendant l'hiver.

Les feuilles contiennent, en effet, une certaine quantité de principes nutritifs (matières azotées, 3 à 4 % ; matières grasses, 2.10 à 2.50 % ; cellulose, 3 à 4 %), mais elles sont surtout très riches en eau, 60 à 70 %, qu'il est utile d'éliminer en partie.

A mesure qu'on s'éloigne de l'époque de la vendange, les produits utiles diminuent ; il faut donc recueillir les feuilles le plus tôt possible.

Au point de vue alimentaire, 250 kilos de feuilles fraîches répondent à 100 kilos de foin. Si on estime que la récolte de feuilles d'un hectare est de 4.000 à 6.000 kilos, on voit que le produit équivaut à celui d'un pré qui rapporterait de 1.000 à 1.500 kilos de foin.

On verra plus loin qu'on peut avantageusement ensiler les feuilles avec les sarments broyés, pour servir à l'alimentation des animaux pendant l'hiver.

B. — **Sarments.**

Chaque année le sol de la vigne est appauvri d'une partie de ses principes fertilisants au profit des sarments. Ceux-ci représentent, pour un hectare,

plus de 1.000 kilos de matière sèche, contenant autant de principes organiques qu'un semblable poids de luzerne.

a) On peut rendre à la vigne une partie au moins de ces matières en faisant
brûler soit sur place, soit dans la maison pour les besoins domestiques, les
fagots de sarments, dont on répand ensuite les cendres dans la vigne, soit
directement, soit en les mêlant préalablement aux fumiers ou terreaux
destinés à la graisser. Cette cendre est surtout riche en potasse, l'un des
éléments dont la vigne a le plus grand besoin.

b) Une autre manière d'utiliser les sarments, mais nullement recommandable, quoique très en honneur autrefois, consiste à les enfouir dans les
interlignes pour les y laisser se décomposer lentement et fournir ainsi une
sorte d'engrais ; mais on expose ainsi la vigne aux atteintes du pourridié.

c) Les principes organiques contenus dans les sarments peuvent être
utilisés pour la nourriture des animaux domestiques, à la condition d'un
broyage préalable. Alors, ensilés dans les cuves à vendange avec les feuilles
ou dans des silos creusés dans le sol, ils peuvent constituer une réserve
alimentaire intéressante pour l'hiver. Des chevaux, mais surtout des
moutons, ont pu être ainsi nourris très économiquement. Les silos doivent
être faits le plus rapidement possible, en tout cas on doit entasser chaque
jour une nouvelle quantité. Quand il est terminé, le recouvrir d'une masse
de terre de 1 mètre d'épaisseur, ce qui représente une pression de 1.500
kilos par mètre carré, lequel est suffisant, pour la conservation (1).

Mais il est préférable d'ajouter aux sarments broyés des racines
alimentaires, carottes, betteraves, pour les bovidés, et de l'avoine pour les
chevaux : 8 kilos de sarments triturés, 4 kilos d'avoine, 2 kilos de foin
constituent pour ceux-ci un régime très suffisant.

Cette pratique assez recommandable pour des régions où le fourrage est
rare, ce qui n'est pas le cas pour l'Anjou, pourrait être envisagée utilement
en certaines années exceptionnelles où les prés auraient fourni une récolte
insuffisante.

----

(1) FABRE. *Sur la valeur alimentaire des feuilles et sarments de vigne* (Le *Progrès
agric. et vitic.*, 1913, p. 10).

CHAPITRE XXII

RÉGIE ET VIN D'ANJOU

I. — La protection légale du vin d'Anjou

LA haute qualité du vin blanc d'Anjou, son antique réputation, l'important commerce dont il a toujours été l'objet, devraient, semble-t-il, lui assurer en toutes circonstances, au milieu des grands vins de France, je ne dis pas la prééminence, ce qui serait une prétention déplacée, mais un rang des plus honorables.

Et cependant, il n'est pas rare de le voir méconnu, oublié, même des gens qui paraissent le plus qualifiés pour l'apprécier selon ses mérites.

Peut-être convient-il de faire remonter la cause de cette anomalie, du moins pour une bonne part, aux propriétaires angevins eux-mêmes, lesquels se fiant à la qualité de leur produit, se sentent assurés d'une vente facile, et puis aussi peut-être, à une certaine mollesse d'esprit qui, pendant longtemps, les a détournés de faire l'effort nécessaire pour soutenir, par une active et légitime propagande, la réputation à laquelle il a si bien droit.

Entre bien d'autres, je rapporterai un fait des plus significatifs.

Au moment de la crise aiguë qui, quelque temps après la guerre, sévit sur le commerce des vins de prix et particulièrement les Champagnes, lourdement grevés de la taxe de luxe, le groupe viticole du Sénat convoqua au Palais du Luxembourg des représentants des grandes régions viticoles

de France. La réunion était présidée par M. Léon Bourgeois, lui-même
président du Sénat.

Voyant qu'au cours de la séance à laquelle j'avais été convoqué, il n'était
pas plus fait mention de l'Anjou que s'il n'existait pas, j'en exprimai mon
étonnement et fis remarquer que sur la lettre de convocation rédigée au nom
de toutes les grandes régions viticoles, le nom de l'Anjou ne figurait en
aucun endroit et je protestai contre cet oubli inexplicable. L'assemblée
trouva ma réclamation pleinement justifiée et M. Léon Bourgeois déclara
que j'avais raison de protester au nom de l'Anjou vinicole. Il fut dès lors
décidé que dorénavant l'Anjou figurerait en bonne place parmi les régions
de grands crus.

Et c'est ainsi que désormais la *Commission d'Exportation des Vins de
France* comprit des délégués de l'Anjou, de la Bourgogne, de la Champagne,
des côtes du Rhône et de la Gironde.

Cet incident montre que, pour tenir la place qui doit nous revenir légiti-
mement, notre attention doit être constamment tenue en éveil, et que si nous
ne voulons pas être oubliés nous ne devons pas nous oublier nous-mêmes...

Utilité et difficulté de la délimitation. — Dans le même ordre d'idées
pour défendre le légitime patrimoine de l'Anjou et empêcher que l'on ne
vende, sous des noms étrangers, le pur produit de nos coteaux, *la Fédération
des Viticulteurs Angevins*, de concert avec les autres groupements et
syndicats viticoles, a travaillé à obtenir des Pouvoirs publics la délimitation
de l'Anjou viticole.

Ce n'est pas d'aujourd'hui, en effet, qu'on offre dans les restaurants et
cabarets de la Capitale et d'ailleurs, notre vin blanc d'Anjou sous des noms
étrangers favorablement connus du public, tels que « vin de Pouilly » (1),
dénomination courante sous laquelle on servait notre vin à Paris, au siècle
dernier, « vin de Jurançon », notamment en Belgique (2). De nos jours
c'est communément sous le nom de « Vin de Vouvray » qu'on l'inscrit sur
les cartes des restaurants. Par contre, sous la désignation de « vin d'Anjou »

------

(1) GUILLORY. *Calendrier du Vigneron.*
(2) *Ibid.*

ou « vin de Saumur, on verse des breuvages trop souvent médiocres et qui n'ont rien des crus qu'ils prétendent représenter.

Et si, serrant de plus près la question, nous descendons dans le détail encore plus local, nous constatons de même que tous les vins blancs de Touraine sont « du Vouvray », tous les vins blancs d'Anjou se débitent, ou pour mieux dire, se débitaient jusqu'à ces derniers temps, sous le nom de « Saumur ».

Avec la délimitation, on ne pourra plus, sans courir le risque d'un procès, tromper le client en vendant sous le nom d' « Anjou » un vin qui n'en provient pas, de même que personne ne sera autorisé à vendre sous un nom étranger, plus ou moins ronflant, un vin originaire de l'Anjou. Et ce sera justice. *Suum cuique...*

Ainsi donc la loi « défendra les producteurs de toute région intéressée contre des usurpations de nom qui les ruine, en même temps qu'elle protègera l'acheteur contre les tromperies concernant l'origine de ceux-ci lorsque cette origine est la cause principale de la vente (Projet de loi du 30 juin 1911).

Seulement, quand on en vient à aborder la question de la délimitation, on se heurte à des difficultés inattendues et jusqu'ici insurmontables.

Il est de notion constante que lorsqu'on parle de « vin d'Anjou » il n'y a aucune confusion possible et qu'il s'agit seulement du produit que donne le Chenin blanc ou Pineau de la Loire. C'est donc pour sa protection, sa défense, que les viticulteurs angevins réclament la délimitation de l'Anjou ; et c'est à lui seul que le « certificat d'origine » doit être réservé, à l'exclusion des vins obtenus avec tout autre cépage.

Malheureusement, la Jurisprudence, en vertu des lois de 1905, 1908, aussi bien que du 6 mai 1919, veut que la délimitation ne fasse pas entrer en ligne de compte la nature du cépage, et n'envisage que la superficie géographique. C'est ainsi pour emprunter un exemple à notre Anjou même, qu'en vertu de ce principe, les vins de la région de Doué-la-Fontaine ont pu obtenir, par jugement, le droit de se dire « vins du Saumurois » parce que Doué fait administrativement partie de l'arrondissement de Saumur.

Et dès lors, si la délimitation n'est plus qu'une expression géographique, dans laquelle il n'est tenu aucun compte de la nature du cépage, et par suite de la qualité des vins, les plus communs, tels que ceux de Groslot ou même des Hybrides Producteurs directs, bénéficieront de la même faveur ; et ainsi l'efficace protection que l'on pouvait attendre de la délimitation en faveur du vin exquis et si caractérisé du Pineau de la Loire, devient illusoire. Au lieu donc d'être mis en vedette, comme il le mérite, notre grand vin se perd et « s'encanaille » dans la masse vulgaire des cépages d'abondance.

La question en est là actuellement. Mais M. Capus, ancien ministre de l'Agriculture, a récemment déposé un projet de loi dans lequel il est tenu compte « *de l'encépagement, de l'aire de production* et *des usages locaux, loyaux et constants.* »

Quand ce projet, qui doit être incessamment discuté devant le Parlement, aura été voté, l'Anjou aura le devoir d'entamer aussitôt les démarches nécessaires pour faire respecter « sa marque » contre les agissements incorrects des mercantis sans scrupule.

II. — OBLIGATIONS DES RÉCOLTANTS VIS-A-VIS DE LA RÉGIE

I. — *Déclaration de récolte*

L'article 1ᵉʳ de la loi du 29 juin 1907 impose au propriétaire récoltant l'obligation de faire chaque année, à la mairie de la commune où il fait son vin, une déclaration indiquant :

1° La superficie des vignes qu'il exploite ;

2° La quantité totale du vin produit et celle des stocks antérieurs restant dans ses caves ;

3° S'il y a lieu, le volume ou le poids des vendanges fraîches qu'il aura expédiées ou de celles qu'il aura reçues ;

4° S'il y a lieu, la quantité de moûts qu'il aura expédiée ou reçue.

Cette déclaration devra être faite avant une date qui est fixée chaque année par arrêté préfectoral.

Depuis plusieurs années la date extrême de réception des déclarations de récolte dans le département de Maine-et-Loire est le 5 décembre.

L'article unique de la loi du 5 décembre 1922 interdit formellement la réception des déclarations de récolte qui seraient faites après l'expiration de la date extrême qui est fixée par le Préfet.

La loi n'a prévu aucune sanction pénale pour l'inobservation des prescriptions concernant la déclaration de récolte. La seule conséquence est l'impossibilité pour les récoltants qui ont omis de faire leur déclaration en temps utile d'obtenir la délivrance des titres de mouvement pour l'expédition de leurs produits.

Cette règle ne souffre que deux exceptions :

1° La délivrance de laissez-passer en franchise pour les quantités de vin que le récoltant transporte de l'une à l'autre de ses caves à l'intérieur du rayon de franchise déterminé par le décret du 17 mars 1852 et la loi du 15 juillet 1921 (canton de récolte et cantons limitrophes) ;

2° La délivrance des expéditions nécessaires pour le transport à la brûlerie des quantités de vins ou de sous-produits que le récoltant désire soumettre à la distillation.

II. — *Appellations d'origine*

Tout récoltant qui désire donner à ses produits une appellation d'origine est tenu de l'indiquer dans sa déclaration de récolte (loi du 6 mai 1919, article 6).

A défaut de cette déclaration, aucune mention d'origine ne peut être portée sur les titres de mouvement. En cas de déclaration pourra seule figurer, sur les congés ou acquits, l'appellation même revendiquée ou celle plus générale résultant des usages locaux, loyaux et constants, consacrés par la jurisprudence, ou, s'il y a lieu, par les anciens décrets de délimitation.

III. — *Fraudes commerciales*

Seuls peuvent circuler sous la dénomination de *vin* les produits obtenus par la fermentation du jus de raisins frais.

La circulation et la détention en vue de la vente des vins de sucre, vins de marc et piquettes sont formellement interdites.

L'article 2 du décret du 15 août 1925 impose aux expéditeurs de vins destinés au commerce de détail l'obligation d'inscrire sur les fûts, récipients ou emballages, l'indication de la dénomination sous laquelle le vin est mis en vente. Cette inscription doit également indiquer le degré alcoolique acquis.

Les inscriptions doivent être rédigées sans abréviation et disposées de façon à ne pas dissimuler la dénomination du produit.

Toutefois, l'indication du titre alcoolique n'est pas obligatoire pour les vins en bouteilles capsulées et cachetées, portant le nom d'un cru déterminé, conformément aux lois en vigueur sur les appellations d'origine, ainsi que pour les vins expédiés en fûts portant la même indication d'origine.

IV. — *Délivrance des expéditions*

Les titres de mouvement que les récoltants sont appelés à se faire délivrer sont de nature différente suivant la qualité du destinataire des boissons :

1° *Congés* comportant payement du droit de circulation (15 fr. par hectolitre) et du droit de timbre (0 fr. 25) quand les vins sont expédiés à un simple particulier ou un débitant ;

2° *Acquits à caution* (droit d'expédition : 0 fr. 50 et droit de timbre : 0 fr. 25) quand il s'agit de vin expédié à un marchand en gros bénéficiant du crédit des droits ou destiné à l'expédition étrangère ;

3° Laissez-passer comportant seulement le payement du prix du timbre (0 fr. 25) pour les vins que le récoltant déplace de l'une à l'autre de ses caves à l'intérieur du rayon de franchise délimité par le décret du 17 mars 1852 et la loi du 15 juillet 1921 (canton de récolte et cantons limitrophes) ;

4° Laissez-passer avec payement du droit de timbre pour les mars et lies sèches expédiés à d'autres personnes que le récoltant lui-même.

Le récoltant qui demande la délivrance d'un titre de mouvement doit ndiquer au receveur buraliste :

1° Les nom, profession et adresse de l'expéditeur ;

2° Les nom, profession et adresse du destinataire ;

3° La nature, la couleur et le volume des boissons expédiées ;

4° L'itinéraire utilisé pour le chargement ainsi que les moyens de ransport employés.

Le déclarant doit signer la souche du registre duquel l'expédition est étachée, à moins qu'il ne remette à la recette buraliste une soumission ignée par lui et comportant tous les renseignements énumérés ci-dessus.

Lorsque l'expédition demandée est un acquit à caution, l'expéditeur doit résenter une caution solvable qui s'engage conjointement et solidairement vec lui à rapporter dans les délais réglementaires un certificat de décharge e l'acquit-à-caution. La caution doit également apposer sa signature à la ouche du registre.

V. — *Sucrage des vins et détention de sucre*

Sucrage en 1ʳᵉ cuvée. — Dans le but de remédier à l'insuffisance de naturité du raisin et augmenter la richesse alcoolique des vins, les récoltants ont autorisés à ajouter au vin, en première cuvée, une quantité de sucre qui e peut dépasser dix kilogrammes par trois hectolitres de vendange ou deux ectolitres de moût.

Le sucre ainsi employé donne lieu à la perception d'une taxe omplémentaire dont le taux a été porté à 100 francs par 100 kilos, par la oi du 13 juillet 1925.

L'emploi du sucre ne peut avoir lieu que pendant la période des vendanges éterminée chaque année par arrêté préfectoral.

Quiconque veut ajouter du sucre à la vendange est tenu d'en faire la éclaration par écrit, trois jours au moins à l'avance à la recette buraliste e sa résidence. Cette déclaration est libellée sur papier libre.

Sucrage en 2ᵉ cuvée. — Les viticulteurs ont la faculté de fabriquer, pour leur consommation familiale, des vins de 2ᵉ cuvée par addition de sucre aux marcs provenant de leur récolte. Les sucres employés à cette fabrication sont affranchis du payement de la taxe complémentaire qui frappe ceux utilisés pour le sucrage en 1ʳᵉ cuvée.

La quantité de sucres employée au sucrage en deuxième cuvée est limitée:

1° à 20 kilogrammes au maximum par membre de la famille ou par domestique attaché à la personne ;

2° à 20 kilogrammes par trois hectolitres de vendanges récoltées ;

3° à 200 kilogrammes pour l'ensemble de l'exploitation.

Le sucrage en deuxième cuvée fait l'objet d'une déclaration déposée trois jours au moins à l'avance à la recette buraliste. Elle doit être accompagnée d'un certificat du Maire indiquant :

1° La superficie des terrains plantés en vigne exploités par le déclarant ;

2° La quantité approximative de raisins vendangés sur ces vignes pour la récolte faisant l'objet de la déclaration ;

3° Le nombre des membres de la famille du déclarant habitant en permanence avec lui ;

4° Le nombre de domestiques nourris par le déclarant et attachés à sa personne.

Piquettes. — La fabrication de piquettes par versement d'eau sur les marcs est autorisée pour la consommation familiale dans la limite de quarante hectolitres par exploitation agricole.

Détention de sucre par les récoltants. — Toute personne qui, en même temps que des vins destinés à la vente, vendanges, moûts, lies et marcs de raisins désire avoir en sa possession une quantité de sucre supérieure à 25 kilos est tenue d'en faire la déclaration et de fournir des justifications d'emploi (loi du 29 juin 1907, article 8).

La déclaration doit mentionner :

1° La quantité de sucre que le déclarant désire détenir dans le même local que les vendanges, moûts ou marcs de raisin ;

2° L'usage auquel ce sucre est destiné.

Tout détenteur d'une quantité de sucre ou de glucose supérieure à 200 kilos et dont le commerce ou l'industrie n'implique pas la possession de ce produit, est tenu d'en faire la déclaration à la Régie et de se soumettre aux visites des employés des Contributions indirectes (loi du 6 avril 1905, article 3).

Tout envoi de sucre ou glucose fait par quantité de 25 kilogrammes au moins à une personne n'en faisant pas le commerce ou n'exerçant pas un commerce ou une industrie qui en comporte l'emploi, est accompagné d'un acquit-à-caution qui est remis au service des Contributions indirectes dans les quarante-huit heures suivant l'expiration du délai de transport (loi du 29 juin 1907, article 8).

VI. — *Distillations*

Les récoltants qui livrent à la distillation les vins, marcs, lies, pommes, poires, cerises, prunes et prunelles provenant exclusivement de leur récolte ont droit à une allocation en franchise de 10 litres d'alcool, pour chaque campagne commençant le premier août de chaque année pour se terminer le 31 juillet de l'année suivante.

Les opérations de distillations peuvent être effectuées :

1° A *domicile*, si l'intéressé s'engage à soumettre à la prise en charge 200 litres d'alcool pur pour la campagne en cours ;

2° A *l'atelier public* de distillation créé dans chaque commune ;

3° Dans les *brûleries coopératives*.

Les matières premières conduites à l'atelier public ou à la brûlerie coopérative doivent être accompagnées d'un acquit-à-caution délivré moyennant payement du seul prix du timbre (0 fr. 25). Comme toutes les expéditions, ce titre de mouvement doit mentionner la nature et le volume des matières expédiées.

Le produit de la distillation est ramené au domicile du récoltant en vertu d'un laissez-passer. Les droits afférents à la quantité dépassant l'allocation en franchise sont liquidés et perçus immédiatement, à moins que l'intéressé ne demande le crédit des droits et l'ouverture d'un compte d'entrepôt.

En cas de payement immédiat, il est accordé au bouilleur une réfaction de 10 % sur la quantité imposable après attribution de l'allocation en franchise.

Nota. — En principe, le propriétaire récoltant n'a pas le droit de faire distiller les lies et marcs provenant de vendanges qui ont été sucrées ; mais il a le droit de faire distiller la portion de ces matières qui n'a pas été remontée, à la condition qu'il ne puisse pas s'établir de confusion à ce sujet.

Je ne trouve point estrange, Sylvain mon ami, de déclarer aux lecteurs la fin de l'œuvre que j'avais entreprins, et à ceux qui désireront la cognaistre, confesser qu'il y a infinies choses qu'on pourrait adïouter d'avantaige à cette matière. Toutefoys je n'y ai mis par esprit que celles que j'ai estimé estre grandement nécessaires.

COLUMELLE.

Traduction du chanoine Cottereau (1550).

Ces paroles du grand agronome latin je les ai fait miennes.

En la fête de Saint Henry, le 15 juillet 1926.

Dr P. MAISONNEUVE.

INDEX BIBLIOGRAPHIQUE

SUIVANT L'ORDRE CHRONOLOGIQUE

BOURDIGNÉ. — Histoyre aggrégative des Annales et Chroniques d'Anjou et de Touraine. In-f° 1529. Réimprimé en 1842. vol. in-8° (t. I, p. 22-23).

BOURDIGNÉ. — Sur de nouvelles plantes apportées en France par René d'Anjou t. II, p. 229).

OLIVIER DE SERRES. — Théâtre d'Agriculture et Mesnage des Champs (Sur deux modes de plantation de la vigne en usage en Anjou), 1600.

BERTHELOT DU PASTY. — Sur la qualité et la nature des vins d'Anjou. *Acad. d'Angers*, 1758.

DUPUY-DEMPORTE. — Le Gentilhomme cultivateur. Traité de la vigne (Sur la manière dont les Angevins font le vin), 1764.

BERTHELOT DU PASTY. — Procédé pour la plantation des vignes, 1768.

DE LA PIVERDIÈRE, du Grand-Launay. — Méthode pour faire le vin. *Affiches d'Angers*. 1780.

René OLIVIER. — Instruction sur les vendanges, 1780.

A. MONTAU. — Discours sur Angers. Le classement des vins d'Anjou. Angers, 1787.

Mis DE CLERMONT-GALLERANDE. — Tableau des vignobles d'Anjou en 1787, classés suivant leur mérite.

DRAPEAU (de Saumur). — Observations pratiques sur la culture de la vigne et la fabrication du vin en Anjou, 1765. *Manuscrit Bibl. d'Angers. Bull. Soc. Ind. et Agric. d'Angers* 1854, p. 188 et 189.

BIDET. — Traité de la culture de la vigne. 2 vol. in-8°. S. S. d. 320.

Dr RENOU (fondateur du Musée d'Histoire Naturelle d'Angers). — Traité de la culture de la vigne et l'art de faire le vin, 1797.

CAVOLEAU. — Œnologie française, Paris, 1817.

AUBERT DU PETIT-THOUARS. — Notice sur les vignobles de Touraine et d'Anjou, Paris, 1829.

BOURGOIN. — Sur la greffe de la vigne. *Mém. de la Soc. d'Agric. d'Angers*, t. I, 1831.

DELAAGE (Général). — Méthode pratique pour greffer la vigne. *Mém. de la Soc. d'Agric. d'Angers*, t. I, 1831.

DE BEAUREGARD. — Notice sur la vinification. *Soc. d'Agric. Sc. et Arts d'Angers*, 1831, t. I, p. 213.

DE BEAUREGARD. — L'amélioration des vins par le sucre. *Soc. d'Agric., Sc. et Arts d'Angers*, 1832, t. II, p. 16.

SÉBILLE-AUGER. — Mémoire sur les vins du département de Maine-et-Loire et sur les moyens de les améliorer, 1830.

A. JULLIEN. — Topographie de tous les vignobles connus, 1832.

SÉBILLE-AUGER. — La Vigne, sa culture dans les environs de Saumur. *Bulletin de la Société Industrielle et Agricole d'Angers et de M.-et-L.*, années 1836 et 1837.

SÉBILLE-AUGER. — Rapport au Comice agricole de Saumur par la Commission d'Œnologie. *Bull. de la Soc. Ind.*, 1837.

PERSAC. — Rapport de la Commission pour le Canton N.-E. de Saumur, en réponse aux questions d'Œnologie proposées par la Société centrale et royale d'Agriculture de Paris, 1838.

SÉBILLE-AUGER. — Rapport au Comice agricole de Saumur. Fabrication du vin. *Bull. Soc. Ind. d'Angers*, 1838.

SÉBILLE-AUGER. — Méthode d'analyse des vins blancs d'Anjou. *Bull. Soc. Ind. d'Angers*, 1838.

ACKERMAN-LAURANCE. — Analyse de trois sortes de vins blancs, de Saumur (côteaux de Saumur 1834, de Dampierre 1837, champagnisé Ackerman). *Bull. Soc. Ind.* 1838.

ACKERMAN-LAURANCE. — Calcul des pressions obtenues au moyen des pressoirs usités en Anjou. *Bull. Soc. Ind.*, 1838.

ACKERMAN-LAURANCE. — Rapport du Comité d'Œnologie sur les vins d'Anjou champanisés. *Soc. Ind. d'Angers*, 1838.

A. LAFFITE. — Vignobles de la rive droite de la Loire : La Coulée de Serrant. La Roche-aux-Moines. *Bulletin S. I. et A. d'Angers*, année 1842.

O. LECLERC-THOUIN. — L'Agriculture de l'Ouest de la France, étudiée plus spécialement en Maine-et-Loire, Paris, V° Bouchard-Huzard, 1843.

O. LECLERC-THOUIN. — Actes du Congrès de vignerons d'Angers. *Rapport à la Soc. centr. d'Agric. de Fr.*, 15 mars 1843.

GUILLORY aîné. — De l'amélioration des Vins blancs d'Anjou, au moyen du guillage. *Bull. de la S. I. et A. d'Angers*, année 1848, p. 195.

Comte ODART. — Ampélographie universelle ou Traité de tous les cépages les plus estimés dans tous les vignobles de quelque renom, 2° Edition, p. 138. Paris, 1849.

Ch. DROUARD. — Compte rendu de l'Exposition des produits vinicoles du départ. de M.-et-L., 1849-1850. Angers, Cosnier et Lachèse, 1851.

LÉVESQUES-DESVARANNES. — Rapport sur le commerce du vin en Anjou, 1849.

GUILLORY aîné. — Notes sur les Cépages cultivés en Maine-et-Loire. *Bull. S. I. et A. d'Angers*, 1854, p. 153.

GUILLORY aîné. — Documents intéressants sur la Viticulture et l'Œnologie en Anjou. *Bull. S. I. et A. d'Angers*, 1854, p. 136.

GUILLORY aîné. — Epoque des Vendanges dans quelques communes des environs d'Angers. *Bull. S. I. et A. d'Angers*, 1854, p. 190.

GUILLORY aîné. — Expériences comparatives sur la culture et les produits des nouvelles espèces de vignes introduites en Maine-et-Loire. *Bull. S. I. et A. d'Angers*, 1856, p. 30.

GUILLORY aîné. — Note sur le cuvage des vins rouges en Anjou. *Bull. S. I. et A. d'Angers*, 1857, p. 182.

Ambroise RENDU (Inspecteur général de l'Agriculture). — Ampélographie française. Article sur les Vins blancs des Coteaux de Saumur, 2° éd., Paris, 1857.

A. DE SOLAND. — Proverbes et dictons réunis de l'Anjou. Angers, Lainé, 1858.

GUILLORY aîné. — Plants de Vignes de Bordeaux cultivés en Anjou au XI° siècle. *Bull. S. I. et A. d'Angers*, 1859, p. 120.

GUILLORY aîné. — Projet d'enquête pour arriver à la classification des Vins d'Anjou. *Bull. S. I. et A. d'Angers*, 1859, p. 45.

GUILLORY aîné. — Les Vins blancs d'Anjou, de Maine-et-Loire. — Les Vignobles de la rive droite de la Loire. *Bull. S. I. et A. d'Angers*, année 1860, p. 161.

C. LADREY. — Les Vins au Concours 'Agriculture de Paris en 1860. *Bull. Soc. nd. d'Angers*, 32ᵉ année, 1861,

GUILLORY aîné. — Les Vignes rouges l les Vins rouges en Maine-et-Loire. — e Vignoble rouge du Saumurois. *Bull. . I. et A. d'Angers*, 1861, p. 47.

GUILLORY aîné. — Précis historique de Culture de la Vigne en Anjou. *Bull. S. et A. d'Angers*, 1861, p. 51.

GUILLORY aîné. — Les Vins blancs de Maine-et-Loire dans les mauvaises an- ées. *Bull. S. I. et A. d'Angers*, 1862, . 173.

Dr Edouard LAROCHE. — Lettre à I. Guillory aîné sur la richesse alcoo- que de quelques vins d'Anjou. *Bull. S. . et A. d'Angers*, 1862, p. 150.

Aristide DUPUIS. — Une visite aux épinières de M. André Leroy à Angers, aris, Shiller, in-8°, 16 p., 1865.

A. PLANCHENAULT. — Notice historique pratique sur la culture de la vigne, pécialement en Anjou. *Soc. Acad. d'An- crs*, t. XIX, 1866.

GUYOT. — La Viticulture du N.-O. de France, 1867, in-4°, p. 48, p. 85, p. 87.

GUILLORY aîné. — Sur la Viticulture du épartement de Maine-et-Loire, d'après Docteur J. Guyot. Br. in-8". *Librairie gricole*, Paris, 1867.

GUILLORY aîné. — Pressoir à percus- ion. *Soc. Ind. et Agr. d'Angers*, 1868, 50.

GUILLORY aîné. — Calendrier du Vigne- on. Angers, Barassé ; Paris, *Librairie gricole*, 1868.

Eugène GASTÉ et HERVÉ-BAZIN. — Les randes Industries de l'Anjou, 10ᵉ, 11ᵉ, 2ᵉ et 13ᵉ livraisons. Vins d'Anjou. Vins ousseux de Saumur. Angers, 1870.

MALINGE. — Note sur la Culture du ignoble de la Pointe et d'Epiré. *Bull. . I. et A. d'Angers*. 1874, p. 101.

MALINGE. — Mélanges, 2 vol., 1875.

A. BOUCHARD. — Essai sur l'histoire de la culture de la vigne dans le départe- ment de Maine-et-Loire. Angers, 1876.

Célestin PORT. — Dictionnaire histo- rique de M.-et-L., 1876. Coulée de Ser- rant, t. I, p. 71 ; La Roche-aux-Moines, t. III, p. 277.

A. BOUCHARD. — Mémoire sur la Viti- culture dans l'arrondissement d'Angers. *Bull. S. I. et A. d'Angers*, 1876, p. 19.

J.-E. BURY. — Le jardin de Viticulture de Saumur, 1880.

A. BOUCHARD. — La production des Vins en Anjou en 1881. *Bull. Soc. Ind. d'Angers*, 1882, p. 31.

A. BOUCHARD. — Dosage de l'alcool et de l'extrait dans les Vins d'Anjou. *Bull. S. I. et A. d'Angers*, 1882, p. 90.

E. BERGER. — Discours au vin d'An- jou. *Soc. d'Agric. Sc. et A. d'Angers*, 1888, p. 219.

Dr Paul LABESSE. — Altération du Vin d'Anjou par le verre des bouteilles. An- gers, Imprimerie A. Poitevin, 1889.

Pierre VIALA. — Mission viticole pour la reconstitution des vignobles du dépar- tement de Maine-et-Loire. Angers, Hu- don, 1890.

Dr Paul LABESSE. — L'Anjou, son sol vitifère et les vins correspondants. (Tra- vail fait à l'occasion de la mission Viala), 1891. *Anjou Médical*, 1906.

Dr Paul LABESSE. — Sur la composition chimique des vins d'Anjou. Soc. des Sciences médicales d'Angers, 1892. *Anjou Médical*, 1906.

Dr Paul LABESSE. — Les Vins de Maine- et-Loire. *Bull. S. I. et A. d'Angers*, 1894, p. 47.

Ch. MAZET. — Le vin de France, Paris, 1894.

Gilles DEPERRIÉRE. — Reconstitution du vignoble de Maine-et-Loire à l'aide des cépages américains, Angers, 1895.

René BEUCHER. — Du bail à complant dans le département de Maine-et-Loire, 1899.

A. BOUCHARD. — La nature des Vins d'Anjou. Tableau des Analyses chimiques et commerciales des vins de M.-et-L. (récolte de 1898). *Bul. S. I. et A. d'Angers*, 1899, p. 84.

A. BOUCHARD. — Compte rendu de la première Foire aux Vins d'Anjou de la récolte de 1899. *Bull. S. I. et A. d'Angers*, 1900, p. 41.

A. BOUCHARD. — Compte rendu de la deuxième Foire aux Vins d'Anjou (vins de la récolte de 1900). *Bull. S. I. et A. d'Angers*. 1901, p. 124.

A. BOUCHARD. — La nature des Vins d'Anjou en 1901. *Bull. S. I. et A. d'Angers*. 1901, p. 157.

A. BOUCHARD. — Etudes historiques et économiques sur les Vignobles de M.-et-L. Le Vignoble du Layon. *Revue de Viticulture*, 1901.

Léon BOURCIER. — Les Vins d'Anjou à l'Exposition Internationale de Lille en 1902. *Bull. S. I. et A. d'Angers*, 1902, p. 56.

L. MOREAU et BROHM. — La Vinification en Anjou. *Bull. S. I. et A. d'Angers*, 1903.

A. BOUCHARD et L. MOREAU. — La Viticulture en Anjou. Angers, 1903.

Dr J. PETON, de Saumur. — Note sur l'Industrie des Vins mousseux de Saumur. *Angers et l'Anjou*, 1903.

Dr J. PETON. — Le Vin au point de vue médical et hygiénique. *Archives Médicales d'Angers*, 1903.

GILLES-DEPERRIÈRE. — La Foire aux Vins de Saumur de 1904. *Bull. S. I. et A. d'Angers*, 1904, p. 51.

A. BOUCHARD et MOREAU. — La Viticulture Angevine. *Angers et l'Anjou*, A. F. A. S., 1903.

L. MOREAU. — La pasteurisation des Vins en Anjou. *Bull. S. I. et A. d'Angers*, 1904, p. 130.

L. MOREAU. — Trois années d'études sur les moûts et sur les vins d'une région ; résultats en vue de la répression des fraudes.

L. MOREAU. — Etudes sur la pasteurisation des vins d'Anjou. *Revue de Viticulture*. 1905 et 1906, t. 25.

L. MOREAU. — Etudes sur la filtration des vins. *Revue de Viticulture*, 1907, t. 26.

BACON, professeur de viticulture à Saumur. — Rapport sur les Vins de Saumur. Angers, 1905.

L. MOREAU. — La Récolte des Vins en 1905. *Bull. S. I. et A. d'Angers*, 1905 p. 173.

L. MOREAU. — La filtration des vins; résultats obtenus en Anjou. *Bull. S. I. et A. d'Angers*. 1906, p. 90.

L. MOREAU. — La Récolte des vins de 1906, en Anjou. *Bull. S. I. et A. d'Angers*. 1906, p. 247.

L. MOREAU. — Désacidification naturelle des vins (actions de fermentation *Rev. de Vitic.*, t. 26, 1906.

L. MOREAU. — Les grands vins d'Anjou *Rev. de Vitic.* 1907.

M. MASSIGNON. — Rapport sur la 7e foire aux vins d'Anjou. *Bull. S. I. et A. d'Angers*. 1907, p. 21.

L. MOREAU. — La récolte des vins en Anjou en 1907. *Bull. S. I. et A. d'Angers* 1907, p. 348.

L. MOREAU — Etude sur le Muscadet *Bull. S. I. et A. d'Angers*, 1907, p. 352.

L. MOREAU. — Etudes sur 280 variétés de raisins de cuve de la collection ampélographique de Saumur. (*Bulletin de la Station Œnologique du Maine-et-Loire* t. V, 1908.

Dr P. MAISONNEUVE. — De l'avantage des vendanges tardives au point de vue de la qualité des vins. *Bull. S. I. et A. d'Angers*. 1908, p. 9.

M. MASSIGNON. — La 8e Foire aux Vins d'Anjou. *Bull. S. I. et A. d'Angers*. 1908 p. 65.

L. MOREAU. — La Récolte des Vins en 1908, en Anjou. *Bull. S. I. et A. d'Angers* 1908, p. 195.

P. BRICHET. — La navigation de l'An

jou en 1786. *Mém. Soc. d'Agric. Sc. et A. d'Angers*, 1908.

Edgard BOUTARIE. — Vin de Saumur. Compte des sommes dépensées à la fête donnée par saint Louis à Saumur. *Bibliothèque de l'Ecole des Chartes*. 3ᵉ sér., 4ᵉ vol., p. 22.

Dʳ MAISONNEUVE, MOREAU et VINET. — Où les larves de Cochylis de première et de seconde génération vont-elles se chrysalider ? *Bull. S. I. et A. d'Angers*, 1909, et *Rev. de Vitic.*, t. 32, 1909.

Dʳ MAISONNEUVE, MOREAU et VINET. — La lutte contre le cigarier (Rynchites Betuleti). Biologie et traitements. *Rev. de Vitic.*, t. 32 et 34. 1909 et 1910.

Dʳ MAISONNEUVE, MOREAU et VINET. — La lutte contre la Cochylis. Biologie et traitements. *Bull. I. et A. d'Angers*, 1907 à 1911.

L. Moreau et E. VINET. — La lutte contre la Cochylis. *Bull. S. I. et A. d'Angers*. 1907 à 1920. Congrès viticole de Tours, janvier 1911. Congrès des Ingénieurs agronomes, février 1911. Assemblée générale de la Société des Agriculteurs de France, 1911-1912-1914. Congrès international de viticulture de Montpellier, mai 1911. Congrès viticole de Pampelune, juillet 1912, etc.

L. MOREAU. — La récolte des vins en Anjou en 1909. *Bull. S. I. et A. d'Angers*. 1909, p. 262.

E. VINET. — De l'apoplexie des vignes en Anjou. *Bull. S. I. et A. d'Angers*. 1910, p. 13.

Dʳ Paul SIGAUD. — La 10ᵉ Foire aux Vins d'Anjou. *Bull. S. I. et A. d'Angers*. 1910, p. 33.

L. MOREAU. — Sur la Composition de quelques vins d'Anjou de la récolte de 1909. *Bull. S. I. et A. d'Angers*. 1910, p. 46.

Dʳ P. SIGAUD. — Les vins d'Anjou à l'Exposition Internationale de Bruxelles. *Bull. S. I. et A. d'Angers*. 1910, p. 224.

L. MOREAU. — L'année viticole de 1910, en Anjou. *Bull. S. I. et A. d'Angers*. 1910, p. 235.

L. MOREAU. — L'année viticole de 1911 en Anjou. *Bull. S. I. et A. d'Angers*. 1911, p. 234.

L. MOREAU. — Sur les traitements insecticides en viticulture. *C. R. Acad. des Sc.*, t. 151.

Dʳ P. MAISONNEUVE. — L'Union des Viticulteurs de Maine-et-Loire au Concours Général de Paris en 1912. *Bull. S. I. et A. d'Angers*. 1912, p. 110.

Gaston ROSIN. — Pasteurisation des vins blancs liquoreux d'Anjou, en fûts. *Bull. S. I. et A. d'Angers*. 1912, p. 113.

Dʳ LABESSE. — La Pourriture noble. — Un vin d'Anjou, 1912. — *Anjou Médical* (août 1913).

L. MOREAU et E. VINET. — Désacidification artificielle. *Annales des Falsifications*, Juin 1913.

L. MOREAU et E. VINET. — L'arséniate de plomb en viticulture et la teneur des vins en arsenic.

L. MOREAU et E. VINET. — L'arséniate de plomb et la consommation des raisins frais et des raisins secs. *C. R. Acad. des Sc.*, t. 150, 151, 152.

L. MOREAU et E. VINET. — Etude sur la Vinification des Vins blancs de Chenin. *Bull. S. I. et A. d'Angers* 1912, p. 124 ; année 1913, p. 80.

JAMARD. — Société des Lettres Sc. et A. du Saumurois, 1914 ; 1916, p. 175 ; 1917, p. 14.

L. MOREAU et E. VINET. — L'année viticole 1912 en Anjou. *Bull. S. I. et A. d'Angers*. 1912, p. 235.

L. MOREAU et VINET. — Composition de quelques vins blancs d'Anjou en 1911. *Bull. S. I. et A. d'Angers*, 1912, p. 160.

Dʳ P. SIGAUD. — Compte rendu de la 13ᵉ Foire aux Vins d'Anjou. 1913, p. 10. Programme des Excursions des Sommeliers de Paris en Anjou, 1913. Article sur les *Vins d'Anjou*, par M. L. Moreau, directeur de la station œnologique de M.-et-L. Article sur le *Vignoble Ange-vin*, par M. Paul Morain, directeur des Services agricoles de M.-et-L. Article sur les *Vins des Coteaux de Saumur*, par M. Des Ages, président du Syndicat des Vignerons des coteaux de Saumur. Carte des *Communes Viticoles de l'Anjou*, par le docteur Sigaud, secrétaire général de l'Union des Viticulteurs de Maine-et-Loire.

Paul MORAIN. — Le Vignoble angevin. *Vie agricole et rurale.* 7 juin 1913, p. 28. *Bulletin S. I. et A. d'Angers.* 1913, p. 28.

Paul MORAIN. — Les Vins d'Anjou. *Vie agricole et rurale*, nº du 12 juillet 1913, p. 151.

L. MOREAU. — L'année viticole 1913 en Anjou. *Bull. S. I. et A. d'Angers.* 1913, p. 301.

Raymond BRUNET. — Excursion en Anjou. *Revue de Viticulture*, 1913.

Raymond BRUNET. — La Foire aux Vins d'Anjou de 1914. *Revue de Viticulture.* 1914.

Raymond BRUNET. — Les Vins d'Anjou au banquet de l'Exposition d'Aviculture d'Angers. *Revue de Viticulture.* 1914, p. 210.

Paul MORAIN. — Le Vignoble Angevin ; le traitement des maladies cryptogamiques. *Bulletin S. I. et A. d'Angers.* 1916, p. 45.

Louis MIGNOT. — Production et Réquisitions en Anjou. *Revue de Viticulture.* 1917, p. 90.

L. MOREAU et E. VINET. — L'année viticole 1917 en Anjou. *Bull. S. I. et A. d'Angers.* 1917, p. 196.

L. MOREAU et E. VINET. — Mise en bouteilles des vins blancs de Chenin. *Bull. S. I. et A. d'Angers.* 1918, p. 45 et p. 60.

L. MOREAU et E. VINET. — Les traitements contre les ennemis de la Vigne. *Bull. S. I. et A. d'Angers.* 1918, p. 78.

L. MOREAU et E. VINET. — Vieillissement et conservation des vins blancs de Chenin. *Bull. S. I. et A. d'Angers.* 1918, p. 93.

L. MOREAU et E. VINET. — Hygiène des celliers et des caves ; soins à donner au matériel vinaire. *Bullet. S. I. et A. d'Angers.* 1918, p. 108.

L. MOREAU et E. VINET. — Utilisation des sous-produits de la Vigne. *Bulletin S. I. et A. d'Angers.* 1918, p. 137.

L. MOREAU et E. VINET. — L'année viticole 1918 en Anjou. *Bull. S. I. et A. d'Angers.* 1918, p. 171.

L. MOREAU et E. VINET. — Etudes sur la vinification. *Bull. S. I. et A. d'Angers.* 1918, p. 22.

L. MOREAU et E. VINET. — Influence du milieu (vigne) et des agents atmosphériques sur le développement des maladies cryptogamiques (mildiou). *Congrès international de viticulture de Lyon*, juillet 1914.

L. MOREAU et E. VINET. — Contribution à l'étude de la Casse blanche des vins. *Bull. S. I. et A. d'Angers.* 1918.

L. MOREAU et E. VINET. — Coupage des vins. *Bull. S. I. et A. d'Angers.* 1919, p. 108.

L. MOREAU et VINET. — Etude sur la pourriture grise. *Botrytis cinerea. Bull. Soc. des Agriculteurs de France.* 1913. Sur l'emploi des pièges-appâts dans la lutte contre la cochylis (*comptes rendus de l'Académie des Sciences*, t. 157), (*Annales des Epiphylies*, t. VI, 1919).

Dr P. SIGAUD. — Le Vignoble Angevin en 1919. Vignes françaises greffées et producteurs directs. *Bull. S. I. et A. d'Angers.* 1919, p. 125.

L. MOREAU et E. VINET. — L'année viticole de 1919 en Anjou. *Bull. S. I. et A. d'Angers.* 1919, p. 344.

Dr P. SIGAUD. — Compte rendu de la 15ᵉ Foire aux Vins d'Anjou. *Bull. S. I. et A. d'Angers.* 1920, p. 9.

Dr P. MAISONNEUVE. — Compte rendu de la Foire aux Vins de Saumur en 1920. *Bull. S. I. et A. d'Angers.* 1920, p. 59.

L. MOREAU et VINET. — Les Vins blancs d'Anjou de 1919. *Bull. S. I. et A. d'Angers.* 1920, p. 74.

L. MOREAU et VINET. — L'année viticole 1920 en Anjou. *Bull. S. I. et A. d'Angers.* 1920, p. 337.

L. MOREAU et VINET. — La richesse en tanin des vins de 1919. *Bull. Soc. Ind. et Agr. d'Angers.* 1920.

Chanoine VERDIER. — Autour du Pressoir Saint-Antoine. *Soc. des Lettres, Sc. et Arts du Saumurois.* 1920.

P. TRAVAILLÉ, docteur en pharmacie. — Les Vins blancs de Saumur naturels et mousseux et leur composition chimique. *Thèse*, 1920. Coubard, éditeur à Saumur.

Dr P. SIGAUD. — Compte rendu de la 16e Foire aux Vins d'Anjou. *Bull. S. I. et A. d'Angers.* 1921, p. 71.

Dr P. MAISONNEUVE. — Rapport du Directeur de la Station viticole de Saumur présenté au Conseil d'Administration, le 18 sept. 1921. *Bull. S. I. et A. d'Angers.* 1921. p. 239.

Dr P. MAISONNEUVE. — Un grand vin d'Anjou, 1921. *Rev. de viticulture*, 1921, p. 841.

L. MOREAU et E. VINET. — L'année viticole 1921 en Anjou. *Bull. S. I. et A. d'Angers.* 1921, p. 260.

L. MOREAU et E. VINET. — L'effeuillage de la Vigne. *Bull. S. I. et A. d'Angers.* 1921, p. 318.

L. MOREAU et E. VINET. — Sur les effets comparés de l'arsenic et du plomb sur les larves de cochylis. *C. R. Acad. des Sc.*, t. 156.

L. MOREAU et E. VINET. — Evolution de la Cochylis et de l'Eudémis dans les vignobles de l'Ouest. *C. R. Acad. d'Agricul.* 1921.

Dr P. SIGAUD. — Compte rendu de la 17e Foire aux Vins d'Anjou. *Bull. S. I. et A. d'Angers.* 1922, p. 21.

L. MOREAU et E. VINET. — Rapport sur les travaux à entreprendre dans la région de l'Ouest pour développer la production vinicole. *Bull. S. I. et A. d'Angers.* Février 1921.

L. MOREAU et E. VINET. — L'évolution de la Cochylis et de l'Eudémis dans les vignobles de l'Ouest. *Bull. S. I. et A. d'Angers.* Janvier 1922.

L.-MOREAU et E. VINET. — L'année viticole 1922 en Anjou. *Bull. S. I. et A. d'Angers.* Nóv. 1922.

L. MOREAU et E. VINET. — Effeuillage de la vigne. *Rev. de Vitic.*, 1922.

L. MOREAU et E. VINET. — Observations sur la végétation de la vigne et sur la composition des moûts de raisin. *Bull. Soc. Ind. et Agric. d'Angers.* 1903 à 1922.

L. MOREAU et E. VINET. — Contribution à l'Etude de l'aploplexie de la vigne et de son traitement. *C. R. Acad. d'Agric.* 1923. *Bull. de la S. I. et A. d'Angers.* 1922.

L. MOREAU et E. VINET. — Folletage et Maladie de l'Esca. Broch. éditée par *l'Of. Rég. agricole de l'Ouest.*

L. MOREAU et E. VINET. — Comment orienter la défense du vignoble contre la Cochylis et l'Eudémis. *Rev. de Vitic.* 1926.

L. MOREAU et E. VINET. — Variations de l'acide sulfureux dans les moûts de raisin. *C. R. Acad. Agric.* 1926.

DOCUMENTS DIVERS A CONSULTER

MABILLON. — *Formules Angevines. Cartulaire de Saint-Aubin d'Angers. Cartulaire de la Cathédrale d'Angers. Cartulaire du Ronceray. Historiens de France. Charte de Saint-Serge (vers 1060). Annales de l'Ordre de Sainte-Ursule au XIXe siècle.*

PIGANIOL DE LA FORCE. — *Nouvelle description de la France. 1722..*

Arthur YUNG. — *Voyages en France.*

Chanoine VERDIER. — *Note sur les vins de Saumur* (manuscrit de 1722).

VERMOREL et VIALA. — *Ampélographie universelle.*

Godard FAULTRIER. — *Nouvelles archéologiques. Affiches de la Touraine et du pays Saumurois. Archives départementales de Maine-et-Loire, C. 190-144. Statistique des paroisses en réponse aux questions posées, 1789. Carte de l'élection d'Angers, 1789.*

Albert LEMARCHAND. — Revue d'Anjou. Manuscrits de la Bibliothèque d'Angers. *Archives Com. d'Angers. Manuscrit BB 76, f. 29. Tableau de la valeur comparative des vins de Bourgogne, d'Orléans et d'Anjou.*

LE MOY. — *Cahiers de doléances.* Paris, Leroux, 2 vol., in-8°.

UZUREAU. — *Tableau de la province d'Anjou.* Mém. de la Soc. d'Agric. Sc. et A. d'Angers.

Ad. BERGET. — Les *Vins de France*, 1900.

GRILLE. — Manuscrit 1742 de la Bibliothèque d'Angers. *Vins et Vignobles.* Manuscrit 1163. *Mesures pour les vins.*

Dr MAISONNEUVE et ses Collaborateurs. — Conférences données à la *Station Viticole de Saumur*, 1922 à 1926.

APPENDICE

DE LA NÉCESSITÉ DE L'ASSOCIATION ENTRE LES VITICULTEURS DE L'ANJOU

Dans un ouvrage comme celui-ci, qui s'est donné pour mission d'aider le Viticulteur dans la rude vie à laquelle le contraignent les multiples, délicates et fatigantes opérations qu'entraînent la culture de la vigne et le souci d'en obtenir un bon vin, il n'est pas hors de saison d'insister sur la nécessité qu'il y a pour lui à se rapprocher de ceux qui se livrent aux mêmes travaux et partagent les mêmes préoccupations. A notre époque de lutte à outrance pour la vie, l'homme isolé se sent bien faible et bien peu capable de sauvegarder ses droits et ses intérêts.

L'Anjou Viticole a compris la nécessité de l'Association, et depuis longtemps déjà quelques groupements ou syndicats s'étaient formés pour la défense des intérêts communs. Ces Associations, aujourd'hui au nombre de sept, comptent chacune de quelques centaines à quelques milliers d'adhérents.

Plusieurs d'entre nous ont pensé qu'il y avait mieux à faire encore et que si chacun de ces groupements rendait déjà de réels services à ses participants, leur puissance serait multipliée si ces forces isolées se trouvaient rassemblées, solidement groupées, en un seul et solide faisceau.

Au mois de janvier 1925, à l'inauguration de la XXe Foire aux Vins d'Anjou, j'ai eu le très grand plaisir d'annoncer que l'union de toutes ces Associations, qui avait été décidée en principe quelques années auparavant, sous l'impulsion de M. Massignon, allait devenir une réalité de plus en plus vivante et que la Fédération générale des Syndicats viticoles de l'Anjou prendrait en mains la direction et la défense des intérêts de la Viticulture du département tout entier.

Toutes les Associations viticoles se sont rangées avec empressement sous la bannière de la Fédération, et celle-ci compte actuellement environ 15.000 adhérents. C'est une force.

Lancés sur une si bonne voie, j'ai pensé que ce serait rendre un réel service à l'Anjou Viticole, en allant plus loin encore et en tentant d'associer nos efforts à ceux des départements voisins.

Dans une première réunion qui eut lieu à Paris, au mois de mars 1925, les chefs des Associations viticoles de diverses régions du bassin de la Loire, sous la présidence de M. Jules Gautier, Conseiller d'Etat, je proposai de constituer, sur le modèle de celle du Midi, une Confédération des départements de tout le bassin de la Loire. La proposition ayant été favorablement accueillie, la réalisation ne se fit pas attendre. De là est sortie la Confédération générale des Vignerons du Centre et de l'Ouest, qui groupe actuellement quinze départements, tous plus ou moins voisins du beau fleuve de Loire, à savoir : Corrèze, Puy-de-Dôme, Allier, Nièvre, Cher, Indre, Loiret, Loir-et-Cher, Indre-et-Loire, Vienne, Deux-Sèvres, Maine-et-Loire, Sarthe, Vendée, Loire-Inférieure.

Désormais, au milieu des autres puissantes Associations viticoles de France, notre région pourra faire entendre sa voix et soutenir les droits de ceux qui se sont groupés sous les plis du drapeau ligérien.

*
* *

Ceux qui ont adhéré à ces diverses Associations doivent bien comprendre que leur fonctionnement ne va pas sans d'assez gros frais de publicité, de déplacements, de correspondance, de réunions et de Congrès, de participation aux Expositions, etc. Si donc chacun bénéficie des avantages de la Fédération, n'est-il pas de stricte justice que chacun contribue à la faire vivre ?

Il serait vraiment peu digne d'un honnête homme de participer aux bénéfices d'une œuvre de solidarité, sans participer en même temps, dans une juste mesure, à la dépense qu'elle nécessite.

C'est dans ce sentiment, que pour permettre à chacun des adhérents de la Fédération générale des Syndicats viticoles de l'Anjou, de contribuer à sa vitalité, il a été décidé, en 1925, pour la première fois, qu'il serait demandé à chaque viticulteur de verser au moment de la déclaration de récolte la très modique somme de deux centimes par hectolitre de vin récolté.

Le Midi exige de ses adhérents 0 fr. 10 par hectolitre, soit donc cinq fois plus; et tous marchent, et le budget de la C. G. V. est de plus de deux millions. Quelle puissance !

Ici nous sommes plus modestes. Le sacrifice demandé à chacun est bien faible et cependant il nous procurera, si chacun comprend son devoir, des ressources suffisantes pour assurer le bon fonctionnement de la Fédération et lui permettre de soutenir les intérêts qui lui sont confiés.

Espérons que parmi les viticulteurs de l'Anjou, pas un ne refusera son obole à l'œuvre de confraternité qui a accepté la charge de défendre les intérêts de tous et de chacun.

Angers. — Imprimerie du Commerce, 3, rue Saint-Maurille.

Grands Vins Mousseux

Veuve AMIOT

CREMANT DU ROI

MILITARY CARTE ROSE

SAINT-HILAIRE-SAINT-FLORENT

(France)

Registre du Commerce : SAUMUR 185

La taille de la Vigne en Anjou
FABRIQUE DE SÉCATEURS
GRANDE COUTELLERIE
FLEURANCE
12, Rue des Poëliers   ANGERS

Anciens Établissements
GILLOT
Succursale d'Angers : 4, Rue St Denis
PHOTOGRAVURE
GALVANOPLASTIE
STÉRÉOTYPIE
LES CLICHÉS GILLOT
SONT CONNUS
A TRAVERS LE MONDE

Maison **MARTIN** Frères

FONDÉE EN 1862

Mme M.-L. MARTIN, Succ^r

Manufacture

de **Bouchons**

à **LA CRAU** (Var)

Dépôt

à

ANGERS

Fabrique d'Articles de Caves

17 bis, Rue de la Roë, 17 bis

ANGERS (Maine-&-Loire)

MATÉRIEL - OUTILLAGE - PRODUITS

VITI-VINICOLES

R. C. ANGERS 1019 · Chèques Postaux NANTES 92-48

Tél. : 2-27 ANGERS

LETTRES, TÉLÉGRAMMES : MAISON MARTIN FRÈRES - ANGERS

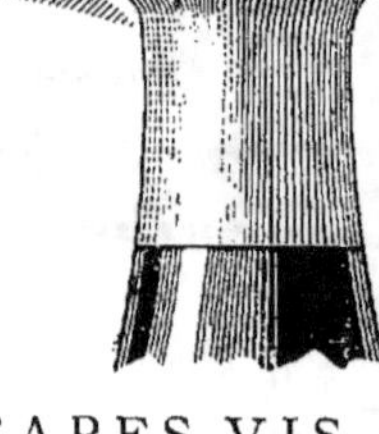

Le capsulage idéal

AUTOMATIQUE   HERMÉTIQUE
CAPES-VISCOSE
ANTISEPTIQUE   INVIOLABLE

16. Rue du Louvre _ PARIS, (1er)
Téléph. GUTENBERG 09-48 _____ Télégr. CAPVISCOSE-PARIS
R. du C. Seine 10.837

AUTOMATIQUES les CAPES-VIS-
COSES suppriment
l'emploi de toute machine.

HERMÉTIQUES elles bloquent le bouchon et conviennent
parfaitement aux vins, liqueurs, etc...

INVIOLABLES elles garantissent le
maximum de sécurité
et évitent toutes falsifications.

ÉLÉGANTES elles donnent au condi-
tionnement un aspect
incomparable.

Agent Régional : M. A. JUSTEAU, 3, Boulevard du Ronceray, ANGERS

CHARRUE - DÉCAVAILLONNEUSE
Automatique
" UNIVERSALA "
Brevetée S. G. D. G.

LA SEULE RÉELLEMENT AUTOMATIQUE
Le soc et le versoir s'effacent d'eux-mêmes
au passage du cep
Pas de fatigue - Déchaussage complet - Pas de dégâts
Économie : 10 journées d'homme par hectare
Le prix même de l'instrument
Étabts BEAUVAIS & ROBIN ANGERS
La plus ancienne Maison de France
... ... Fondée en 1780 ... ...

LIQUEUR TRIPLE-SEC
COINTREAU
La Meilleure Marque Française

DEMANDEZ PARTOUT "UN COINTREAU"

ZANARDI - ANGERS

La BOUTEILLE
à VIN d'ANJOU
MODÈLE DÉPOSÉ
OFFICIELLEMENT ADOPTÉ

CRÉATION DES
Verreries Mécaniques
de l'Anjou
:: La nouvelle bouteille ::
donne à nos vins une
certaine garantie d'ori-
gine et son cachet
ajoute à l'élégance de
:: la présentation ::

Imprimerie du Commerce
3, Rue Saint-Maurille, 3
ANGERS